W0255010

Medizininformatik

Martin Dugas

Medizininformatik

Ein Kompendium für Studium und Praxis

Martin Dugas
Universität Münster
Münster
Deutschland

Die Darstellung von manchen Formeln und Strukturelementen war in einigen elektronischen Ausgaben nicht korrekt, dies ist nun korrigiert. Wir bitten damit verbundene Unannehmlichkeiten zu entschuldigen und danken den Lesern für Hinweise.

ISBN 978-3-662-53327-7 ISBN 978-3-662-53328-4 (eBook)
DOI 10.1007/978-3-662-53328-4

Die Deutsche Nationalbibliothek verzeichnet diese Publikation in der Deutschen Nationalbibliografie; detaillierte bibliografische Daten sind im Internet über http://dnb.d-nb.de abrufbar.

Springer Vieweg

Gedruckt auf säurefreiem und chlorfrei gebleichtem Papier

Springer Vieweg ist Teil von Springer Nature
Die eingetragene Gesellschaft ist Springer-Verlag GmbH Deutschland
Die Anschrift der Gesellschaft ist: Heidelberger Platz 3, 14197 Berlin, Germany

Für meine Familie

Vorwort

Dieses Buch soll einen umfassenden und verständlichen Einstieg in die Medizininformatik ermöglichen. Im ersten Kapitel werden Grundbegriffe aus der Medizin erläutert, die für Leser mit vorwiegend technischem Hintergrund wichtig sind. Das zweite Kapitel ist gedacht für Leser mit medizinisch-biologischer Ausbildung und erläutert wichtige Informatikbegriffe. Im Anschluss daran werden die wichtigsten Teilgebiete der Medizininformatik vorgestellt, unter besonderer Berücksichtigung des „Lernzielkatalogs Medizinische Informatik für Studierende der Humanmedizin“ sowie der Weiterbildungsordnung für die Ärztliche Zusatzbezeichnung „Medizinische Informatik“. Bereits heute findet mehr als ein Viertel ärztlicher Tätigkeit am Computer statt; daher ist es notwendig, dass Ärztinnen und Ärzte in Medizininformatik ausgebildet werden. Bei dem gegebenen Umfang des Buches können die dargebotenen Themen nicht erschöpfend behandelt werden, deshalb sind ausführliche Verweise auf Internet-Quellen und Sekundärliteratur aufgeführt. Ein detaillierter Index hilft dabei, Fachbegriffe und Abkürzungen schnell zu finden.

Die Bedeutung der Informatik für die Medizin hat in den letzten Jahren durch die Digitalisierung deutlich zugenommen, insbesondere auch für die ärztliche Tätigkeit. Das Aufgabenfeld ist so vielfältig wie die Fragestellungen aus der Medizin und reicht von der Aufklärung der Funktion von Genen über das Verständnis von Krankheiten bis hin zur Untersuchung der Häufigkeit von Erkrankungen in der gesamten Bevölkerung. Gerade durch die Medizininformatik, bei der es um Patientendaten geht, sind zukünftig wichtige Fortschritte für die Medizin zu erwarten. Die Zahl der Patienten nimmt in einer alternden Gesellschaft zu, die Datenmenge je Patient steigt deutlich („Big Data“), aber die Anzahl von Ärztinnen und Ärzten nimmt ab – schon aus diesem Grund wird die Bedeutung der Medizininformatik kontinuierlich zunehmen. Vor allem Mediziner und Informatiker, aber auch viele andere Fachrichtungen sind in diesem Aufgabenfeld aktiv.

Aus meiner Sicht gibt es zwischen der Medizininformatik und ihren praktischen Anwendungen, insbesondere der elektronischen Patientenakte, durchaus Parallelen zu anderen großen Technologien, die sich über viele Jahrzehnte entwickelt haben wie zum Beispiel das Automobil. Die ersten praxistauglichen Autos wurde von Carl Benz und Gottlieb Daimler Ende des 19. Jahrhunderts entwickelt. Die industrielle Fertigung begann jedoch erst etwa 25 Jahre später und die Entwicklung dieser Technologie verläuft dynamisch bis in die Gegenwart. Die wegweisenden Arbeiten der Medizininformatik-Pioniere, in Deutschland insbesondere Peter Reichertz (1930–1987) und Friedrich Wingert (1939–1988), liegen bereits mehr als 30 Jahre zurück und seit etwa 10 Jahren gibt es frühe Formen von Industrieprodukten in diesem Bereich. Die elektronische Patientenakte, wie sie im E-Health-Gesetz verankert ist und derzeit eingesetzt wird, ist jedoch von einer umfassenden Patientenakte mit Entscheidungsunterstützung (Clinical Decision Support) noch meilenweit entfernt. Diese wird aus ärztlicher Sicht benötigt, um die Patienten optimal versorgen zu können und die Forschung voranzubringen („Learning Health System"). Das Ford Modell T aus dem Jahr 1908 hatte zwar bereits vier Räder und ein Lenkrad, ansonsten aber nur wenig mit modernen Automobilen von heute gemeinsam. Ich prognostiziere, dass es sich bei den medizinischen IT-Systemen der Zukunft ganz ähnlich verhalten wird und dass eine lange Epoche von intensiver akademischer Forschung in Medizininformatik und industrieller IT-Entwicklung vor uns liegt.

Ich wünsche Ihnen viel Freude und Erfolg beim Einstieg in die faszinierende Welt der Medizininformatik.

Münster, im Dezember 2016 Univ.-Prof. Dr. med. Dipl.-Inform. Martin Dugas

Inhaltsverzeichnis

Grundbegriffe aus der Medizin 1

Zusammenfassung
Dieses Kapitel führt in die medizinischen Grundlagenfächer Biologie, Biochemie sowie Anatomie und Physiologie ein. Die Inhalte sind fokussiert auf Themen, die für das Verständnis der Medizininformatik notwendig sind. Erläutert werden zunächst Begriffe aus der Biochemie mit dem Schwerpunkt Proteinbiochemie und Genetik. Anschließend wird ein orientierender Überblick über den Aufbau und die Funktionen einer einzelnen Zelle bis hin zu den komplexen Organsystemen des menschlichen Körpers vermittelt.

1.1 Biochemische und genetische Grundlagen

Detailliertes Wissen über Aminosäuren und Proteinstrukturen ist im Hinblick auf das Verständnis für die Medizininformatik ebenso wichtig wie auch die Begriffe „Nukleinsäuren", „genetischer Code" oder die Funktionsweise der elementaren gentechnologischen Untersuchungstechniken.

1.1.1 Proteine

Proteine spielen in praktisch allen biologischen Prozessen eine entscheidende Rolle. Ihre Hauptfunktionen sind:

- Enzymatische Katalyse: Die Reaktionsgeschwindigkeit von chemischen Prozessen wird um ein Vielfaches erhöht.
- Transport und Speicherung: Einige Moleküle und Ionen werden durch spezifische Proteine transportiert, z. B. dient Hämoglobin als Träger des Sauerstoffs in den Erythrozyten, während Myoglobin diese Aufgabe im Muskel wahrnimmt.

M. Dugas, *Medizininformatik*,
DOI 10.1007/978-3-662-53328-4_1

- Koordinierte Bewegungen: Muskelkontraktionen kommen durch die gleitende Bewegung zweier Arten von Protein-Filamenten zustande.
- Mechanische Stützfunktion in Form von organischen Geweben.
- Immunabwehr: Antikörper sind hoch spezifische Proteine, die Fremdsubstanzen erkennen und koppeln.
- Kontrolle von Wachstum und Differenzierung.

1.1.1.1 Aminosäuren

Proteine bestehen aus Aminosäuren, die nach einem gemeinsamen Prinzip aufgebaut sind: Ein zentrales Kohlenstoffatom (**Cα-Atom**) ist mit vier verschiedenen Gruppen verbunden, einer Aminogruppe (NH_2), einer Carboxylgruppe (COOH), einem Wasserstoffatom und einem variablen Rest mit hydrophobem bzw. hydrophilem Charakter (Abb. 1.1).

Durch die tetraedrische Anordnung der Substituenten können bei den Aminosäuren wie auch bei vielen anderen Molekülen zwei verschiedene Formen unterschieden werden, die sich wie Bild und Spiegelbild zueinander verhalten. Die zwei möglichen Konfigurationen bezeichnet man als D- und L-Isomere, je nachdem auf welcher Seite die Aminogruppe bzw. die Carboxylgruppe positioniert sind. Allerdings sind nur die L-Aminosäuren biologisch aktiv.

Acht der zwanzig Aminosäuren sind für den menschlichen Organismus essenziell, das heißt, sie können nicht aus anderen Bausteinen synthetisiert werden, sondern müssen mit der Nahrung aufgenommen werden. Nichtessenzielle Aminosäuren kann der Körper dagegen selbst herstellen (Tab. 1.1).

1.1.1.2 Verkettung der Aminosäuren – die Peptidbindung

Wenn zwei Aminosäuren unter Abspaltung von Wasser miteinander reagieren, entsteht ein Dipeptid. Dabei ist immer die Carboxylgruppe einer Aminosäure mit der Aminogruppe der nächsten Aminosäure verknüpft, und es liegt eine so genannte **Peptidbindung** vor. Viele durch Peptidbindungen verknüpfte Aminosäuren bilden eine unverzweigte **Polypeptidkette**. Die Richtung einer solchen Kette ist bestimmt durch eine Aminogruppe

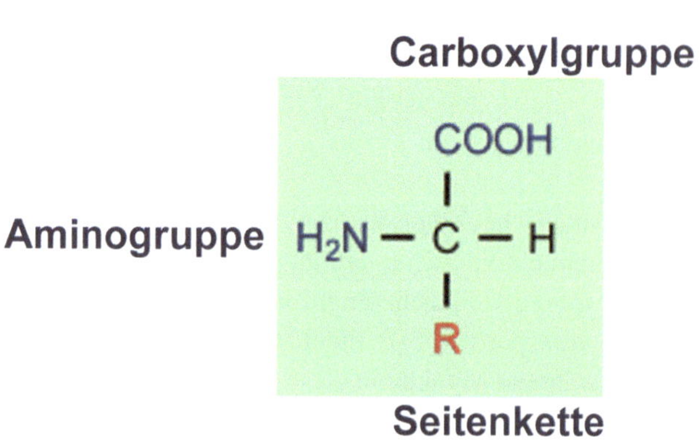

Abb. 1.1 Aufbau einer Aminosäure

Tab. 1.1 Aminosäuren mit 3-Buchstaben- und 1-Buchstaben-Code. Für den Menschen essenzielle Aminosäuren sind mit * gekennzeichnet

Gruppe	Name	3-Buchstaben-Code	1-Buchstaben-Code	Bindung
Aminosäuren mit reinen Kohlenwasserstoff-Seitenketten	Glycin	Gly	G	neutral
	Alanin	Ala	A	hydrophob
	Valin*	Val	V	hydrophob
	Leucin*	Leu	L	hydrophob
	Isoleucin*	Ile	I	hydrophob
	Prolin	Pro	P	hydrophob
	Phenylalanin*	Phe	F	hydrophob
Aminosäuren mit nichtionisierten, aber polaren Gruppen	Serin	Ser	S	hydrophil
	Threonin*	Thr	T	hydrophil
	Cystein	Cys	C	hydrophob
	Methionin*	Met	M	hydrophob
	Tryptophan*	Trp	W	hydrophob
	Thyrosin	Tyr	Y	hydrophob
	Asparagin	Asn	N	hydrophil
	Glutamin	Gln	Q	hydrophil
Saure Aminosäuren	Asparaginsäure	Asp	D	hydrophil
	Glutaminsäure	Glu	E	hydrophil
Basische Aminosäuren	Lysin*	Lys	K	hydrophil
	Arginin	Arg	R	hydrophil
	Histidin	His	H	hydrophil

(N-Terminus) am Anfang und eine Carboxylgruppe (C-Terminus) am Ende. Die Hauptkette (Rückgrat, Backbone) eines Polypeptids besteht aus sich regelmäßig wiederholenden Einheiten, den variablen Anteil bilden die Seitenketten der einzelnen Aminosäuren eines Polypeptides. Für die Konfiguration der Proteine ist es wichtig, dass die Peptidgruppe selbst starr und planar ist (Abb. 1.2), während die Bindungen jenseits dieser Einheit eine gewisse Rotationsfreiheit aufweisen.

Polypeptide bestehen im Allgemeinen aus 50 bis 2000 Aminosäureresten. Das Molekulargewicht oder die Masse eines Proteins wird in der Einheit **Dalton** (d) angegeben; 1 Dalton entspricht in etwa der Masse eines Wasserstoffatoms. Das durchschnittliche Molekulargewicht einer Aminosäure beträgt etwa 110 d, mithin liegt die Masse fast aller Proteine zwischen 5 und 220 kd (Kilodalton; 1 **kd** entspricht 1000 Dalton).

Da einerseits 20 verschiedene Aminosäuren für den Aufbau von Proteinen zur Verfügung stehen und andererseits die Reihenfolge der einzelnen Aminosäuren variiert, ergibt

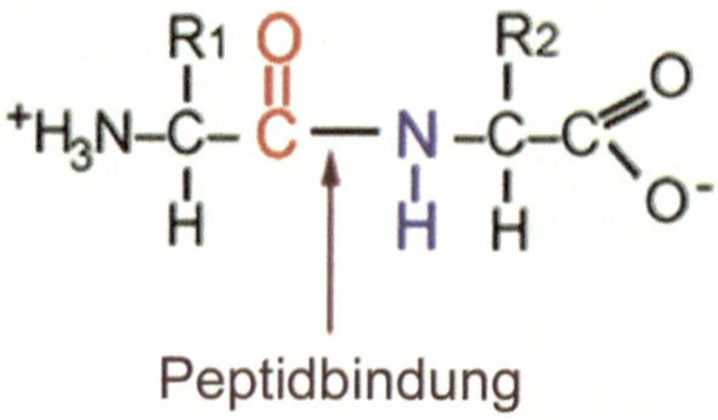

Abb. 1.2 Die vier Atome der Peptidbindung liegen in einer Ebene

sich eine riesige Anzahl unterschiedlicher Proteine. Jedes Protein besitzt eine festgelegte Aminosäuresequenz, die von den Genen bestimmt wird. Das Wissen über die Sequenz eines Proteins lässt einerseits Rückschlüsse auf Struktur und Wirkmechanismen des Proteins selbst zu, andererseits gewinnt die Sequenzbestimmung zunehmende Bedeutung in der Molekularpathologie (Pathologie bezeichnet die Lehre von den abnormen und krankhaften Vorgängen im Körper und deren Ursachen), denn Veränderungen in einer Aminosäurekette können z. B. zu Stoffwechselerkrankungen im lebenden Organismus führen.

1.1.1.3 Bauprinzip der Proteine

Die Funktion von Proteinen wird durch ihre räumliche Struktur bestimmt. Wüsste man also, wie diese Moleküle aussehen, so könnte man in einem zweiten Schritt auf ihre Funktion schließen. Mit diesem Wissen ließen sich dann beispielsweise viele Krankheiten verstehen und es könnten somit maßgeschneiderte Medikamente entwickelt werden. Daher befasst sich ein Zweig der Bioinformatik intensiv mit der Vorhersage der dreidimensionalen Struktur von Proteinen.

Primär- und Sekundärstruktur

Die Aminosäuresequenz von Proteinen wird als **Primärstruktur** bezeichnet, wobei eine lineare, planare Polypeptidkette allein keine biologische Aktivität hat. Die Funktionalität von Proteinen resultiert aus der dreidimensionalen Anordnung der Atome, was allgemein auch als **Faltung** von Proteinmolekülen bezeichnet wird oder als ihre **Sekundärstruktur**; diese wird wesentlich durch die chemischen Eigenschaften der verschiedenen Aminosäuren bestimmt.

α-Helix (Abb. 1.3) ist die Bezeichnung für eine Sekundärstruktur, bei der ein fadenförmiges Polypeptidmolekül spiralförmig gewunden ist und eine lang gestreckte, stabförmige Struktur bildet. Eine typische α-Helix weist einen Drehwinkel von 100 Grad je Aminosäure auf, dies entspricht 3,6 Aminosäuren je Drehung und periodischen Einheiten mit 5 Drehungen je 18 Aminosäuren. Im Inneren der α-Helix liegt in engen Schrauben aufgewickelt das Polypeptidrückgrat, die Seitenketten dagegen weisen schraubenartig nach außen.

Das Protein der Haare heißt α-Keratin und ist ein Beispiel für ein Protein in α-Helix-Konformation. Im einzelnen Haar sind viele Proteinmoleküle miteinander folgendermaßen

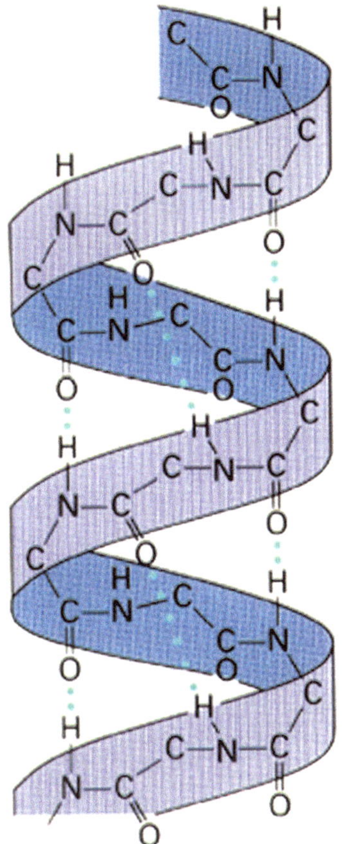

Abb. 1.3 Schematische Darstellung der α-Helix-Struktur

verdrillt: Drei α-Helices bilden eine Protofibrille und elf Protofibrillen ordnen sich wiederum zu Makrofibrillen (Bündeln) an, bei denen zwei Protofibrillen innen und neun außen herum liegen. Solche superspiralisierten α-Helices (*coiled coils*) treten auch im Myosin der Muskeln, in der Epidermis der Haut und im Fibrin von Blutgerinnseln auf.

Die Struktur der α-Helix wurde von Pauling und Corey 1951 entdeckt. Noch im selben Jahr beschrieben beide Wissenschaftler eine weitere Proteinstruktur, die sie ß-Faltblatt nannten. Im Gegensatz zur α-Helix ist die **β-Faltblatt**-Struktur (Abb. 1.4) eine plattenförmige, Ziehharmonika-ähnlich gefaltete Polypeptidstruktur, die durch Wasserstoffbrücken zwischen verschiedenen Polypeptidsträngen stabilisiert wird. Benachbarte Stränge können dieselbe Richtung aufweisen (parallele ß-Faltblatt-Struktur) oder entgegengesetzt verlaufen (antiparallele ß-Faltblatt-Struktur).

Eine dritte Variante einer spiralförmigen Proteinstruktur ist die Kollagenhelix. Sie ist verantwortlich für die hohe Zugfestigkeit von Kollagen, dem Hauptprotein von Haut, Knochen und Sehnen.

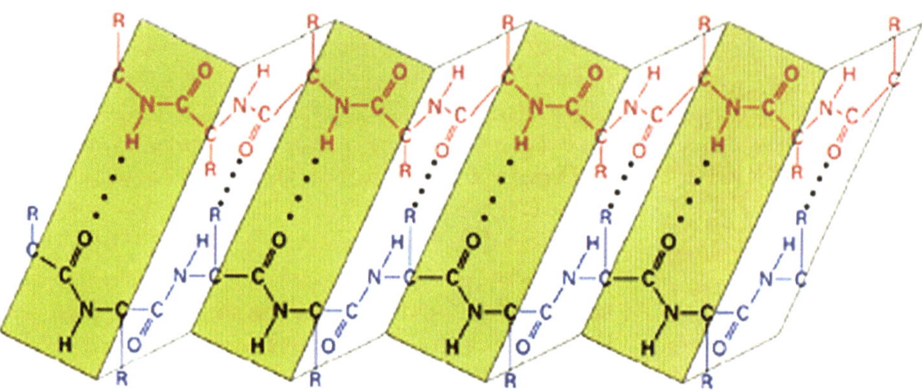

Abb. 1.4 Schematische Darstellung der ß-Faltblatt-Struktur

Die **3_{10}-Helix** (3 Aminosäuren pro 360°-Drehung, 10-gliedriger Ring der Wasserstoffbrückenbindungen) ist ein Sekundärstruktur-Motiv, das an den Enden von α-Helices vorkommen kann und ca. 10 % des Helix-Anteils von globulären Proteinen umfasst.

Proteinteilstücke ohne erkennbare Sekundärstruktur werden als **Random Coil** bezeichnet.

Elemente der Sekundärstruktur

Die kompakte dreidimensionale Gestalt fast aller Proteine kommt dadurch zustande, dass ihre Peptidketten häufig die Richtung ändern. Diese Kehren werden ß-Schleifen genannt, weil sie häufig in antiparallelen ß-Faltblatt-Strängen anzutreffen sind: Die CO-Gruppe der Aminosäure an Position n der betreffenden Polypeptidkette bildet eine Wasserstoffbrücke zur NH-Gruppe an der Position n + 3 aus, dadurch ergibt sich eine Haarnadelschleife und die Peptidkette wechselt abrupt ihre Richtung.

Der Vergleich von globulären Proteinen ergibt, dass sich Proteine in Gruppen ordnen lassen, die jeweils durch die Ausprägung bestimmter Sekundärstrukturelemente charakterisiert sind. Man spricht in diesem Zusammenhang von **Supersekundärstrukturen**. Beispielsweise gibt es Proteine mit überwiegend α-Helix-Struktur (αα-Komplexe) oder vorherrschenden Faltblatt-Einheiten (ßß-Komplexe) bzw. Proteine, bei denen sich α- und ß-Stränge abwechseln, die so genannte αß-Struktur.

Polypeptidketten können sich aber auch in zwei oder mehr räumlich abgegrenzte Bereiche falten, die durch ein flexibles Peptidsegment verbunden sind. Solche kompakten Einheiten werden **Domänen** genannt und sind 100 bis 400 Aminosäuren lang. Kleinere Kombinationen von Sekundärstrukturelementen werden auch als **Motiv** bezeichnet.

Tertiär- und Quartärstruktur

Die dreidimensionale Anordnung aller Atome einer einzelnen Polypeptidkette bzw. die Anordnung der Sekundärstrukturelemente im Raum nennt man **Tertiärstruktur**

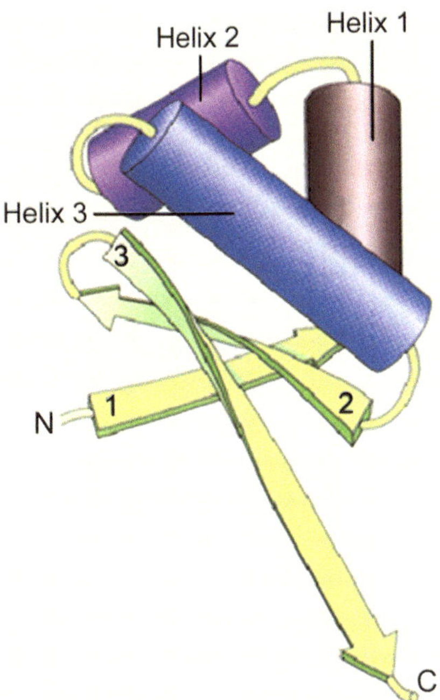

Abb. 1.5 Schematische Darstellung der Tertiärstruktur eines Proteins

(Abb. 1.5). Erst die Tertiärstruktur verleiht dem Protein seine Funktion und entscheidet, ob das Protein ein Strukturprotein oder ein Enzym ist, ob es sich um ein globuläres oder um ein fadenförmiges Protein handelt. Die Art der Faltung wird durch die Aminosäuresequenz festgelegt: Bestimmte Aminosäuren neigen besonders dazu, α-Helix-Strukturen auszubilden, andere wiederum bevorzugen eine Faltblattstruktur. Die Faltung von Proteinen erfolgt also durch Assoziation von α-helikalen und ß-Faltblatt-Bereichen. Da die Sequenz genetisch determiniert ist, ist folglich auch die Raumstruktur der Proteine festgelegt.

Die starke Tendenz hydrophober Reste, dem Wasser auszuweichen, treibt die Faltung löslicher Proteine voran. Proteine werden durch viele Wasserstoffbrücken und hydrophobe Wechselwirkungen stabilisiert. Die wichtigste Hauptvalenzbindung ist die Disulfid-Brücke. Es handelt sich hierbei um eine kovalente Bindung zwischen den Schwefelatomen von benachbarten Cystein-Bausteinen. Die Aminosäure Cystein ist allerdings die einzige Aminosäure, welche eine SH-Gruppe in ihrer Seitenkette trägt.

Proteine, die nicht nur aus einer Polypeptidkette, sondern aus vielen Untereinheiten bestehen, zeigen schließlich noch eine weitere strukturelle Organisationsform. Diese wird als **Quartärstruktur** bezeichnet und beschreibt die Anordnung aller Protein-Untereinheiten zu einem funktionellen Protein.

Die Fähigkeit von Proteinen, mit anderen Molekülen zu reagieren, erklärt sich aus ihrer Eigenschaft, komplementäre Oberflächen und Vertiefungen auszubilden. Ermöglicht wird die Reaktionsvielfalt der Proteine durch 20 verschiedene Seitenketten, die die Faltung zu definierten Strukturen vorgeben.

Jede Proteinwirkung wird durch die Bindung eines anderen Moleküls initiiert. Proteine sind in der Lage, unterschiedlichste Moleküle spezifisch zu erkennen und mit ihnen in Wechselwirkung zu treten. So wird beispielsweise die Expression zahlreicher Gene durch die Bindung von Proteinen gesteuert, die bestimmte DNA-Sequenzen erkennen. Nach Bindung eines Moleküls an einem Antikörperprotein hat unser Immunsystem die biologische Fähigkeit, dieses Molekül als körperfremd oder eigen zu identifizieren.

1.1.1.4 Proteinanalytische Methoden

Die Extraktion von Proteinen in reiner Form aus einem komplexen Proteingemisch ist sowohl Voraussetzung für die Aufklärung ihrer Struktur und Funktionen als auch notwendig für die präparative Gewinnung bestimmter Proteine (z. B. Insulin, Enzyme) und die quantitative Bestimmung einzelner Proteinfraktionen. Charakteristische Proteineigenschaften wie Molekülgröße, Löslichkeit, elektrische Ladung oder spezifische Bindungseigenschaften werden genutzt, um ein gesuchtes Protein von anderen Proteinen zu trennen (Tab. 1.2).

Gelelektrophorese

Die Elektrophorese ist ein biochemisches Trennverfahren, bei dem die unterschiedliche Geschwindigkeit der Wanderung von geladenen Molekülen in einem elektrischen Feld zu deren Trennung genutzt wird. Elektrophoresen werden meist in einer elektrisch neutralen, festen Gelmatrix aus Agarose oder Polyacrylamid durchgeführt. Papier, Cellulose-Acetat-Folien oder Stärke-Gele werden ebenso verwendet. Die verschiedenen Moleküle erscheinen nach der Elektrophorese als so genannte **Banden**.

Das Wanderungsverhalten von Makromolekülen in derartigen Gelen hängt u.a. von der Stärke des angelegten elektrischen Feldes, der Nettoladung, Form und Größe der Makromoleküle, sowie der Ionenstärke, der Porengröße und der Temperatur der verwendeten Matrix ab, in der sich die Moleküle bewegen. Es ist z. B. möglich, ein Molekül aus 99 Nukleotiden von einem aus 98 oder 100 Nukleotiden aufgrund seiner Wandergeschwindigkeit im elektrischen Feld zu unterscheiden.

Eine Modifikation der Gelelektrophorese ist die **Isoelektrische Fokussierung** (IEF). Hierbei wird außer dem elektrischen Feld ein pH-Gradient angelegt, der dafür sorgt, dass das wandernde Protein in der Nähe seines isoelektrischen Punkts (IEP oder pI) zum Stehen kommt. Der isoelektrische Punkt wiederum ist durch jenen pH-Wert gekennzeichnet, an dem

Tab. 1.2 Gebräuchliche Methoden zur Trennung eines Proteingemischs

Methoden der Proteintrennung	
Trennung nach Größe / Masse	Gelfiltrationschromatographie, SDS-Polyacrylamidgel u. Färbemethoden, Zentrifugation/Ultrazentrifugation
Trennung nach Ladung	Ionenaustauschchromatographie
Trennung nach Ligandenspezifität	Affinitätschromatographie, Immunochemische Fällung

die geringste Zahl ionisierter Gruppen im Molekül vorhanden ist. Im sauren Bereich liegen die Amino- und die Carboxylgruppen vor als NH_3^+ bzw. COOH, im alkalischen als NH_2 und COO^-, und am isoelektrischen Punkt als NH_2 bzw. COOH. Es hängt daher vor allem vom Verhältnis der basischen zu den sauren Aminosäuren im Protein ab, wo sein isoelektrischer Punkt liegt; die Löslichkeit des Proteins ist hier drastisch reduziert. Bei der **Kapillarelektrophorese** wird die Proteinlösung in einer sehr dünnen Kapillare (Durchmesser ~50 µm) aufgetrennt; mit diesem Verfahren können auch sehr kleine Proteinmengen analysiert werden.

2-D-Gelelektrophorese

Die zweidimensionale Elektrophorese ist eine biochemische Technik, die von O'Farrel und Klose erstmals beschrieben wurde und bei der Proteingemische in zwei Dimensionen auf Polyacrylamidgelen analytisch getrennt werden. Das Trennsystem bedient sich zweier unabhängiger Proteineigenschaften: Man benutzt die elektrische Ladung des Proteins in Abhängigkeit vom pH-Wert für die erste Dimension. Denn Proteine wandern in einem elektrischen Feld in einem pH-Gradienten in eine Zone, in der sie ihre Nettoladung und damit ihre elektrische Mobilität verlieren. Die erste Dimension entspricht also einer Isoelektrischen Fokussierung (x-Achse, pH-Gradient).

In der zweiten Dimension werden alle Proteine mit SDS (sodium dodecyl sulfate) beladen. SDS überdeckt die Eigenladung der Proteine so effektiv, dass die SDS-Proteinkomplexe zur Anode wandern und in der Polyacrylamidmatrix nach ihrer Größe getrennt werden (y-Achse, KD). Die 2-D-Elektrophorese gibt demnach zwei Informationen, das Molekulargewicht und die Ladung von Proteinen. Zur weiteren biochemischen Analyse (Quantifizierung, Massenspektrometrie, Sequenzierung) können die einzelnen Proteine aus dem Gel extrahiert werden.

SWISS-2DPAGE (Abb. 1.6) [SWISS-2DPAGE] ist eine Datenbank aus annotierten zweidimensionalen Gelelektrophoresen (Polyacrylamid-Gele), die seit 1993 besteht. Sie enthält 2-D-Gele (Abb. 1.6) u. a. vom Menschen, der Maus und dem Bakterium Escherichia coli. Mehrere Tausend Spots wurden dem zugehörigen Protein zugeordnet. Dabei kamen Verfahren wie Vergleich von Gelen, Mikrosequenzierung, Immunoblotting und Massenspektrometrie zum Einsatz. Die experimentellen Parameter sowie Verweise auf die zugehörige Literatur sind abrufbar, ebenso Querverweise auf andere 2-D-Elektrophorese-Datenbanken. Mit dem Programm Melanie [Melanie 2D] können 2-D-Gele annotiert und analysiert werden. Der Vergleich von verschiedenen Gelen ist sowohl automatisch als auch interaktiv (mit manuellen Korrekturen) möglich.

Quantifizierung von Proteinen

Physiologische Prozesse gehen häufig mit quantitativen Veränderungen von Proteinen einher. Die Coomassie-blue-Färbung, die 10fach sensitivere Silberfärbung oder auch Fluoreszenzfarbstoffe werden eingesetzt, um die Proteinmenge nach Extraktion der Proteinflecken aus dem Gel zu bestimmen. Anschließend wird die Farbintensität, die direkt mit der Proteinmenge korreliert, densitometrisch mittels Laserscanner gemessen und per Computer ausgewertet.

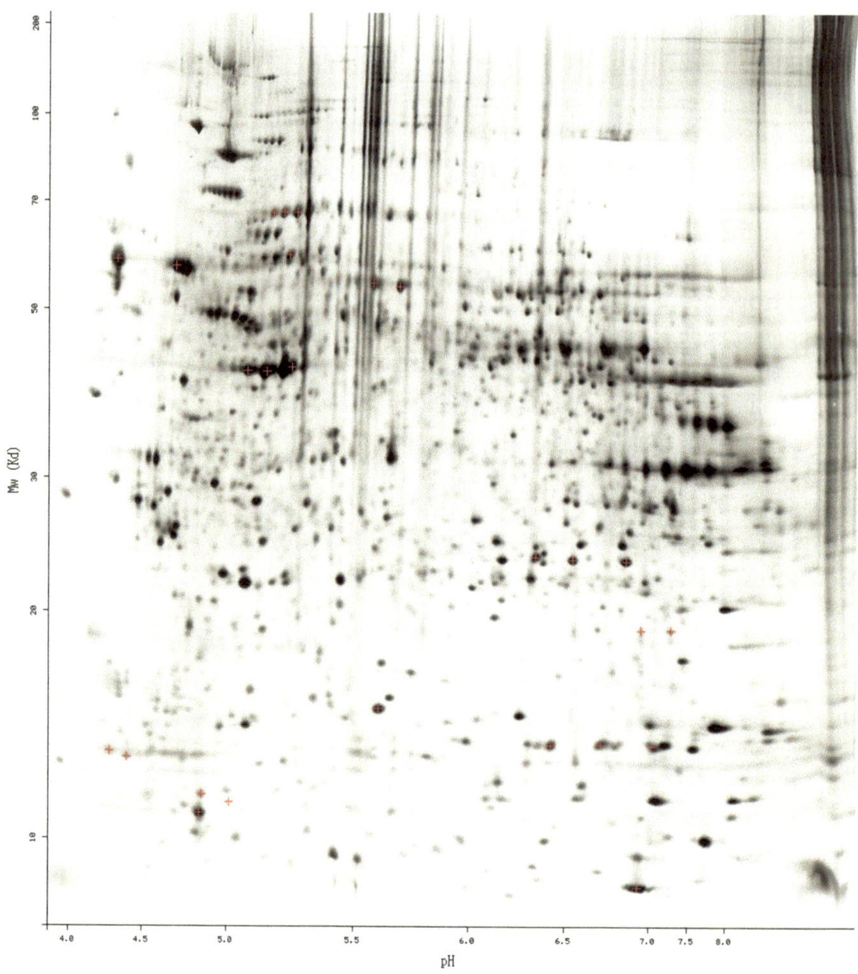

Abb. 1.6 Gelelektrophorese in SWISS-2DPAGE von Leukämie-Zellen (HL60_HUMAN). Spots von bekannten Proteinen sind durch kleine Kreuze hervorgehoben. Die Ordinate entspricht dem Molekulargewicht, die Abszisse dem isoelektrischen Punkt des jeweiligen Proteins. Quelle: Swiss Institute of Bioinformatics, Geneva, Switzerland

Massenspektrometrie

Massenspektrometrische Methoden sind moderne, automatische und hoch empfindliche Analysesysteme, die zur Identifizierung von Proteinkomponenten (z. B. aus 2-D-Gelen), zur Reinheitskontrolle, zur Bestimmung der Proteinzusammensetzung oder für die exakte Molekularmassenbestimmung einer Probe herangezogen werden.

Die zu analysierende Proteinprobe wird in den Massenspektrometer (MS) eingebracht, verdampft und ionisiert. Als bewegte, geladene Teilchen lassen sich die Ionen dann mit verschiedenen MS-Techniken nach ihrem Verhältnis Masse zu Ladung (m/z)

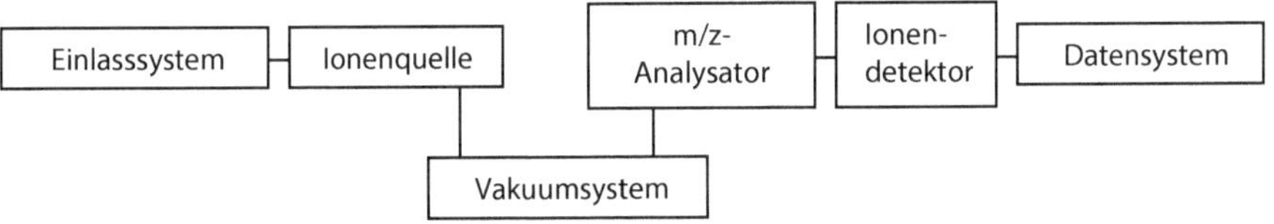

Abb. 1.7 Schematische Darstellung der Hauptkomponenten eines Massenspektrometers

auftrennen und anschließend detektieren. Abbildung 1.7 zeigt die Hauptkomponenten eines Massenspektrometers.

Die zu analysierenden Polypeptide können auf verschiedene Weise ionisiert und in die Gasphase überführt werden, wobei u.a. die Methode der **Elektrospray Ionisation** (ESI-MS) und die **Matrix-Assisted Laser Desorption/Ionisation** (MALDI-MS) eingesetzt werden können. MALDI-MS arbeitet meist mit einem Flugzeitanalysator (Time-of-Flight, **TOF**). Dabei wird die in einer Matrix eingebettete Probe mit einem Laser beschossen, worauf die Ionen in einem elektrischen Feld beschleunigt werden. Da die Geschwindigkeit vom m/z-Verhältnis abhängt, erreichen zuerst die leichten Ionen den Detektor, gefolgt von den schwereren. Aus der Messung dieser Flugzeit kann dann das m/z-Verhältnis berechnet werden. In Abhängigkeit vom Analysator können mit dieser Methode Molekülmassen bis zu 500 kDa, routinemäßig 5 bis 100 kDa (Polymere, Biomoleküle, Komplexe, Enzyme) bestimmt werden.

Die MALDI-MS liefert einen für jedes Protein charakteristischen **Peptide Mass Fingerprint**, der anschließend direkt zur Identifizierung des Proteins über Datenbanken herangezogen werden kann. Es können auch mehrere Analysatoren hintereinander eingesetzt werden (**MS/MS, Tandem-Massenspektrometrie**), um die Sensitivität und Selektivität des Messverfahrens weiter zu verbessern. Für die Sequenzanalyse bei nicht eindeutigen Fingerprints und für die Analyse posttranslationaler Modifizierungen kann ergänzend die ESI-Massenspektrometrie eingesetzt werden. Die Elektrospray Ionisation eignet sich besonders gut zur Analytik von großen Proteinmolekülen oder synthetischen Polymeren, die sich nicht unverdaut (beim enzymatischen Verdau von Proteinen z. B. mit Trypsin wird ein großes Protein in mehrere kleinere Fragmente zerteilt) im Vakuum verdampfen lassen.

Massenspektrometrie kann auch mit Flüssigchromatographie gekoppelt werden (**LC/MS, HPLC-MS**). Hierbei dient die Chromatographie zur Auftrennung von Molekülen in einem Gemisch und die Massenspektrometrie zur Identifikation bzw. Quantifizierung der Substanzen.

1.1.1.5 Enzyme

Chemisch gesehen gehören die meisten Enzyme zu den Proteinen. Funktionell sind die Enzyme biologische **Katalysatoren**, welche die Aktivierungsenergie einer chemischen Reaktion absenken und chemische Prozesse dadurch um einen hohen Faktor beschleunigen, ohne das Gleichgewicht der biologischen Reaktion zu beeinflussen.

Stoffe, die von einem Enzym umgesetzt werden, nennt man **Substrate**. Im Allgemeinen sind Enzyme substratspezifisch und ihre Effizienz hängt von der Konzentration des Substrates in der Zelle ab. Diese Abhängigkeit verhindert zusammen mit anderen Faktoren, dass das Enzym zu viel Produkt produziert und so zu überschießenden Reaktionen führt. Der Ablauf einer enzymatischen Reaktion verändert das Substrat, indem entweder neue Bindungen geknüpft oder bestehende Bindungen gespalten werden, die Enzyme dagegen gehen unverändert aus der Reaktion hervor. Die **funktionelle Spezifität** der Enzyme ist eng verknüpft mit ihrer dreidimensionalen Struktur, in der sich die verschiedenen Enzyme unterscheiden. Der Bereich des Enzyms, der ein Substratmolekül bindet, wird als **aktives Zentrum** bezeichnet und ist vor allem durch eine dem Substrat komplementäre Form gekennzeichnet (Schlüssel-Schloss-Prinzip).

Enzyme bestehen im Allgemeinen aus einem Proteinanteil (**Apoenzym**) und einem für die enzymatische Reaktion notwendigen **Cofaktor** ohne katalytische Aktivität, der entweder fest an das Enzym gebunden sein kann (prosthetische Gruppe) oder als so genanntes Coenzym nicht fest mit dem Proteinanteil verbunden ist. Während das Enzym unverändert aus der chemischen Reaktion hervorgeht, wird das Coenzym verändert.

Bei einer enzymkatalysierten Reaktion wird als Zwischenprodukt ein Enzym-Substratkomplex gebildet, aus dem das unveränderte Enzym und ein Produkt hervorgehen. Bei konstanter Enzymkonzentration nimmt die Umsatzgeschwindigkeit eines Enzyms als Funktion der Substratkonzentration zu und erreicht schließlich asymptotisch einen Sättigungswert. Die **Michaelis-Menten-Gleichung** beschreibt die Beziehung zwischen enzymatischer Reaktionsrate und der Substratkonzentration und ist definiert als die Substratkonzentration, bei der die halbe Maximalgeschwindigkeit erreicht wird; dies kann auch als Halbsättigung des Enzyms mit Substrat interpretiert werden.

ENZYME [ENZYME] ist eine Datenbank zu Enzymen. Es wird die IUBMB-Nomenklatur verwendet und zu allen Enzymen ist die EC-Nummer (Enzyme Commission) angegeben. Die katalysierte Reaktion wird beschrieben und es finden sich Querverweise, u. a. auf die Biochemical Pathways Map, auf genetische Krankheiten (OMIM) und PubMed.

1.1.1.6 Interaktionen zwischen Proteinen

Viele Prozesse im Zellstoffwechsel werden durch das Zusammenwirken und Interagieren von mehreren Proteinen gesteuert. Wie bei der Vorhersage der 3-D-Struktur einzelner Proteine sind auch für die Aufklärung von Protein-Protein-Interaktionen experimentelle Verfahren erforderlich.

Ein typisches Vorgehen besteht darin, ein Protein an einen festen Träger zu koppeln, beispielsweise mittels **GST** (Glutathion S-transferase), und eine Lösung von möglichen Interaktionspartnern aufzubringen. Nach dem Auswaschen nicht-spezifisch interagierender Proteine kann der gebundene Proteinkomplex eluiert (herausgelöst) und z. B. massenspektrometrisch untersucht werden.

Beim **Yeast Two-Hybrid-System** werden zwei Proteine, die auf Interaktion geprüft werden sollen, als Fusionsprotein gekoppelt jeweils mit einer DNA-bindenden Domäne und deren Aktivierungsdomäne. Dazu werden die jeweiligen Fusionsproteine in zwei

Hefezelltypen kloniert. Die beiden Zelltypen werden kombiniert und durch spezielle Medien werden diejenigen Zellen selektiert, die beide Fusionsproteine exprimieren. Wenn die beiden Proteine miteinander interagieren, dann werden die DNA-bindende Domäne und deren Aktivierungsdomäne zusammengeführt, was die Transkription des zugehörigen Gens (englisch **Reporter Gene**) auslöst, das gemessen werden kann. Durch Sequenzierung der positiven Klone werden dann so genannte ISTs (Interaction Sequence Tags) bestimmt.

1.1.1.7 Proteom und Proteomics

Proteom bezeichnet die Gesamtheit aller verschiedenen Proteine, die in einem Organismus auftreten. Auch posttranslational veränderte Proteine, z. B. durch Glykosylierung oder Phosphorylierung, gehören zum Proteom. Proteine zeigen eine variable räumliche Verteilung – sowohl innerhalb der Kompartimente einer Zelle als auch in verschiedenen Zelltypen. Zusätzlich variiert das Proteom auch im Zeitverlauf, z. B. treten unterschiedliche Proteine in embryonalen und adulten Zellen auf. Aus diesen Gründen ist das Proteom deutlich komplizierter als das Genom. Ein besonderes Problem bei der Analyse des Proteoms besteht darin, dass eine Amplifizierung von Proteinen im Gegensatz zur DNA derzeit nicht möglich ist, was den Nachweis von Proteinen erschwert, die in sehr niedrigen Mengen vorliegen (teilweise nur einige 100 Moleküle je Zelle), wie beispielsweise bestimmte G-Protein-gekoppelte Rezeptoren, Transkriptionsfaktoren und Kinasen. Das Human Proteome Project strebt an, alle Proteine zu charakterisieren, die vom humanen Genom codiert werden.

Proteomics bezeichnet die Analyse von Proteinen und deren Funktion im großen Maßstab und kann in folgende Aufgabengebiete gegliedert werden:

- Identifikation und Charakterisierung von Proteinen und deren posttranslationalen Modifikationen in großem Maßstab
- Vergleich der Proteinlevel (differential display), z. B. um Unterschiede zwischen normalen und erkrankten Zellen zu identifizieren
- Untersuchung von Protein-Protein-Interaktionen, z. B. mittels Massenspektrometrie, um die zellulären Prozesse genauer zu verstehen

Ein proteomisches Profil umfasst die Population von allen in vivo vorkommenden Proteinvarianten – mit posttranslationalen Modifikationen – und ihre relative Häufigkeit. Der Zelltyp und das Entwicklungsstadium der Zelle sind zu berücksichtigen. Für proteomische Profile werden u. a. 2-D-Gelelektrophorese, Massenspektrometrie, Proteinchips und Kapillarelektrophorese eingesetzt.

Ein wichtiges Anwendungsfeld von Proteomics bezieht sich auf die Untersuchung von phänotypischen Unterschieden, z. B. den Vergleich von normalem Gewebe und Tumoren. Hierbei geht es darum, Unterschiede durch Vergleich der Proteinlevel (**Differential Protein Display**) zu bestimmen, wobei sowohl das Fehlen als auch das Neuauftreten eines Proteins oder eine Modifikation von Bedeutung sein kann.

1.1.2 DNA und RNA

Proteine sind komplexe Gebilde aus Aminosäuren, wobei die Anzahl und Reihenfolge dieser Aminosäuren genetisch genau festgelegt sind. In den Nukleinsäuren sind diejenigen Informationen verschlüsselt, die zum Aufbau der Proteine benötigt werden. Nukleinsäuren bilden das Genom aller lebenden Organismen und sind Träger der Erbinformationen.

Man unterscheidet zwei Formen von Nukleinsäuren: Die **DNA** (Desoxyribonukleinsäure, DNS) und die **RNA** (Ribonukleinsäure, RNS). Die Entdeckung der Doppelhelixstruktur der DNA durch Watson und Crick (1953) führte zur Entschlüsselung des genetischen Codes. Dieser Code bestimmt die zur Proteinbiosynthese nötigen Informationen und wird durch einen Replikationsmechanismus vererbt, der Kopien des Elterngenoms an die Nachkommen weitergibt.

Das vorliegende Kapitel beschreibt die Struktur der DNA-Doppelhelix sowie die Replikation der DNA und das Auftreten von Mutationen. Die Mechanismen der Proteinbiosynthese werden vorgestellt. Das Kapitel schließt mit einer Erklärung der in der Genetik häufig verwendeten Begriffe und einer Einführung in die wichtigsten Rekombinationstechniken.

1.1.2.1 Bauprinzip der Nukleinsäuren

Nukleinsäuren sind sehr lange, fadenförmige Makromoleküle aus zahlreichen Desoxyribonukleotiden, die jeweils aus einer Base, einem Zucker sowie einer Phosphatgruppe bestehen. Die DNA-Basen tragen die genetische Information, während die Zucker- und Phosphatgruppen strukturelle Aufgaben erfüllen.

Die verschiedenen Nukleotide (Tab. 1.3) unterscheiden sich in der Zusammensetzung ihrer Basenstruktur, wobei entweder ein Purin- oder ein Pyrimidinderivat an eine Zuckereinheit gebunden ist. RNA, mengenmäßig in allen Organismen die Hauptform der Nukleinsäuren, setzt sich aus dem Zucker Ribose und den Purinbasen **Adenin** (A) und **Guanin** (G) sowie den Pyrimidinen **Cytosin** (C) und **Uracil** (U) zusammen, während die DNA die Desoxyform der Ribose und die vier Basen Adenin (A) und Guanin (G), **Thymin** (T) und Cytosin (C) benutzt. Die Länge von DNA-Sequenzen wird in Basenpaaren (**bp = base pairs**; 1 **kb** = 1000 bp, 1 **Mb** = 10^6 bp) angegeben. Die DNA wird hauptsächlich als Dimer vorgefunden, die so genannte Doppelhelix, die RNA dagegen vor allem als Einzelstrang.

Das im gesamten DNA-Molekül gleich bleibende Rückgrat aus Desoxyribose-Einheiten ist über Phosphodiesterbindungen zwischen den Phosphatresten am dritten und fünften C-Atom der Zucker-Bausteine miteinander verknüpft. Ein DNA-Strang hat also jeweils ein **5'**(-Phosphat)-Ende (nämlich am C_5-Atom) und ein **3'**(-Hydroxyl)-Ende (am C_3-Atom). In schematischen Darstellungen befindet sich das 5'-Ende immer links, das 3'-Ende immer rechts. Der variable Teil der DNA ist eine Sequenz aus den vier verschiedenen Basen A, G, C und T. Einer Konvention folgend bedeutet das Symbol ApCpG oder ACG, dass das freie 5'-Ende zum Adenin und der freie 3'-Terminus zum Guanin gehört. Man schreibt also Basensequenzen immer in **5'→3'-Richtung** (gesprochen: *5 Strich nach 3 Strich Richtung*). Zur Charakterisierung eines Fixpunktes auf einem Nukleinsäuremolekül werden

Tab. 1.3 Die Nukleotide und ihre Codierung

DNA	Adenin	Guanin	Thymin	Cytosin
	A	G	T/U	C
RNA	Adenin	Guanin	Uracil	Cytosin

auch die Begriffe **upstream** (stromaufwärts), d. h., man nähert sich der Stelle von der 5‘-Richtung her, sowie **downstream** (stromabwärts), die Annäherung erfolgt hier von 3‘-Richtung, verwendet.

1.1.2.2 Struktur der DNA

Mit Ausnahme der DNA einzelner Viren, die ein einzelsträngiges (engl. **single strand**) Genom aufweisen, besteht das Genom der meisten Organismen aus doppelsträngiger (engl. **double strand**) DNA. In ihrem Aufbau kann die DNA mit einer Strickleiter verglichen werden, deren Stränge in entgegengesetzter Richtung verlaufen und schraubenförmig miteinander verbunden sind.

In einem doppelsträngigen Nukleinsäuremolekül einander gegenüberliegende Basen werden als **Basenpaar** (**bp**) bezeichnet. Adenin paart sich dabei immer mit Thymin und Guanin stets mit Cytosin, man sagt, die beiden Basen eines Basenpaares seien einander komplementär. Jede Base bestimmt also ihren gegenüberliegenden Partner, sodass ein einzelner DNA-Strang die vollständige Sequenz der Basen im anderen Strang festlegt (Abb. 1.8).

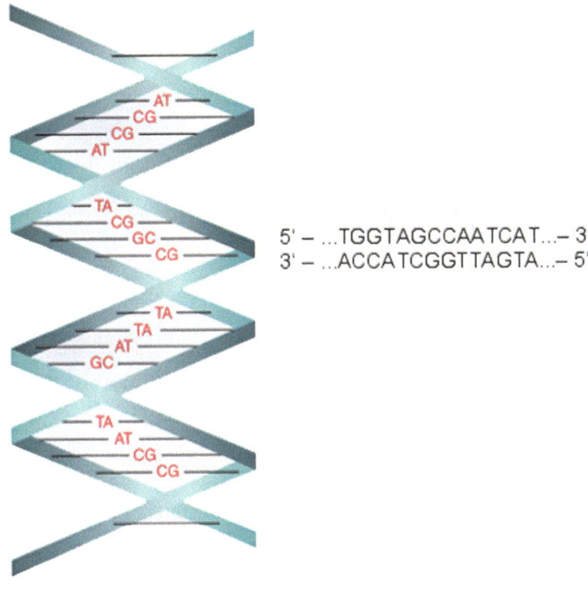

Abb. 1.8 Schematische Darstellung der beiden komplementären DNA-Stränge

Diese so genannte Doppelhelixstruktur der DNA wird hauptsächlich durch Wasserstoffbrücken zwischen den Basenpaaren gegenüberliegender Einzelstränge stabilisiert. Nach dem Modell der Watson-Crick-Basenpaarung sind in den AT-Paaren zwei, in den GC-Paaren drei Wasserstoffbrücken vorhanden.

AT-reiche Regionen innerhalb eines DNA-Moleküls sind deshalb normalerweise weniger stabil als GC-reiche Regionen. Dieses Phänomen wird beispielsweise genutzt, um physikalische Genkarten, so genannte Denaturierungskarten, zu erstellen.

GC-reiche Regionen der DNA sind instabiler gegen Methylierung (Enzymatische Anheftung einer CH_3-Gruppe). GC-reiche Regionen sind im Genom unterrepräsentiert. Ein relativ hoher GC-Gehalt findet sich beim Menschen allerdings in der Nähe des Startbereiches der Gene, genauer in den sog. **Promotorregionen**.

Als **CpG-Islands** werden lokale Anhäufungen der eher seltenen Dinukleotid-Sequenz CpG bezeichnet. Solche Bereiche können als Markierungspunkte in längeren DNA-Strängen eingesetzt werden, wobei im Allgemeinen alle 100 kb ein solcher CpG-Cluster auftritt.

Wenn eine DNA-Lösung erwärmt (oder Säure bzw. Lauge zugegeben) wird, dann lösen sich die Wasserstoffbrücken zwischen den beiden DNA-Strängen auf. Das Aufwinden einer Doppelhelix in zwei Einzelstränge wird Schmelzen genannt. Der Schmelzpunkt hängt stark von der Basenzusammensetzung ab. DNA mit vielen GC-Paaren hat einen höheren Schmelzpunkt als DNA mit überwiegend AT-Basenpaaren. Getrennte komplementäre DNA-Stränge lagern sich spontan wieder zu einer Doppelhelix zusammen, wenn die Temperatur unter den spezifischen Schmelzpunkt gesenkt wird. Diese Renaturierung bezeichnet man auch als **Annealing**.

Von **Basen-Fehlpaarung** (engl. **mismatch**) spricht man, wenn sich in doppelsträngigen Nukleinsäuremolekülen Basen gegenüberliegen, die normalerweise keine Basenpaare bilden. Mismatches können sowohl in vivo (im lebenden Organismus) das Resultat einer fehlerhaften DNA-Replikation sein als auch in vitro (außerhalb eines lebenden Organismus) bei der Hybridisierung von Nukleinsäuren entstehen.

Unter physiologischen Bedingungen nimmt der DNA-Doppelstrang die so genannte **B-Konformation** an, dabei bilden die beiden Einzelstränge eine rechtsgewundene Schraube. Da sich die Basen-Zucker-Bindungen nicht diametral gegenüberliegen, entstehen entlang der Achse des Moleküls an der Außenseite der Doppelhelix große und kleine Einbuchtungen im alternierenden Winkel (**major and minor groove**). Weitere Konformationen der DNA sind die A-Konformation und die Z-Konformation. Letztere ist die einzige linksgängige Helix und die Phosphatgruppen in ihrem Rückgrat verlaufen zickzackartig. Ein RNA-Doppelstrang ist dagegen auf die A-Konformation beschränkt.

In der Zelle ist das DNA-Molekül darüber hinaus verpackt. Der Doppelstrang wickelt sich dabei um ein Protein, das so genannte **Histon**-Oktamer (Abb. 1.9). Im Histon wird die DNA um ein Proteinoktamer, das *Coreparticle*, zum Histon gewickelt. Zwei Histone sind über eine Linker-DNA miteinander verknüpft. Diese sehr dichte Histon-Verpackung

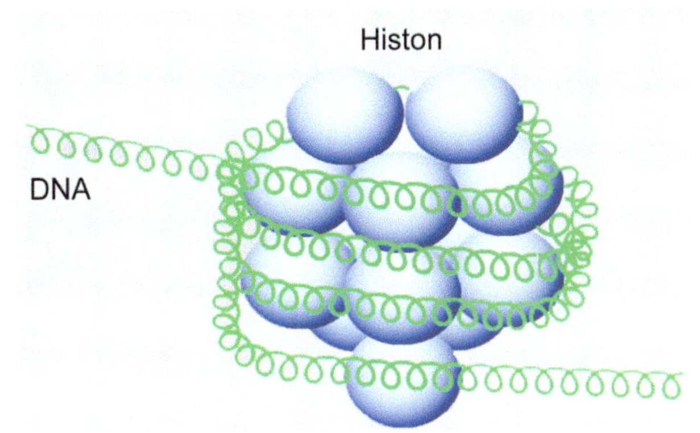

Abb. 1.9 Die DNA bildet im Zellkern mit Histonen Komplexe und formt damit das so genannte Chromatin. Verschiedene Histone schließen sich zu einem Nukleosom zusammen, einer scheibenförmigen Struktur, um die sich ein 200 bp langes DNA-Stück spiralförmig windet

ermöglicht es Organismen, ihre DNA im Zellkern Platz eng aneinander gepackt abzulegen. Das N-terminale Ende eines Histons kann von Enzymen modifiziert werden. Diese **Histonmodifikationen** beeinflussen die Genregulation. Als **Nukleosom** bezeichnet man die Einheit von DNA und einem Histon-Oktamer.

Viele DNA-Moleküle kommen unter natürlichen Bedingungen nicht in linearer Form vor, sondern als in sich geschlossene DNA-Ringe ohne freiliegende Enden. Sie werden auch als ccc-Moleküle (*covalently closed circles*) bezeichnet. Ihr Merkmal sind besondere Tertiärstrukturen, die in offenen, linearen Molekülen nicht vorkommen: Zusätzlich zur charakteristischen rechtsgängigen Schraube der DNA sind die ccc-Moleküle sozusagen „überspiralisiert" und bilden so genannte **Superhelices** (englisch Supercoils) aus. Eine DNA-Superhelix ist kompakter als entspannte (relaxierte) DNA.

1.1.2.3 Replikation der DNA

Bei der **DNA-Replikation** (Abb. 1.10) entspiralisieren und trennen sich die beiden Stränge einer Doppelhelix, während neue Ketten synthetisiert werden. Jeder Elternstrang dient dabei als Matrix für die Bildung eines neuen komplementären Stranges. Die DNA-Stränge, die aus der Replikation hervorgehen, bestehen je zur Hälfte aus einem Elternstrang und einem neu synthetisierten Tochterstrang, daher bezeichnet man die DNA-Replikation als semikonservativ. Der DNA-Bereich, in dem die Synthese des neuen Stranges stattfindet, wird **Replikationsursprung** oder Replikationsgabel genannt. Die DNA-Replikation ist ein komplexer Vorgang, an dem viele Proteine beteiligt sind. Zu den wichtigsten zählen die **DNA-Polymerasen**. Die Hauptaufgabe dieser Enzyme in der Zelle ist die Verdoppelung des genetischen Materials, eine weitere wichtige Rolle spielen sie außerdem bei der Reparatur von DNA-Schäden. Der neue, zum Elternstrang komplementäre Tochterstrang wird in 5'→3'-Richtung synthetisiert. Startpunkt für die DNA-Polymerase ist ein so genannter **Primer**, ein Stück doppelsträngige DNA, an dessen 3'-Ende die DNA-Polymerase komplementäre Nukleotide addiert.

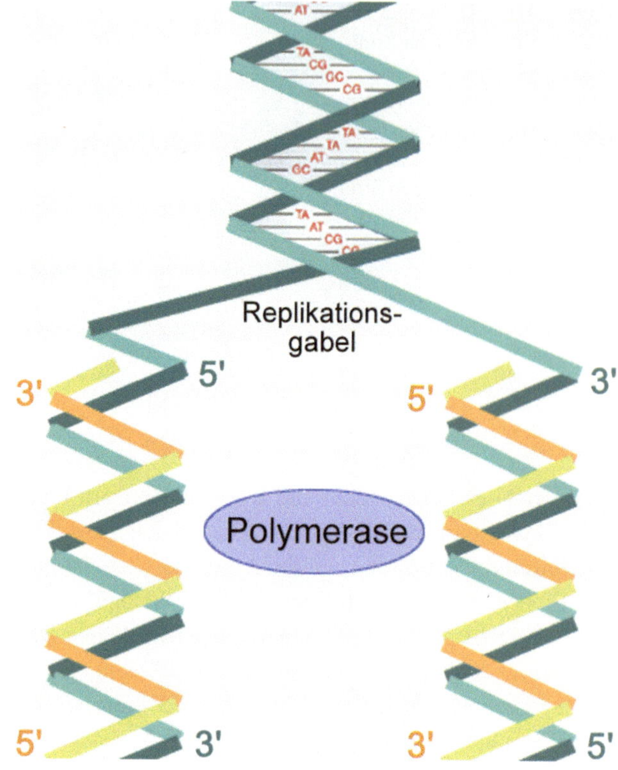

Abb. 1.10 Vereinfachte, grafische Darstellung des semikonservativen Mechanismus der DNA-Replikation

1.1.2.4 Proteinbiosynthese

Die Gene bestimmen, welche Arten von Proteinen eine Zelle synthetisiert. Die DNA ist jedoch nicht die direkte Matrix für die Proteinsynthese, diese Aufgabe erfüllen RNA-(Ribonukleinsäure-)Moleküle. Es gibt drei Arten von RNA, m(messenger), t(transfer) und r(ribosomale)RNA (Abb. 1.11).

Transkription

Die Proteinbiosynthese findet im Zytoplasma an den Ribosomen statt, die Erbinformation für alle Proteine lagert dagegen in Form der DNA im Zellkern. Diese räumliche Trennung macht eine Zwischenkopie der in der DNA enthaltenen genetischen Information notwendig. Dieser Vorgang wird als **Transkription** bezeichnet. Dazu entspiralisiert sich die DNA und dient nach dem Prinzip der Basenkomplementarität als Matrix für die neu synthetisierte einsträngige RNA.

Katalysiert wird die Transkription durch verschiedene DNA-abhängige RNA-Polymerasen. Die Zwischenkopie der DNA wird als messenger-Ribonukleinsäure oder kurz **mRNA** bezeichnet und ist ein von der RNA-Polymerase II codiertes Strukturgen. Die ribosomale RNA, rRNA, ist das primäre Transkript der Polymerase I. Sowohl die kleine

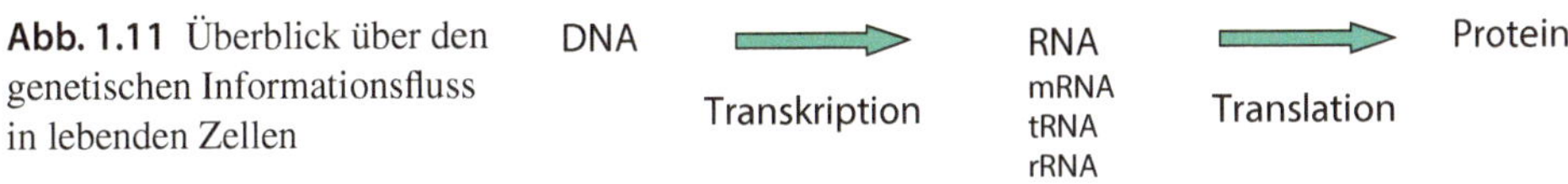

Abb. 1.11 Überblick über den genetischen Informationsfluss in lebenden Zellen

als auch die große Untereinheit des Ribosoms enthalten jeweils unterschiedlich große rRNA-Moleküle.

Der Prozess der Transkription lässt sich in drei Abschnitte unterteilen: **Initiation**, **Elongation** und **Termination**. Die Initiation erfolgt an einem bestimmten AT-reichen (TATA-Box oder Pribow-Schaller-Box) DNA-Abschnitt in der Promotorregion, der internen Kontrollregion, die die Transkription eines Genes, d. h. die Synthese von mRNA, steuert und etwa 10 Nukleotide oberhalb des mRNA-Startes liegt. Bei der Elongation wird nur ein Strang, der codogene Strang, kopiert. Die Biosynthese wird dann beendet (Termination), wenn eine bestimmte Sequenz der DNA als Terminationssignal erreicht ist. Die primären Transkripte durchlaufen noch eine Reifungsphase, was als Prozessieren (engl. processing) der RNA bezeichnet wird.

Die Regulation der Transkription erfolgt wesentlich mithilfe der **Transkriptionsfaktoren**. Dies sind Proteine, die direkt mit spezifischen DNA-Sequenzen interagieren und dabei einen fördernden oder hemmenden Einfluss auf die Transkriptionsvorgänge ausüben. In der Regel sind mehrere Transkriptionsfaktoren an der Steuerung der Expressions eines Gens beteiligt; es gibt hierbei genspezifische und allgemeine Faktoren. Es gibt Transkriptionsfaktoren, die direkt an die DNA binden, aber auch solche, die an andere DNA-bindende Proteine binden. Transkriptionsfaktoren werden in der Regel nach ihren Strukturcharakteristika benannt. So unterscheidet man u.a. Helix-Loop-Helix-, Zink-Finger- und Leucin-Zipper-Proteine.

Enhancer können die Transkriptionsaktivität eines Gens erhöhen. Sie sind Bindungsstellen für Transkriptionsfaktoren und können zellspezifisch wirken. Wichtig ist, dass sie nicht in unmittelbarer Nähe des Gens liegen müssen, sondern ihre Wirkung auch über größere Entfernungen ausüben können. Die räumliche Nähe zum Promotor kommt durch Ausbildung von DNA-Schlaufen zustande. Teilweise werden benachbarte Gene von einer gemeinsamen Kontrollregion reguliert, z. B. die Gene für die Laktoseverwertung. Diese Funktionseinheit wird als **Operon** bezeichnet.

Das Primärtranskript der mRNA wird durch mehrere posttranskriptionale Modifikationen in die funktionale mRNA umgewandelt, der wichtigste Vorgang hierbei ist das RNA-**Splicing** (Spleißen). Die DNA und damit auch die mRNA enthält nur zu einem kleinen Teil Protein-codierende Sequenzen, **Exons** genannt. Die nichtcodierenden Sequenzen werden dementsprechend als **Introns** bezeichnet. Die zunächst transkribierten Intronabschnitte werden im Verlauf der mRNA-Reifung herausgeschnitten, und die codierenden Abschnitte der mRNA werden kontinuierlich zusammengefügt. Dieser komplexe Vorgang geschieht unter Beteiligung von kleinen RNA-Molekülen und von Enzym- und Strukturproteinen. Bei vielen Organismen, auch beim Menschen, werden bestimmte Gene alternativ gespleißt, d. h., es wird, in Abhängigkeit vom Organ oder der ontogenetischen

Entwicklungsstufe, eine unterschiedliche Anzahl von Exons zur Konstruktion des endgültigen mRNA-Moleküls aus demselben RNA-Vorläufermolekül herangezogen, was zur Synthese unterschiedlich langer mRNA-Moleküle führt. Als Folge daraus entstehen aus einem Gen verschiedene Proteinmoleküle.

Translation

Die **Translation**, die Übersetzung der mRNA in eine Aminosäuresequenz, bildet nach der Transkription die letzte Stufe auf dem Weg der Expression eines Gens in ein Protein. Während der Translation wird die Basensequenz einer mRNA in eine Aminosäuresequenz übersetzt. Im **genetischen Code** (Abb. 1.12) bestimmen jeweils drei aufeinander folgende Basen, welche Aminosäure in die wachsende Polypeptidkette eingebaut wird. Da die DNA vier verschiedene Basen enthält, lassen sich also insgesamt 64 Kombinationen (Tripletts) bilden. Ein Basentriplett wird als **Codon** bezeichnet.

Ein **Open Reading Frame** (ORF) ist der Abschnitt einer DNA- oder RNA-Sequenz zwischen dem Translation-Startsignal ATG (oder AUG) und dem terminierenden Codon, der potenziell in eine Polypeptidsequenz translatiert werden kann. Die Existenz eines ORF in einer DNA-Region beweist alllerdings noch nicht, dass diese Sequenz wirklich translatiert wird. Die Struktur der DNA legt die Lage der einzelnen Gene innerhalb einer DNA-Sequenz nicht fest, daher ergeben sich – wegen der zwei möglichen Ableserichtungen und der drei möglichen Intervalle pro Leserichtung (drei Basen je Codon) – insgesamt sechs Leseraster (Abb. 1.13).

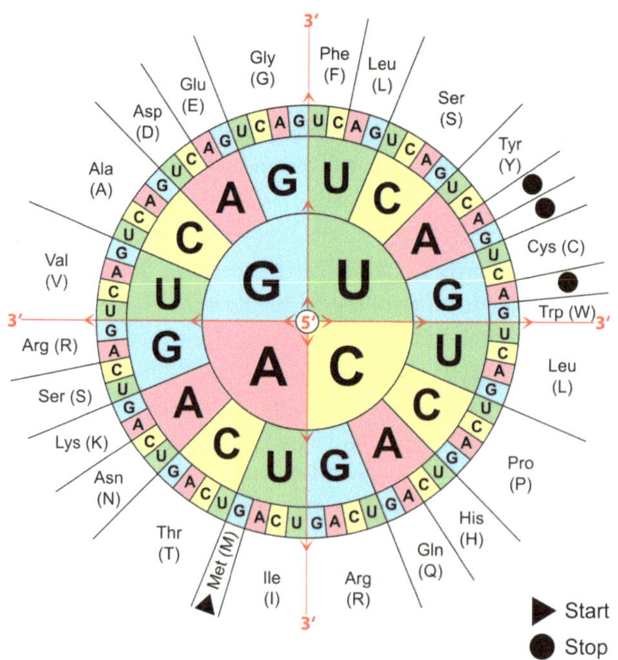

Abb. 1.12 Der genetische Code. In der Abfolge von innen nach außen wird einem Basentriplett eine Aminosäure (1- und 3-Buchstaben-Code) zugeordnet. Quelle: https://de.wikipedia.org/wiki/Genetischer_Code

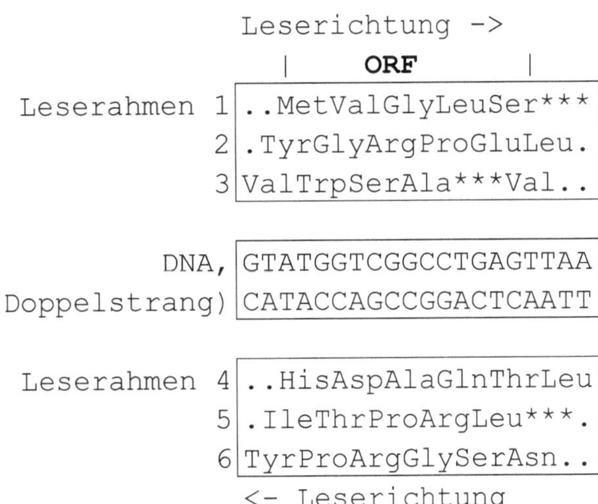

Abb. 1.13 Beispiel für das Übersetzen einer DNA- in eine Proteinsequenz in allen sechs Leserastern: Im gezeigten Beispiel entsteht genau ein ORF, hier im Leserahmen 1, dessen Lage durch ein Startcodon (Met) und ein Stopcodon (durch *** markiert) definiert ist, in allen anderen Leserastern treten in der gezeigten Sequenz Stopcodons auf oder es fehlt ein Startcodon

Maximal 20 proteinogene Aminosäuren müssen codiert werden. Dies geschieht unter Vermittlung von **Transfer-RNA's** (**tRNA**, Abb. 1.14), welche die nötigen Aminosäuren transportieren, und den Ribosomen, in denen die Biosynthese der Eiweißkörperchen stattfindet (Abb. 1.15). Wie die Transkription wird auch die Translation in drei Phasen unterteilt: Initiation, Elongation und Termination.

Die RNA-Ketten werden vom 5'- zum 3'-Ende hin synthetisiert und in dieser Leserichtung erfolgt auch die Translation. Als Initiationscodon oder **Startcodon** wird das Basentriplett ATG bezeichnet. Es signalisiert auf einem mRNA-Molekül den Startpunkt für den Beginn der Synthese eines Proteins. Das entsprechende Codon in der RNA ist AUG. Drei Tripletts, nämlich UAA, UAG und UGA, codieren nicht für eine Aminosäure und werden als Terminationscodons bzw. **Stopcodons** bezeichnet, sie führen zum Abbruch der Proteinbiosynthese.

Die Proteine werden in der Regel noch posttranslational modifiziert und stehen dann als Enzyme, Strukturproteine, Hormone etc. zur Verfügung.

1.1.2.5 Genvarianten und Mutationen

Die Genome von Individuen derselben Spezies sind zwar sehr ähnlich, aber nicht identisch. Man geht davon aus, dass Menschen rund 25.000 Gene besitzen und dass 99,9 Prozent der Gene bei allen Menschen identisch sind. **Genvarianten**, die in einer Population auftreten, werden als **Polymorphismen** bezeichnet. Der Grad eines Polymorphismus ist die Anzahl der verschiedenen Allele, die in der Bevölkerung vorkommen, und kann Werte von 2 bis über 30 annehmen. Polymorphismen sind z. B. wichtig für die Untersuchung der genetischen Zusammenhänge von Erkrankungen, aber auch als Marker für die Kartierung des Genoms.

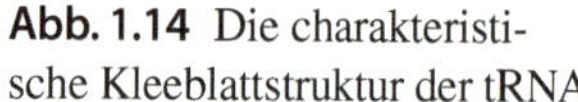

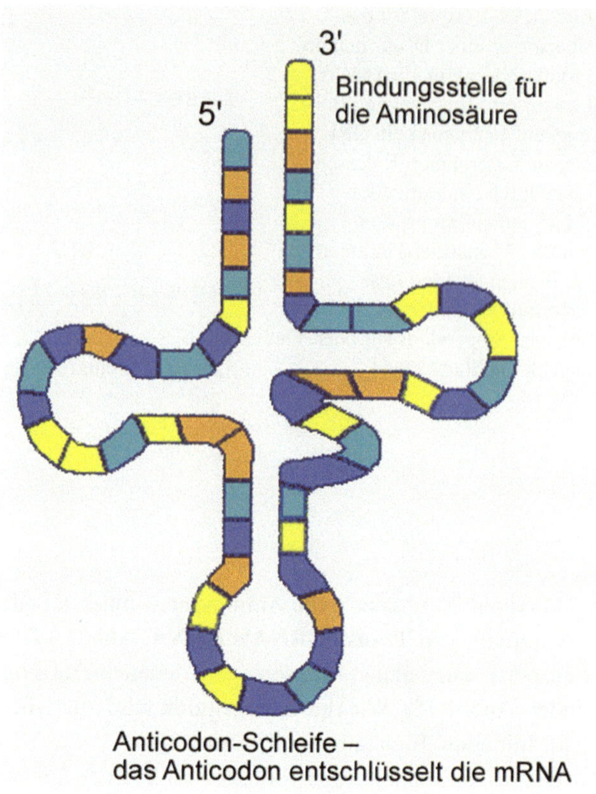

Abb. 1.14 Die charakteristische Kleeblattstruktur der tRNA

Eine **Mutation** bezeichnet die dauerhafte Veränderung des Erbguts. Diese kann zum Beispiel durch spontane Fehler bei der Replikation der DNA auftreten oder durch äußere Einflüsse (mutagene Strahlung oder mutagene Chemikalien) verursacht werden. Man unterscheidet **Keimbahn-Mutationen** (englisch **Germline Mutations**), die durch Vererbung an Nachkommen weitergegeben werden, und **somatische Mutationen**, die nur in den Geweben des Körpers vorliegen. Mutationen, die sich nicht auf die Merkmale des Organismus (**Phänotyp**) auswirken, werden als stille Mutationen (englisch **silent mutations**) bezeichnet. Man kann Mutationen einteilen nach der Größe und Art der Veränderung des Genoms.

Bei einer **Punktmutation** wird nur ein Nukleotid verändert (**Substitution**). Punktmutationen führen zu Einzelnukleotid-Polymorphismen (englisch **Single Nucleotide Polymorphism, SNP**, bzw. **Single Nucleotide Variant**, **SNV**). SNPs umfassen etwa 90 % der genetischen Varianten im menschlichen Genom. Eine Punktmutation auf Chromosom 11 verursacht zum Beispiel die Sichelzellenanämie. Bei Punktmutationen unterscheidet man die **Transition** (Substitution A <-> G oder C <->T, d. h. Purin-Base wird duch Purin-Base ersetzt oder Pyrimidin-Base durch Pyrimidin-Base) und die **Transversion**

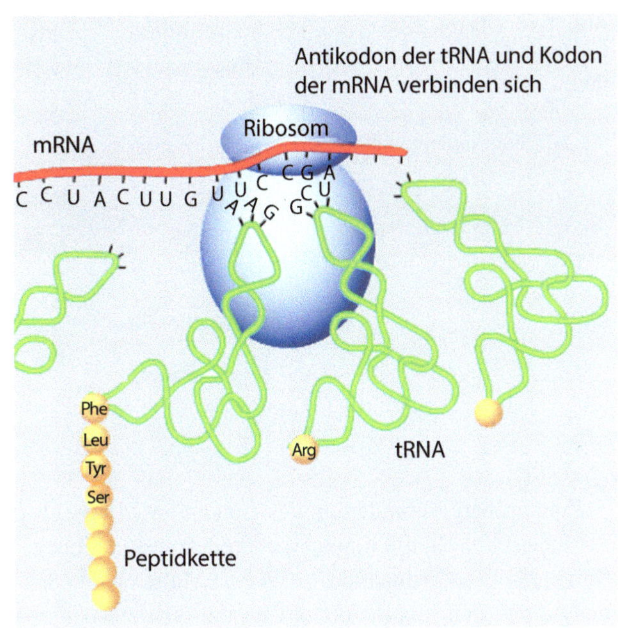

Abb. 1.15 Am Ribosom werden die Codons eines mRNA-Moleküls übersetzt, wobei eine Polypeptidkette entsteht. Dabei passen die Aminosäuren mit ihrem spezifischen Anticodon in die Matrix der mRNA und werden dann an die entstehende Peptidkette angehängt. Mit dem Erscheinen eines Stopcodons endet der Prozess und die Eiweißkette fällt ab

(A<->C, G<->T, A<->T oder G<->C). Bei codierenden Sequenzen können folgende Situationen auftreten: Eine **nicht-synonyme Mutation** (englisch **missense mutation**) führt dazu, dass eine andere Aminosäure codiert wird. Eine **synonyme Mutation** (auch stille Mutation, englisch **silent mutation**) codiert für die gleiche Aminosäure (abzüglich der drei Stopcodons gibt es 61 unterschiedliche Codons, es gibt aber nur 20 kanonische Aminosäuren). Synonyme Mutationen können in nicht-codierenden Abschnitten (Introns) Fehler beim Splicing verursachen. Eine **nonsense-Mutation** bewirkt einen vorzeitigen Abbruch der Synthese eines Proteins. Eine **readthrough**-Mutation führt dazu, dass ein Stopcodon als Aminosäure codiert wird und dadurch das zugehörige Protein verlängert wird. Punktmutationen und dadurch hervorgerufene SNPs stellen etwa 90 % aller genetischen Varianten im menschlichen Genom dar. Einige SNPs beeinflussen das Risiko für bestimmte Erkrankungen oder können die Wirksamkeit einer bestimmten Medikation beeinflussen. Informationen zu SNPs sind in großen Datenbanken (z. B. **dbSNP** [dbSNP]) verfügbar.

Eine **Insertion** führt zu einer Verlängerung des DNA-Stranges, eine **Deletion** zu einer Verkürzung. Eine kleine Insertion bzw. Deletion (bis etwa 50 Nukleotide) wird small **InDel** genannt. Eine spezielle Form der Insertion ist die **Duplikation**, wobei ein bestimmter DNA-Abschnitt verdoppelt wird. Wenn die Anzahl der Basen bei Insertionen oder Deletionen nicht um ein Vielfaches von drei modifiziert wird, dann ändert sich das Leseraster der hinter der Mutation folgenden Basentripletts. Man spricht von einer **Frameshift**-Mutation, bei der andere Aminosäuren auftreten können oder es zu einem vorzeitigen Abbruch der Proteinsynthese kommen kann.

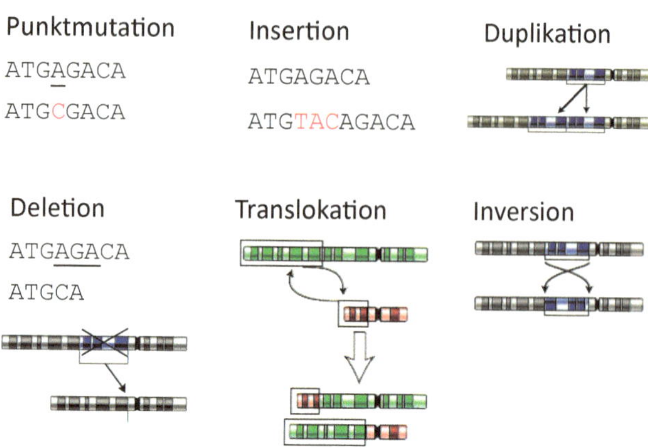

Abb. 1.16 Überblick zu den verschiedenen Arten von Mutationen. Quelle: modifiziert nach https://de.wikipedia.org/wiki/Chromosomenmutation

Eine größere Veränderung des Genoms wird **strukturelle Variante** (**SV**) genannt. Zu diesen strukturellen Varianten gehören Translokationen, Inversionen und Copy-Number-Varianten. Eine **Translokation** ist eine Mutation, bei der Chromosomenabschnitte an eine andere Position innerhalb des Chromosomenbestandes verlagert werden. Bei der chronisch myeloischen Leukämie tritt beispielsweise eine Translokation zwischen den Chromosomen 9 und 22 auf; die Bruchstelle liegt hier im Bereich des ABL-Gens (Chromosom 9) und dem BCR-Gen (Chromosom 22), wodurch ein pathologisches Fusionsgen (BCR-ABL) entsteht. Eine **Inversion** ist eine Mutation, bei der ein chromosomaler Abschnitt umgedreht (invertiert) wird. Dies entsteht dadurch, dass ein Chromosom an zwei Stellen bricht und wieder zusammengefügt wird. Bei einer **Copy-Number-Variante** (**CNV**) ist die Anzahl der Kopien eines bestimmten DNA-Abschnittes innerhalb eines Genoms verändert. Normalerweise liegen zwei Kopien eines Gens im Genom vor (je eine Kopie pro Chromosomensatz). Bei einer Verminderung der Kopienanzahl liegt eine Gendeletion vor, die nur eine Kopie oder beide Kopien betreffen kann (homozygote Gendeletion). Durch Duplikation können auch drei oder mehr Kopien von DNA-Abschnitten entstehen. Es sind etwa 30.000 CNVs beim Menschen bekannt. Einen Überblick zu den verschiedenen Arten von Mutationen gibt Abb. 1.16.

1.1.3 Genetik und Gentechnologie

1.1.3.1 Genbegriff

Ein Gen ist ein aus vielen Basentripletts bestehender Abschnitt der DNA, der die Information für die Bildung eines bestimmten Proteins enthält. Ähnliche Gene werden als **homolog** bezeichnet. **Orthologe** Gene sind einander entsprechende Gene in verschiedenen Spezies (z. B. Maus – Mensch). **Paraloge** Gene sind ähnliche Gene innerhalb desselben Genoms. In der Regel sind alle Gene im Zellkern auf den **Chromosomen** (Abb. 1.17) lokalisiert. Die Chromosomen liegen paarweise (homolog) vor. Jeder Mensch hat 23 Chromosomen

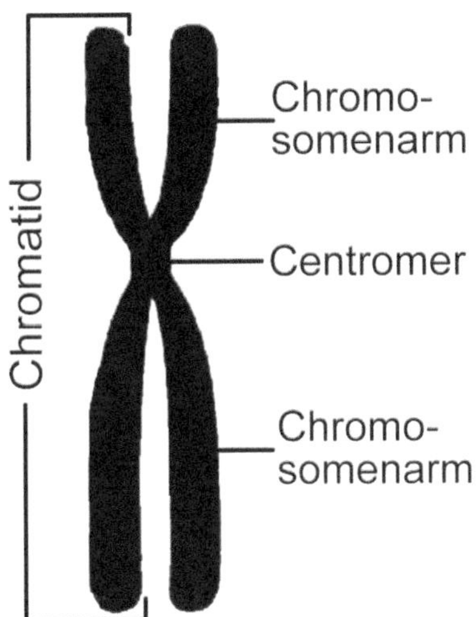

Abb. 1.17 Bau eines Chromosoms

vom Vater und 23 von der Mutter, weshalb man auch vom doppelten (**diploiden**) Chromosomensatz spricht, im Gegensatz zum einfachen (**haploiden**) Chromosomensatz. Durch den Einsatz bestimmter Färbetechniken kann jedes Chromosom durch ein charakteristisches Bandenmuster genau gekennzeichnet werden. Solch eine Chromosomenkarte wird **Karyogramm** genannt.

Menschliche Gene bestehen durchschnittlich aus ca. 1000 Basentripletts, deren Sequenz auf der DNA genau festgelegt ist. Die durch Transkription erhaltenen RNA-Moleküle oder die durch Translation entstehenden Proteine werden allgemein als **Genprodukt** bezeichnet. Unter Genexpression versteht man generell die Bildung von Genprodukten. Die Gesamtheit von codierender Region und den dazugehörigen, für die Kontrolle der Genexpression erforderlichen Nachbarbereichen wird unter dem Begriff **Transkriptionseinheit** zusammengefasst. Hinsichtlich ihrer Aktivität unterscheidet man **aktive Gene** (englisch active genes), die in der Zelle transkribiert werden, und **stumme Gene** (englisch silent genes), die keinerlei Transkriptionsaktivität zeigen. **Allel** ist die Bezeichnung für Gene, die auf den sich entsprechenden, homologen Chromosomen an gleicher Stelle liegen.

1.1.3.2 Genotyp und Phänotyp

Der **Genotyp** eines Organismus repräsentiert seine exakte genetische Ausstattung, also den individuellen Satz von Genen, den er in sich trägt. Zwei Organismen, deren Gene sich auch nur an einem **Locus** (der Position in ihrem Genom) unterscheiden, haben einen unterschiedlichen Genotyp. Der Begriff „Genotyp“ bezieht sich also auf die vollständige Erbinformation eines Organismus. Beim **Phänotyp** eines Organismus dagegen handelt es sich um seine tatsächlichen körperlichen Merkmale wie Größe, Gewicht, Haarfarbe usw.

Die meisten Merkmale des Phänotyps werden bei allen höheren Organismen durch eine Kombination mehrerer Gene bestimmt (**polygene** Vererbung), die auch über mehrere

Chromosomen verteilt sein können. Nur bei sehr wenigen Merkmalen ist lediglich ein Gen für die Ausprägung des entsprechenden Phänotyps verantwortlich. Bei diesen **monogenen** Erbgängen lässt sich anhand des Phänotyps auf den Genotyp rückschließen, und es ist möglich, die Wahrscheinlichkeiten für die verschiedenen Genotypen bei der Vererbung zu bestimmen. Umgekehrt kann ein Genprodukt eine Vielzahl von Merkmalen beeinflussen.

Wenn keine Rekombination auftritt, dann gelten die klassischen **Mendelschen Gesetze** bezüglich der Vererbung eines Merkmals mit den Allelen A und a, weil jedes Individuum einen doppelten Chromosomensatz aufweist. Bei **homozygoten** (reinerbigen) Eltern haben alle Kinder den gleichen Genotyp: AA x aa => Aa. Ist ein Elternteil **heterozygot** (mischerbig), dann treten zwei Genotypen im Verhältnis 1:1 auf: Aa x aa => Aa, aa. Sind beide Eltern heterozygot, dann tritt eine Aufspaltung der Genotypen auf: Aa x Aa => AA, Aa, aa (Verhältnis 1:2:1). Der Phänotyp hängt davon ab, welches Allel dominant bzw. rezessiv ist.

1.1.3.3 Gentechnologische Methoden

Klonieren

Klonieren bezeichnet in der Gentechnologie den Einbau eines Gens oder DNA-Abschnittes in einen so genannten Klonierungsvektor und dessen anschließende Vermehrung in geeigneten Wirtszellen. Bei der DNA-Isolierung werden grundsätzlich genomische DNA und cDNA unterschieden. **Genomische DNA** ist die generelle Bezeichnung für die aus dem Zellkern einer Zelle stammende totale DNA, welche das ganze Genom dieser Zelle repräsentiert. **cDNA** dagegen ist die Kopie eines RNA-Stücks. Sie wird mithilfe des Enzyms Reverse Transkriptase hergestellt. Das „c" steht für das englische Wort copy (kopieren) bzw. complementary (komplementär). Die cDNA entspricht der mRNA des relevanten Genabschnitts.

Klonierungsvektoren sind DNA-Moleküle, die geeignet sind, Fremd-DNA in eine Zelle einzuführen, dort zu vermehren und darauf codierte Gene gegebenenfalls zu exprimieren. Ein Vektor sollte folgende Voraussetzungen erfüllen:

- DNA-Replikationsursprung für unabhängige DNA-Replikation
- Selektive Marker
- Spezifische, nur jeweils einmal vorkommende Erkennungssequenzen für Restriktionsendonukleasen zum Einklonieren der Fremd-DNA
- Hohe Anzahl von Kopien pro Zelle
- Geringe Länge der Vektor-DNA-Sequenz

Neben ihrem Hauptchromosom besitzen viele Bakterien zahlreiche kleine ringförmige DNA-Moleküle, die sich autonom vermehren und 2 bis 700 kb lang sind. Diese Minichromosomen werden **Plasmide** genannt und sind nach entsprechenden Modifikationen geeignete Klonierungsvektoren, können aber nur verhältnismäßig kurze DNA-Fragmente bis etwa 15 kb Länge aufnehmen. Für die Klonierung von langen DNA-Fragmenten müssen andere Klonierungsvektoren benutzt werden:

- **Cosmide**: beruhen auf Phagen-DNA
- **BAC**: Bacterial Artificial Chromosome
- **YAC**: Yeast Artificial Chromosome

Diese DNA-Vektoren werden häufig für die Klonierung der gesamten genomischen DNA eingesetzt und finden Anwendung bei der Sequenzierung von Genomen. Gentechnisch veränderte Tiere werden als **transgen** bezeichnet. Bei Entfernung eines Gens spricht man von **Knock-out**-Tieren (z. B. Knock-out-Maus), bei Ergänzung eines Gens von **Knock-in**-Tieren.

Schneiden von DNA

Schnittstellen (englisch Cleavage Sites) sind Erkennungssequenzen für **Restriktionsenzyme** (Restriktionsendonukleasen) [REBASE]. Jeder Typ von Restriktionsenzymen erkennt genau eine spezifische Sequenz von wenigen Nukleotiden und schneidet die DNA, wo immer solche Sequenzen im Genom gefunden werden. Durch Schneiden eines DNA-Fragments mit verschiedenen Restriktionsendonukleasen kann die DNA kartiert werden (englisch Restriction Mapping). Als Restriktionskarte werden spezielle Genkarten bezeichnet, aus denen die Lokalisation verschiedener Schnittstellen für Restriktionsenzyme auf einem DNA-Molekül hervorgehen. Die **Alu**-Familie besteht aus DNA-Sequenzen mit einer Länge von etwa 300 Basenpaaren und tritt v. a. im Genom von Primaten auf. Über 5 % des menschlichen Genoms bestehen aus Alu-Sequenzen (ca. 500.000 Kopien!). Der Name Alu stammt von der Endonuklease Alu1, die diese Sequenzen spalten kann.

Polymerase-Kettenreaktion

Die Polymerase-Kettenreaktion (PCR) ist eine hoch sensible molekularbiologische Methode, um kleinste DNA-Mengen definierter Länge und Sequenz selektiv zu vervielfältigen. Man nutzt hierzu die Eigenschaft von DNA-Polymerasen, einen DNA-Einzelstrang zum Doppelstrang polymerisieren zu können, wenn ein kurzer doppelsträngiger Bereich als Primer zur Verfügung steht.

Die **RT-PCR** ist eine PCR-Technik, mit der man ganz allgemein die Genexpression auf der Stufe der mRNA untersuchen kann. Hierfür muss in einem ersten Schritt die RNA mithilfe des Enzyms **Reverse Transkriptase** (RT) – einer RNA-abhängigen DNA-Polymerase – vor der Amplifizierung in **cDNA** umgeschrieben werden. Die cDNA ist ein „Abdruck" der mRNA und kann dann in der PCR eingesetzt werden.

In der ersten Phase einer PCR-Reaktion (Abb. 1.18) wird die DNA-Doppelhelix durch Erhitzen des Reaktionsgemisches entspiralisiert (geschmolzen) und in ihre Einzelstränge zerlegt (**Denaturierung**). Für die PCR-Amplifizierung werden zwei Oligonukleotid-Primer

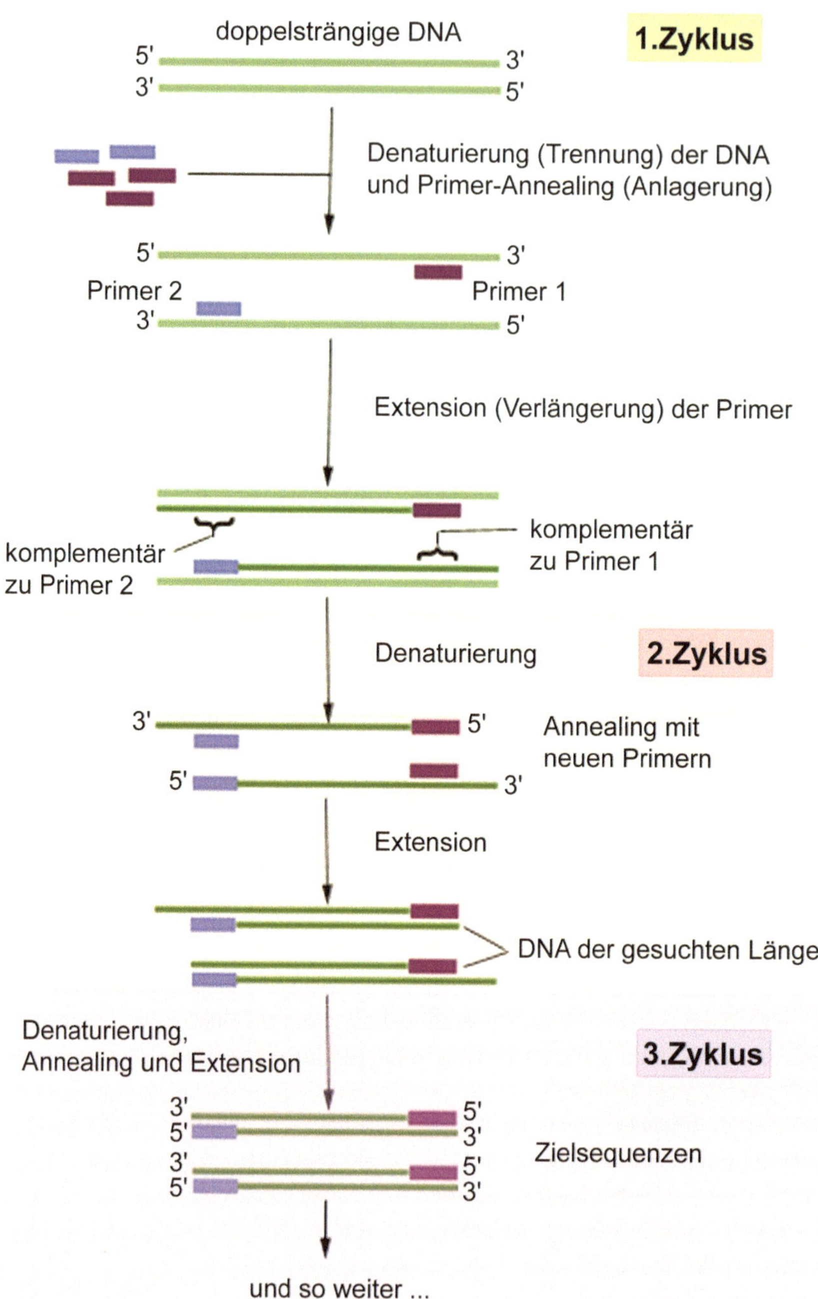

Abb. 1.18 Schema der PCR-Amplifizierung von DNA-Fragmenten

verwendet, die das zu amplifizierende Fragment einrahmen, je ein Primer an einem Strang. In der Regel sind die Primer für die PCR zwischen 20 und 30 Nukleotide lang; man unterscheidet einen so genannten forward-Primer oder 5'-Primer, und einen entsprechenden reverse-Primer, den 3'-Primer.

Die Primer-Paare werden so konstruiert, dass die Primer spezifisch für die zu amplifizierende Zielsequenz sind und dass beide Primer eine ähnliche Schmelztemperatur haben. Die Anzahl der vier Basen (A,C,T,G) bestimmt die Schmelztemperatur der Primer, aus der dann die geeignete Bindungstemperatur (Annealing-Temperatur) abgeleitet werden kann. Es gibt etliche Computerprogramme, die die Primer-Entwicklung unterstützen. Im sich anschließenden **Annealing-**Prozess hybridisieren dann die Primer mit den entsprechenden komplementären Sequenzen der beiden DNA-Einzelstränge.

Im Anschluss daran verlängert eine hitzestabile DNA-Polymerase (z. B. TAQ-Polymerase) die Sequenz des jeweiligen hybridisierten Oligonukleotids in 5'- nach 3'-Richtung. Man nennt diesen Schritt Extension, in dem die Neusynthese des zur Matrix-DNA komplementären DNA-Stranges erfolgt – vorausgesetzt, alle vier dNTPs (Nukleotide) stehen in ausreichender Menge in einem geeigneten Puffer zur Verfügung.

Diese drei Schritte, Denaturierung, Annealing und Extension bilden einen **PCR-Zyklus**. Beim Durchlaufen mehrerer Zyklen akkumulieren die spezifischen Amplifikationsprodukte exponentiell. Im Allgemeinen läuft eine PCR über 25–35 Zyklen, d. h., nach 25 PCR-Runden sollte sich die gesuchte DNA 2^{25} fach vermehrt haben, vorausgesetzt, dass die Ausbeute in jeder Runde 100 %ig ist. Wie effizient eine PCR tatsächlich ist, ist jedoch von Matrix zu Matrix unterschiedlich. Anschließend können die PCR-Produkte beispielsweise mithilfe von Elektrophorese sichtbar gemacht und quantifiziert werden.

In-situ-Hybridisierung

Bei vielen Techniken, die für die Genidentifikation und -manipulation eingesetzt werden, müssen Hybridisierungen von **Gensonden** mit den zu untersuchenden DNA- oder RNA-Sequenzen durchgeführt werden. Gensonde ist eine Bezeichnung für jede Art von Nukleinsäuren, mit deren Hilfe man ein gesuchtes Gen oder eine bestimmte DNA-Sequenz im Genom eines Organismus nachweisen kann. Die zum Nachweis eingesetzten Sonden sind in ihrer Basensequenz identisch mit dem gesuchten Gen oder Teilen davon oder mit DNA-Bereichen, die in der Nachbarschaft des gesuchten Gens liegen. Als Sonden können markierte klonierte Gene, Genfragmente, Oligonukleotide und auch RNA verwendet werden. Die Markierung kann mit Biotin, Fluoreszenzfarbstoffen oder radioaktiven Substanzen erfolgen. Als Nukleinsäure-**Hybridisierung** bezeichnet man generell die unter bestimmten Bedingungen durch Basenpaarung bewirkte Ausbildung doppelsträngiger Nukleinsäuren aus zwei voneinander getrennten, einzelsträngigen Nukleinsäuremolekülen.

Die In-situ-Hybridisierung ist eine spezielle Anwendung der Nukleinsäure-Hybridisierung, bei der die Hybridisierungsreaktion in Gewebeschnitten oder Gewebekulturzellen stattfindet, die nach entsprechender Vorbehandlung auf Objektträgern fixiert wurden. Diese Technik ist extrem empfindlich und macht es möglich, nicht nur spezifische DNA- und

Tab. 1.4 Blotting-Techniken im Vergleich

	Southern-Blot	Northern-Blot	Western-Blot
Zielmoleküle	DNA	RNA	Proteine
Probe	DNA, RNA	DNA, RNA	Antikörper
Information	Genstruktur, Organisation der DNA	Expressionsmuster und Größe bestimmter mRNAs	Größe und Art von Proteinen

RNA-Sequenzen nachzuweisen, sondern auch gleichzeitig zu kontrollieren, in welchen Zellen oder auf welchen Chromosomen die als Gensonde verwendeten Nukleinsäuren lokalisiert sind. Bei der **Fluoreszenz-in-situ-Hybridisierung** (FISH) wird beispielsweise an die Gensonde ein Fluoreszenzfarbstoff als Marker angebunden und dieser nach erfolgter Hybridisierung im Fluoreszenz-Mikroskop sichtbar gemacht.

Blotting-Verfahren – Southern-, Northern- und Western-Blot

Blotting ist die Bezeichnung für eine Reihe von Analysetechniken, bei denen Makromoleküle nach gelelektrophoretischer Auftrennung zur Detektion auf geeignete Membranen transferiert werden. Das ursprünglich im Gel erhaltene Trennmuster der Moleküle bleibt nach der Übertragung erhalten, sodass eine exakte Abbildung des ursprünglichen Gels entsteht. Die Übertragung von DNA, RNA, oder Proteinen wird als Southern-, Northern- bzw. Western-Blot bezeichnet (Tab. 1.4).

Beim **Southern-Blot** schneidet man genomische DNA mit Restriktionsenzymen und anschließend werden die resultierenden DNA-Fragmente auf einem Gel nach ihrer Größe aufgetrennt. Auf das Gel legt man einen Filter (z. B. Nylon, Nitrocellulose) und erzeugt einen Pufferfluss mit einer hochkonzentrierten Salzlösung. Die DNA-Fragmente werden dadurch aus dem Gel ausgeschwemmt und bleiben an der Blotting-Membran haften. Die spezifischen Fragmente können danach durch Hybridisierung mit Nukleinsäuresonden nachgewiesen werden.

Der **Northern-Blot** ist eine Methode zur Analyse von RNA. Der Nachweis spezifischer RNA geschieht wie bei der Southern-Methode. Der **Western-Blot** dient der Identifizierung von Proteinmolekülen, die nach Auftrennung auf einem Gel auf einen geeigneten Trägerfilter übertragen werden. Durch den Einsatz von enzymatischen und immunologischen Methoden erfolgt dann der Nachweis spezifischer Proteine.

Microarrays

Microarrays (auch Biochips genannt) sind Untersuchungsverfahren, die eine parallele Durchführung von vielen Labormessungen (je nach Microarray-Typ etwa Hundert bis über eine Million) auf kleinstem Raum für eine geringe Menge von Probenmaterial ermöglichen. Mit einem **DNA-Microarray** kann man zum Beispiel die Genexpression untersuchen, wobei für Tausende von Genen die mRNA-Menge bestimmt wird. Mit einem **SNP-Microarray** können über eine Million SNPs in einer Probe bestimmt werden.

Bei einem **Protein-Microarray** sind in jedem Testfeld (Spot) kleine Protein-Mengen auf dem Trägermaterial fixiert, mit denen zum Beispiel Antikörper-Tests durchgeführt werden können. Ein **Tissue-Microarray** besteht aus vielen Gewebezylindern unterschiedlicher Herkunft, die gleichzeitig untersucht werden können, beispielsweise immunhistologisch mit einem Tumor-Antikörper.

Sanger-Sequenzierung

Zur Bestimmung der DNA-Sequenz kann die Kettenabbruch-Methode nach **Sanger** verwendet werden. Die DNA-Sequenzierung erfolgt dabei typischerweise an ssDNA-Teilsequenzen. Hierbei wird mittels DNA-Polymerase eine cDNA von der zu ermittelnden Sequenz hergestellt. Durch den Einsatz von speziell modifizierten und zusätzlich markierten Nukleotiden bricht jedoch dieser Vorgang vorzeitig ab, sodass Fragmente der cDNA entstehen. Diese werden meist mittels Gelelektrophorese getrennt und durch Fluoreszenz identifiziert, man erhält die so genannten **Base Calls** (Abb. 1.19). Das Ergebnis eines Sequenzierungsvorgangs wird als Gel Reading oder **Read** bezeichnet. Bei der Analyse von mutierten DNA-Sequenzen ist zu beachten, dass mit Sanger-Sequenzierung in der Regel nur Mutationen mit einer Allelfrequenz von mindestens 10–20 % bestimmt werden können.

Bei der **Shotgun**-Strategie der DNA-Sequenzierung wird die DNA in zufällige Teilsequenzen gespalten, die analysiert werden. Die Zusammensetzung der Gesamtsequenz aus den Teilsequenzen wird als **Assemblierung** bezeichnet. Es werden zunächst die Teilsequenzen gesucht, die überlappende Bereiche einer bestimmten Mindestgröße besitzen.

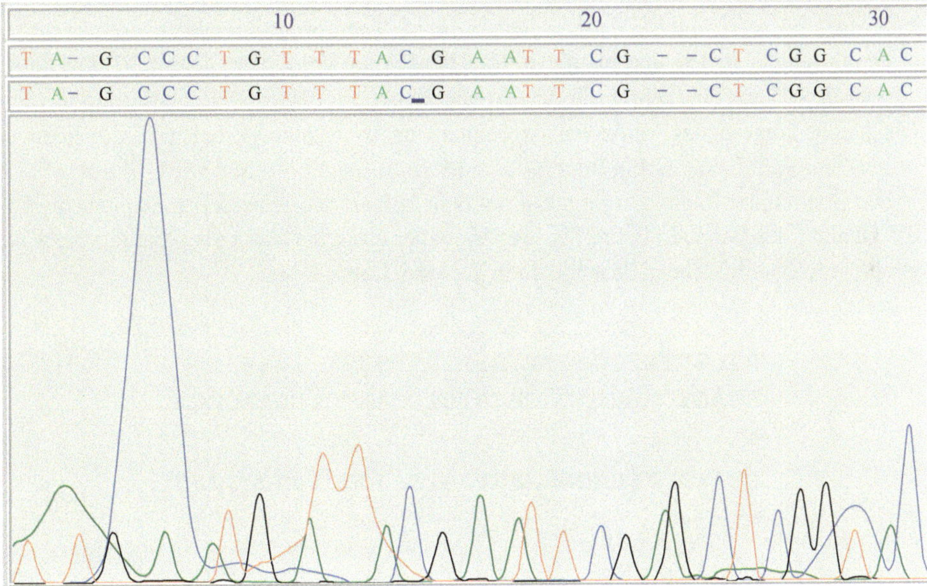

Abb. 1.19 Sanger-Sequenzierungstechnik: Aus dem Verlauf der Intensitäten der Base Calls wird die DNA-Sequenz bestimmt

Hierauf wird die Reihenfolge der Teilsequenzen ermittelt und schließlich eine gemeinsame Konsensussequenz durch multiples Alignment bestimmt. Eine Menge von überlappenden DNA-Sequenzen wird als **Contig** bezeichnet. Die Länge des Contigs entspricht der Länge der Konsensussequenz. Ein Problem dieser Methodik besteht darin, die korrekte Reihenfolge der Teilsequenzen festzulegen, insbesondere wenn die Gesamtsequenz viele repetitive Elemente enthält oder die Teilsequenzen fehlerhaft sind.

NGS-Sequenzierungsverfahren

Nach der Sanger-Sequenzierung entwickelte Verfahren werden oft **Next Generation Sequencing** (**NGS**) genannt. NGS-Verfahren zeichnen sich dadurch aus, dass Menge und Geschwindigkeit der Sequenzierung deutlich größer ist als bei der Sanger-Methode. Es gibt mittlerweile eine große Anzahl von Unterformen des NGS, mit denen DNA (**DNA-seq**), RNA (**RNA-seq**), Protein-DNA-Interaktion (**ChIP-seq**) oder Methylierung (**Methyl-Seq**) untersucht werden kann.

Je nach Verfahren werden kurze DNA-Abschnitte gelesen, die als **Reads** (Readlänge meist <1000 bp) bezeichnet werden. Die DNA-Abschnitte können komplett gelesen werden, alternativ nur ein Teilabschnitt vom Ende her (**Single-End-Sequencing**) oder zwei Teilabschnitte von beiden Enden her (**Paired-End-Sequencing**). Beim Paired-End-Sequencing kann man in der Datenanalyse nutzen, dass die beiden Teilabschnitte typischerweise einen definierten Abstand auf dem Genom aufweisen (**Insert Size**). Mutationen wie Insertionen, Deletionen oder Translokationen verändern den Abstand der beiden Teilabschnitte zueinander im Vergleich zum Referenzgenom. Wenn aufgrund der molekularbiologischen Verfahren zusätzliche Sequenzen in den Reads enthalten sind, die für die Analyse nicht von Interesse sind, werden diese entfernt. Dies wird als **Trimming** bezeichnet.

Die Daten der Reads sind häufig im **FASTQ**-Format verfügbar (Abb. 1.20) Pro untersuchter Probe kann eine sehr große Anzahl von Reads (>> 1 Mio. Reads) bestimmt werden. Ein häufig eingesetztes Verfahren ist Sequencing by Synthesis, bei dem die Sequenz mittels vier verschiedenfarbig fluoreszierenden Substraten bestimmt wird (Illumina®).

Die Qualität der Reads nimmt meist mit dem Verlauf der gemessenen Sequenz ab. Um die Qualität der Daten zu beurteilen werden daher typischerweise die Qualitätswerte der Basen in Abhängigkeit der Basenposition geplottet (Abb. 1.21).

```
@208HTS2CGATGT:2:1101:9331:2456/1
AGAGTCAACTACACACATCTGCAATCTGGAACCCAC
+
CC@FDEFFHHGHHJJJIJGIJJJJJJIJJJJIJJJI
```

Abb. 1.20 Beispiel für Sequenz-Read im FASTQ-Format. Die erste Zeile ist ein eindeutiger Bezeichner (Identifier) für den Read. Die zweite Zeile ist die abgelesene Sequenz. Zeile 3 ist eine Trennzeile. Zeile 4 gibt die Qualitätswerte für die Basen der Sequenz in Zeile 2 an. Der ASCII-Code des jeweiligen Buchstabens entspricht der Basenqualität

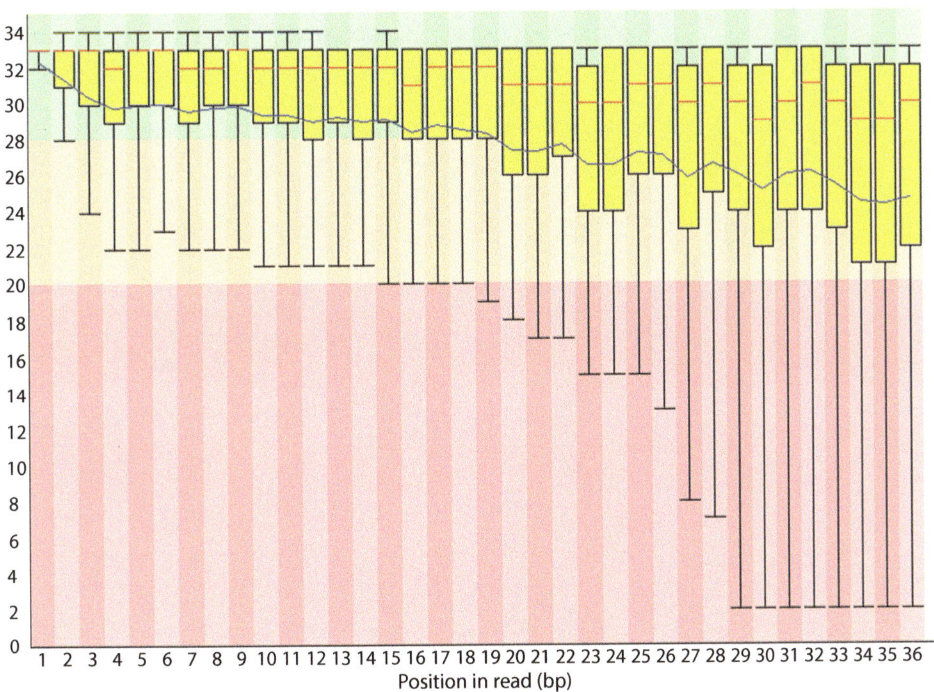

Abb. 1.21 Qualitätsscores der Basen in Abhängigkeit von der Basenposition. Quelle: https://en.wikibooks.org/wiki/Next_Generation_Sequencing_(NGS)

Je nach Größe der zu sequenzierenden Zielregion im Genom (**Target Region**) unterscheidet man **Whole Genome Sequencing** (**WGS**), **Whole Exome Sequencing** (**WES**, Gesamtheit der Exone im Genom, entsprechend ca. 1 % des Genoms) und **Targeted Sequencing** (Sequenzierung weniger ausgewählter Gene, sog. **Gene Panel**). Die Anzahl der zu messenden Reads hängt ab von der Größe der Zielregion (je größer, desto mehr Reads pro Patient) und von der benötigten durchschnittlichen Anzahl von Reads pro Referenzbase in der Zielregion (sog. **Coverage**). Bei bestimmten Fragestellungen ist es notwendig, auch sehr selten vorkommende Sequenzvarianten zu bestimmen: Zum Beispiel sind in der Onkologie bestimmte Mutationen von Interesse, auch wenn sie nur einen sehr kleinen Anteil der gemessenen Zellen betreffen (z. B. **Allelfrequenz** 1 %). In diesen Fällen müssen besonders viele Reads gemessen werden, man spricht dann von **Deep Sequencing**.

Im Rahmen der bioinformatischen Auswertung wird für jeden Read die Position auf dem Referenzgenom bestimmt (**Alignment**). In genomischen Regionen mit repetitiven Sequenzen ist eine eindeutige Positionsbestimmung oft nicht möglich. Nach dem Alignment kann analysiert werden, welcher Anteil der Reads sich tatsächlich in der Zielregion befinden (% Reads on target); ein hoher Wert zeigt eine gute Datenqualität an.

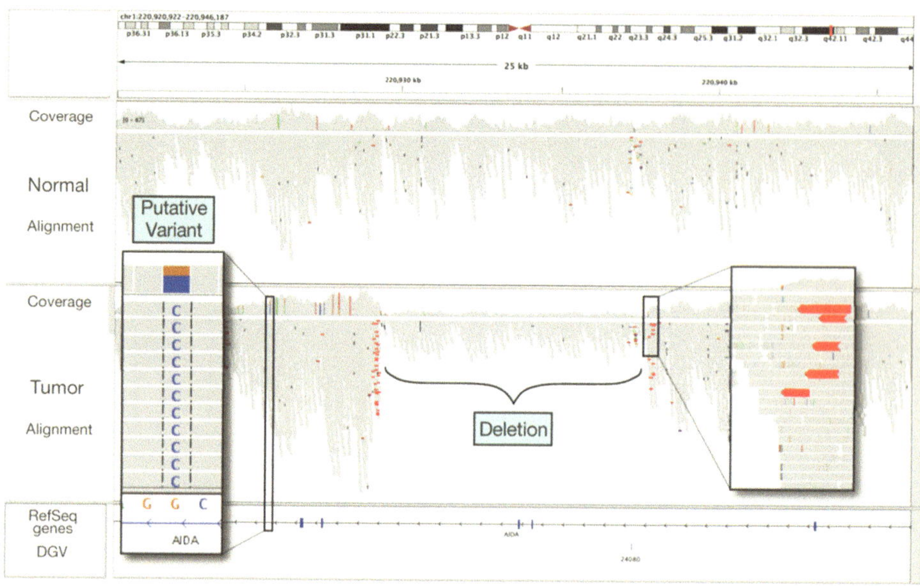

Abb. 1.22 Integrative Genomics Viewer (IGV) als Beispiel für einen Genombrowser. Es sind Sequenz-Reads normaler Zellen im Vergleich zu Tumorzellen dargestellt. Die Tumorzellen weisen gegenüber den normalen Zellen Punktmutationen sowie eine Deletion von knapp 10 kbp Länge auf. Quelle: https://www.ncbi.nlm.nih.gov/pubmed/21221095

Mit so genannten Genombrowsern können dann die alignierten Reads visualisiert werden. Es können damit sowohl lokale Veränderungen der Read-Coverage (zum Beispiel durch Deletionen oder Amplifikationen) als auch Mutationen der Reads beurteilt werden (Abb. 1.22). Als **Mutationscalling** bezeichnet man die Anwendung von speziellen Bioinformatik-Verfahren, um die verschiedenen Arten von Mutationen in den NGS-Reads zu lokalisieren.

1.1.3.4 Molekulare Medizin

Bei molekularer Medizin geht es um ein Verständnis von Krankheitsprozessen auf molekularer Ebene, d. h. in Bezug auf Genom und Proteom. Diese Erkenntnisse über Pathomechanismen werden für die Diagnostik und Therapie nutzbar gemacht. Der Genotyp eines Individuums trägt zu dessen Disposition für einen bestimmten Krankheitszustand bei. Aus diesem Grund versucht man, durch Analyse von genetischen **Polymorphismen** und **Mutationsprofilen** Hinweise auf Krankheitsmechanismen zu finden. Das Ziel von **Pharmacogenomics** besteht darin, durch genetische Untersuchungen diejenigen Patienten zu identifizieren, die für eine bestimmte medikamentöse Behandlung besonders gut bzw. schlecht geeignet sind, um Nebenwirkungen zu vermeiden. Es ist z. B. bekannt, dass Polymorphismen im Cytochrom-P450-System mit unterschiedlichen Abbaugeschwindigkeiten von bestimmten Medikamenten assoziiert sind. Voraussetzung für den klinischen Einsatz von Pharmacogenomics sind effiziente Testverfahren, um die Patienten zu genotypisieren, d. h. nach entsprechenden Genvarianten zu untersuchen.

Durch die Aufklärung von Erkrankungen auf molekularer Ebene erhofft man sich ein besseres Verständnis der Krankheitsprozesse. Diese Erkenntnisse können im ersten Schritt für die Diagnostik genutzt werden; hierbei ist die Abgrenzung von normaler Variabilität zwischen gesunden Individuen und Erkrankten sehr wichtig. Dies erfordert u. a. eine ausreichende Fallzahl, um das Ausmaß der genetischen Variation in der Normalbevölkerung abzuschätzen. Im zweiten Schritt geht es darum, neue Angriffspunkte für Medikamente (**Drug targets, Therapeutic Targets**) zu identifizieren.

1.2 Zellphysiologische Grundlagen

Zellen sind die kleinsten Bausteine und elementaren Funktionseinheiten aller Organismen. Sie können Stoffe aufnehmen, umbauen und wieder freisetzen, außerdem können viele Zellen wachsen, sich teilen und auf Reize aus ihrer Umgebung reagieren. Der Körper eines erwachsenen Menschen ist aus etwa 100 Billionen Zellen zusammengesetzt. Pro Sekunde werden mehrere Millionen Zellen neu gebildet und ebenso viele gehen zugrunde. Das folgende Kapitel soll das Basiswissen über den Aufbau und die Funktionen menschlicher und tierischer Zellen vermitteln und den Einstieg in die Grundlagen der Medizin erleichtern.

Die Gesamtheit aller Organismen unterteilt sich in **Eukaryo(n)ten** und **Prokaryo(n) ten**. Bei den Prokaryonten handelt es sich um einzellige Lebewesen ohne Zellkern. Die DNA liegt als sog. Nucleoid verpackt im Zellplasma vor. Prokaryonten besitzen eine Plasmamembran und eine Zellwand und sind wesentlich kleiner als Eukaryonten. Zu den Prokaryonten zählen die **Bakterien** (z. B. **Escherichia coli**). **Viren** hingegen sind Mikroorganismen, die deutlich kleiner als Bakterien sind und sich nicht selbstständig vermehren können. **Bakteriophagen** sind Viren, die sich in Bakterien fortpflanzen können.

Eukaryontische Organismen, die einen Zellkern besitzen, können ebenfalls als Einzeller vorkommen (Protozoen), meist sind sie aber in Vielzellverbänden zusammengeschlossen (Pilze wie z. B. die Hefe **Saccharomyces cerevisiae**, Pflanzen und Tiere, z. B. die Fliege **Drosophila melanogaster**). Eukaryonten haben einen komplizierteren Aufbau als Prokaryonten. Im Zellkern befindet sich die DNA und weitere funktionelle Bereiche, die durch Membranen vom Zellplasma abgegrenzt sind. Man nennt diese Abgrenzung in funktionelle Einheiten auch Kompartimentierung, die funktionellen Einheiten sind die so genannten Zellorganellen.

1.2.1 Aufbau der Zellen

Zellen (Abb. 1.23) bestehen aus der **Zellmembran**, die das Zytoplasma umschließt, sowie den **Zellorganellen**. Wesentliche Funktionen der Zellmembran sind die Aufrechterhaltung eines bestimmten inneren Milieus sowie ein geregelter Stoffaustausch. Diese natürliche Membranbarriere muss jedoch für bestimmte Stoffe durchlässig sein. Dafür sorgen einerseits in der Zellmembran eingelagerte Poren, die für den passiven Transport (Diffusion)

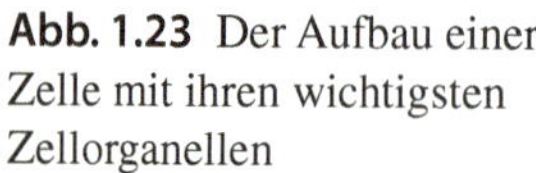

Abb. 1.23 Der Aufbau einer Zelle mit ihren wichtigsten Zellorganellen

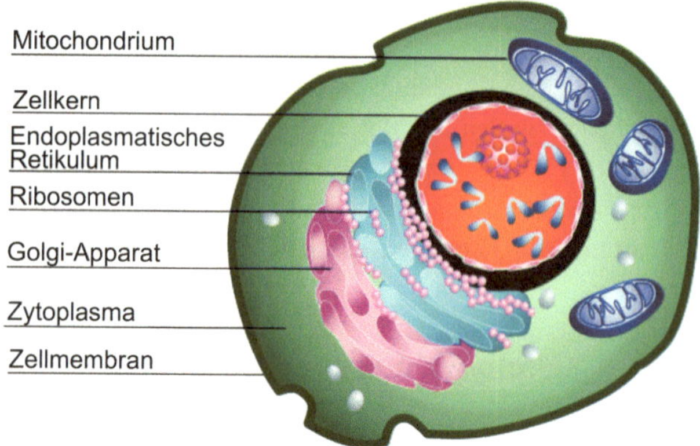

zwischen benachbarten Zellen zuständig sind. Beim aktiven Transport von Stoffen durch die Zellmembran dagegen kommen Trägermoleküle (Carrier) zum Einsatz, die sich eines Schleusenmechanismus bedienen, um Stoffe ins Zellinnere bzw. aus der Zelle heraus zu bringen. Um Signale aus der Umgebung, wie sie beispielsweise von Hormonen ausgehen, zu empfangen und die Informationen ins Zellinnere weiterzuleiten, enthält die Zellmembran ebenfalls bestimmte Proteine, die als **Rezeptoren** bezeichnet werden. Der Vorgang der Signalübertragung wird als **Signaltransduktion** bezeichnet.

In das **Zytoplasma** (Zytosol) sind alle Zellbestandteile, die Zellorganellen, eingelagert. Der **Zellkern** ist von einer Doppelmembran umgeben, die das Zellplasma vom Kernplasma abgrenzt. In der Kernmembran sind Kernporen zu finden, über die ein kontrollierter Stoffaustausch mit dem Zellplasma ermöglicht wird. Im Kernplasma eingebettet liegt das Kernkörperchen (Nukleolus) und das so genannte Chromatingerüst (**Kernmatrix**). Im **Chromatin** sind die Desoxyribonukleinsäuren (DNA, DNS), Träger aller Erbinformation, enthalten.

1.2.1.1 Struktur und Funktion der Zellorganellen

Das **endoplasmatische Retikulum** (ER) ist ein reich verzweigtes, membranumschlossenes Hohlraumsystem im Zytoplasma. Ist die Membran des endoplasmatischen Retikulums mit Ribosomen besetzt, spricht man vom **rauen** endoplasmatischen Retikulum (RER), ansonsten vom **glatten** endoplasmatischen Retikulum. Das glatte endoplasmatische Retikulum spielt eine wichtige Rolle bei der Synthese von Lipiden und sorgt für deren Verteilung innerhalb der Zelle. Im rauen endoplasmatischen Retikulum werden dagegen alle Proteine synthetisiert, die dann entweder aus der Zelle ausgeschleust werden oder innerhalb der Zelle z. B. für die Zellmembran oder das endoplasmatische Retikulum selbst benötigt werden. Es überwiegt in den meisten Körperzellen.

Ribosomen sind die biochemischen Orte der Proteinsynthese. Lokalisiert sind sie in großer Zahl auf dem RER. In den Ribosomen wird die das Protein codierende Aminosäurenfolge von der mRNA abgelesen. Häufig findet man zahlreiche Ribosomen als Kette zusammengelagert, die dann Polysomen genannt werden.

Die **Mitochondrien** sind die Kraftwerke der Zellen. Hier findet die so genannte Zellatmung statt. Darunter versteht man die Gewinnung von Energie in Form von **ATP** (Adenosintriphosphat) durch oxidativen Abbau von Glukose und auch von Lipiden. Eine erwähnenswerte Besonderheit der Mitochondrien ist das Vorhandensein von DNA und Ribosomen in diesen Zellorganellen.

Der **Golgi-Apparat** (auch als **Dictyosom** bezeichnet) besteht aus mehreren Lagen abgeplatteter Membranstapel, die im Randbereich Vesikel (Bläschen) abschnüren. Funktionell dient der Golgi-Apparat vor allem Sekretionsvorgängen, leitet z. B. Proteine aus dem RER weiter, produziert Polysaccharide, konzentriert diese Stoffe und hüllt sie ein. Die entstandenen Sekretgranula wandern dann zur Zellmembran und werden ausgeschleust (Exozytose).

1.2.2 Zellteilung

1.2.2.1 Zellzyklus

Alle eukaryontischen Zellen durchlaufen einen Zyklus von Wachstum, DNA-Verdopplung, Wachstum und Zellteilung, einen so genannten Zellzyklus (Abb. 1.24), bei dem zwei Phasen unterschieden werden können:

- Die Mitosephase
- Die Interphase ist die Zeit zwischen zwei Zellteilungen; sie setzt sich zusammen aus G1- (präsynthetische Wachstumsphase), S- (Synthesephase) und G2-Phase (postsynthetische Wachstumsphase).

1.2.2.2 Mitose

Die Zellteilung somatischer Zellen (Körperzellen) wird als **Mitose** bezeichnet. Dabei wird die Erbsubstanz der Mutterzelle, also die DNA in den Chromosomen, erst verdoppelt und anschließend das Kernmaterial erbgleich von der Mutterzelle an die zwei entstehenden

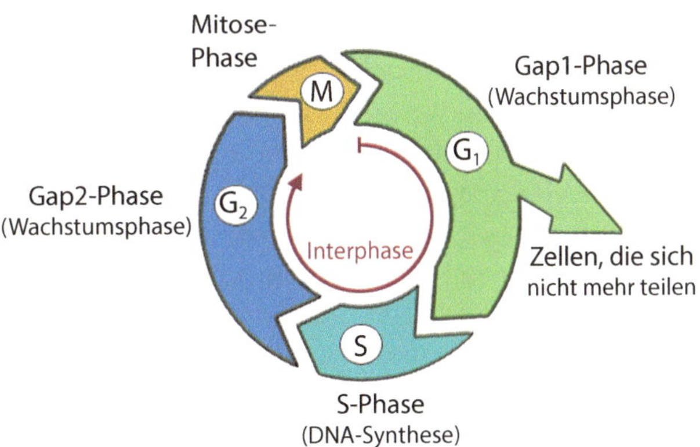

Abb. 1.24 Schematische Darstellung des Zellzyklus

Tochterzellen weitergegeben. Die Mitose verläuft in vier Kernteilungs-Phasen: der Prophase, Metaphase, Anaphase und Telophase.

In der **Prophase** verkürzen sich die im Ruhekern als entspiralisierte Fäden (**Chromatin**) vorliegenden Chromosomen durch zunehmende Spiralisierung. Jedes Chromosom besteht bereits aus zwei Hälften, **Chromatiden** genannt. Diese werden am **Zentromer** zusammengehalten. Es bilden sich ausgehend von den Zentriolen so genannte Spindelfasern von einem Zellpol zum anderen, die die Bewegungen der Chromatiden während der Teilungsvorgänge steuern. Am Ende der Prophase löst sich die Kernmembran auf.

In der **Metaphase** ordnen sich die Chromatiden in der Äquatorialebene der Zelle an.

Die **Anaphase** setzt ein, wenn die Chromatiden von den Spindelfasern zu den Polen gezogen werden und die Zentromere immer mehr auseinander weichen.

Die **Telophase** ist das letzte Stadium der Mitose und gleicht einer Umkehrung der Prophase. Die Chromatiden, die beiden identischen Chromosomensätze, haben die jeweiligen Zellpole erreicht, neue Kernmembranen werden gebildet und die Chromosomen darin spiralisieren sich wieder auf. Die Spindelfasern lösen sich auf und die Kernteilung ist beendet. Die eigentliche Zellteilung setzt meist schon in der späten Anaphase ein und endet zusammen mit der Kernteilung in der Telophase. Dabei schnürt sich die Zellmembran vom Rand aus etwa in der Zellmitte zunehmend ein, bis letztendlich zwei Tochterzellen entstanden sind.

1.2.2.3 Meiose

Bei den Keimzellen (**Gameten**) ist eine besondere Form der Zellteilung erforderlich, damit nach Vereinigung von Eizelle und Spermium das Erbgut nicht doppelt vorliegt.

Die Meiose umfasst zwei Teilungsschritte: Bei der ersten **Reifeteilung** wird der **diploide** (doppelte) Chromosomensatz (beim Menschen 2 × 23 Chromosomen) zu einem **haploiden** Chromosomensatz (1 × 23 Chromosomen) verkleinert. Die anschließende zweite Reifeteilung ist eine mitotische Teilung der haploiden Sätze.

In der Prophase der ersten Reifeteilung lagern sich die **homologen** Chromosomen (entsprechende Chromosomen vom Vater bzw. der Mutter) parallel aneinander, sodass die sich entsprechenden Genabschnitte nebeneinander liegen. Es entsteht eine so genannte Tetrade aus vier Chromatiden (zwei mütterliche und zwei väterliche). Sitzen Abschnitte besonders fest aneinander, können sich diese überkreuzen, wenn sich die Chromatiden wieder voneinander lösen, sodass Stücke des mütterlichen und des väterlichen Chromosoms ausgetauscht werden. Eine Überkreuzungsstelle nennt man **Chiasma**, der Prozess selbst wird als **Crossing Over** bezeichnet und führt zur genetischen **Rekombination**, also einer Mischung des elterlichen Erbmaterials.

In den weiteren Phasen der ersten Reifeteilung, Metaphase, Anaphase und Telophase, werden im Unterschied zur Mitose die beiden homologen Chromosomen, bestehend aus je zwei Chromatiden, vom Spindelapparat zu den Zellpolen gezogen und somit auf zwei Zellkerne verteilt. Kernteilung und Zellteilung hinterlassen zwei Tochterzellen mit jeweils 23 noch verdoppelten Chromosomen. Die zweite Reifeteilung läuft ab wie eine Mitose. Am Ende der Meiose resultieren also Zellen mit dem einfachen Chromosomensatz.

1.3 Organsysteme

Das Ziel dieses Kapitels ist es, dem Leser ein Basiswissen über die Physiologie und Morphologie des menschlichen Körpers zu vermitteln.

1.3.1 Gewebe des Körpers

Verbände von differenzierten Zellen mit gleicher Bauart und gleichartigen Funktionen bilden die Gewebe des Organismus. Unterschieden werden vier Arten von Gewebe: **Epithelgewebe**, das den Körper von innen auskleidet und nach außen abgrenzt, **Binde- und Stützgewebe**, das dazu beiträgt, dem Körper seine Form zu geben (beinhaltet auch Fett-, Knorpel- und Knochengewebe), **Muskelgewebe**, das zu Kontraktionen fähig ist und u.a. für die Bewegungsfähigkeit des Organismus sorgt, und **Nervengewebe**, das für den Empfang und die Weiterleitung von Reizen zuständig ist.

1.3.1.1 Epithelgewebe

Die Epithelgewebe sind Deckgewebe, die in flächenhaften Zellverbänden sowohl die äußeren als auch die inneren Körperoberflächen überziehen. Sowohl im Aussehen als auch im Aufbau der Zellschichten unterscheiden sich die Epithelgewebe voneinander. Es gibt platte, kubische (isoprismatische) und zylindrische (hochprismatische) Zellen. Die Epithelien können einschichtig, mehrschichtig oder mehrreihig angeordnet sein.

1.3.1.2 Binde- und Stützgewebe

Funktionell dient das Binde- und Stützgewebe vor allem dazu, den Körper in Form zu halten und zu stützen. Bindegewebe besteht aus einer vergleichsweise geringen Anzahl von Zellen, die relativ weit auseinander liegen. Zwischen den Zellen befindet sich die Interzellularsubstanz, die sich aus einer homogenen, kittartigen Grundsubstanz, v. a. bestehend aus Interzellularflüssigkeit, Proteinen und Kohlenhydratverbindungen, sowie je nach Bindegewebsart aus drei verschiedenen Arten von Fasertypen zusammensetzt. Kollagenfasern zeichnen sich durch eine hohe Zugfestigkeit aus und finden sich deshalb vor allem in Sehnen und Gelenksbändern. Elastische Fasern sind z. B. in den Wänden der Blutgefäße, in Lunge oder Haut eingelagert. Retikuläre Fasern bilden kleine verzweigte Netzwerke und sind deshalb sehr biegungselastisch. Sie kommen z. B. im Knochenmark, in verschiedenen lymphatischen Organen und der Basalmembran vor.

Fettgewebe ist eine Sonderform des Bindegewebes, in dessen Zellen kugelförmige Fetttröpfchen aus Triglyzeriden eingelagert sind. Es ist gleichzeitig Energiespeicher (Speicherfett) und Schutz vor Kälte (Baufett).

Knorpelgewebe ist Teil des Stützgerüsts des Körpers. Knorpel ist äußerst druckfest, dabei aber dennoch elastisch. Unterschieden werden drei Knorpelarten (hyaliner Knorpel, Faserknorpel, elastischer Knorpel), die sich hinsichtlich ihrer Zusammensetzung aus fester Grundsubstanz, Knorpelzellen (Chondrozyten) und kollagenen Fasern voneinander abgrenzen – Faserknorpel bildet die Bandscheiben, hyaliner Knorpel ist auf den Gelenkflächen zu finden.

Knochengewebe bildet das Skelett, das Grundgerüst des Körpers. Es setzt sich aus den Knochenzellen (Osteozyten) und der Knochenmatrix aus kollagenen Fasern und Mineralsalzen (Kalzium, Magnesium, Phosphat) zusammen, wodurch es seine Festigkeit erhält.

1.3.1.3 Muskelgewebe

Für die Fortbewegung, den Herzschlag und lebenswichtige Körperfunktionen sorgen lang gestreckte, faserartige Muskelzellen. Myofibrillen ermöglichen die Muskelkontraktion durch ein Zusammenspiel ihrer Aktin- und Myosinfilamente, wobei Energie in Form von ATP verbraucht wird.

Der menschliche Körper besitzt drei Arten von Muskulatur: Die **glatte Muskulatur** findet man z. B. in den Bronchien, in den Muskelwänden vieler Organe, den Blutgefäßen und im Auge. Die Kontraktion der glatten Muskulatur verläuft unwillkürlich, sie unterliegt vor allem der autonomen Steuerung durch das vegetative Nervensystem.

Die Skelettmuskulatur besteht aus **quer gestreifter Muskulatur**. Ein Skelettmuskel setzt sich aus einem Bündel vieler Muskelfasern zusammen, die nach außen von Bindegewebe, der Muskelfaszie, umgeben sind.

Die **Herzmuskulatur** ist eine Sonderform. Zwar weist sie Querstreifung auf, kontrahiert sich jedoch unwillkürlich wie glatte Muskulatur. Herzmuskelzellen sind kaum regenerationsfähig, so wird nach einem Herzinfarkt die Nekrose (zugrunde gegangenes Gewebe) nur durch gering differenziertes Bindegewebe (Narbe) ersetzt.

1.3.1.4 Nervengewebe

Das Nervensystem ist aufgebaut aus Nervenzellen (Abb. 1.25) oder Neuronen, die meist vom umgebenden Gewebe durch spezielle Stütz- oder Hüllzellen (Gliazellen, Schwann'sche Zellen) abgegrenzt sind.

Ein Neuron besteht aus dem Zellkörper (Perikaryon, Soma) mit Zellkern sowie den Zellfortsätzen. Man unterscheidet kurze, verzweigte Fortsätze, die Informationen in Form von elektrochemischer Energie von anderen Nervenzellen empfangen, die so genannten **Dendriten**, von solchen, die Informationen nur weiterleiten, den Axonen oder Neuriten. **Axone** sind längliche Ausstülpungen des Zytoplasmas und entspringen am Axonhügel, der Verbindungsstelle zum Zellkörper. An ihren Enden bilden die Axone knopfartige Kontaktstellen zu den Dendriten des nächsten Neurons, aber auch zum nächsten Axon oder zu einer Zielzelle. Diese Schaltstellen für die Kommunikation zwischen den Neuronen nennt man **Synapsen**.

Efferente Nervenfasern ziehen vom **ZNS** (Zentralnervensystem) in die Peripherie. Wenn sie dort z. B. einen Skelettmuskel versorgen, dann werden sie als motorische Nervenfasern bezeichnet. Afferente Nervenfasern dagegen leiten Reize aus der Peripherie zum ZNS;

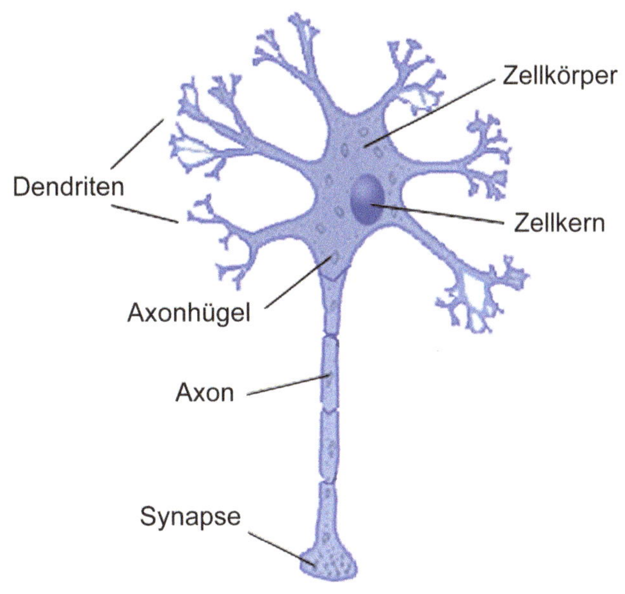

Abb. 1.25 Bau einer Nervenzelle

Informationen beispielsweise von Sinnesorganen werden über so genannte sensorische Nervenfasern ins ZNS transportiert.

Im Unterschied zu den meisten anderen Körperzellen können sich Nervenzellen nur in der Entwicklungsphase durch Zellteilung vermehren, später können untergegangene Nervenzellen deshalb nicht wieder ersetzt werden.

1.3.2 Organe

Die Organe des Körpers setzen sich aus verschiedenen Gewebsarten zusammen. Unterschieden wird dabei zwischen den Zellen, die für die Funktionsfähigkeit des Organs sorgen (**Parenchym**), dem Bindegewebe, das dem Organ seine Form verleiht und von Blutgefäßen und Nervenfasern durchzogen wird (**Stroma**), und den Zellzwischenräumen, das die Interzellularsubstanz beinhaltet (**Interstitium**). Ein Organsystem bezeichnet eine Gruppe von mehreren Organen, die eine bestimmte Funktion haben.

1.3.3 Anatomische Lagebezeichnungen und Körperachsen

Die beiden folgenden Abbildungen veranschaulichen die wichtigsten Richtungsbezeichnungen (Abb. 1.26) und Körperebenen (Abb. 1.27) in der Medizin, die im Rahmen der verschiedenen bildgebenden Verfahren wichtig sind.

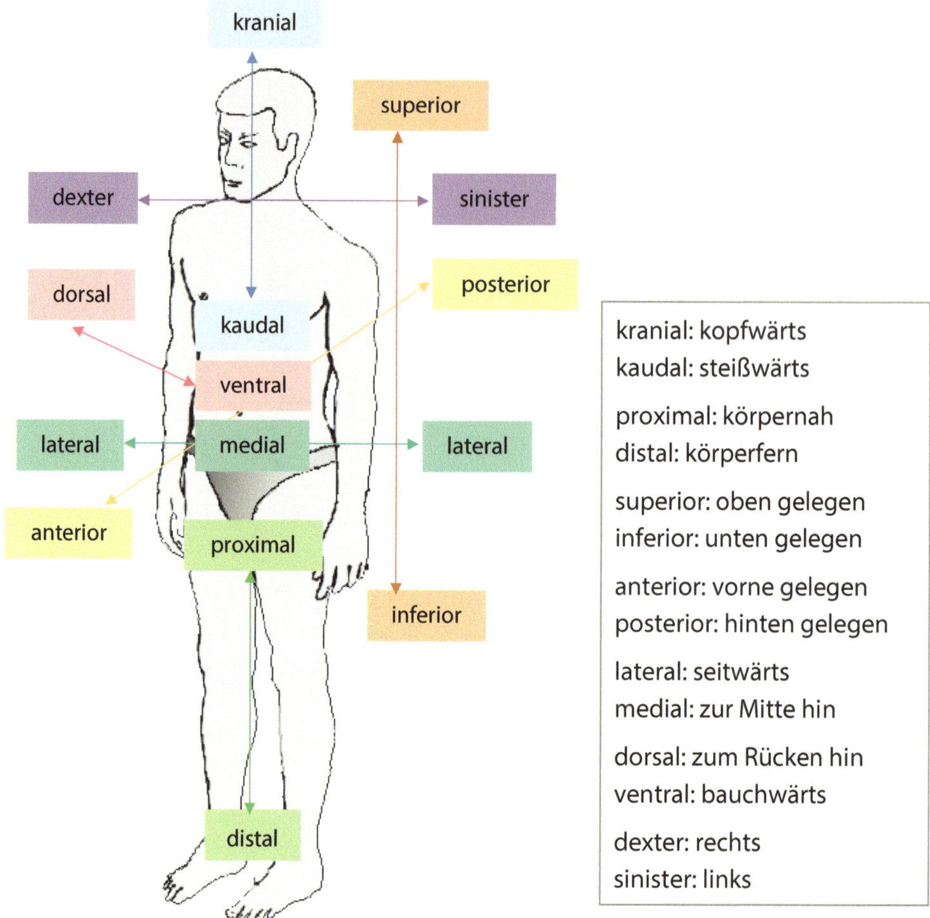

Abb. 1.26 Medizinische Richtungsbezeichnungen

1.3.4 Herz-Kreislauf-System

Tabelle 1.5 zeigt eine Übersicht zum Herz-Kreislauf-System. Das Herz des Menschen liegt als etwa kegelförmiger Hohlmuskel im vorderen, unteren Bereich des Brustkorbes. Es liegt zum größeren Teil links der Mittellinie.

Das Herz (Abb. 1.28) besteht aus zwei völlig getrennten Hälften, die durch eine Scheidewand (Septum cardiale) aus Muskelgewebe getrennt sind. Man spricht vom rechten und vom linken Herzen. Jede dieser Hälften besteht aus einem Vorhof (Atrium) und einer Kammer (Ventrikel).

Sauerstoffarmes Blut aus allen Körperregionen wird über das Venensystem gesammelt und gelangt schließlich über die beiden großen Hohlvenen (Vena cava inferior, Vena cava superior) in den rechten Herzvorhof (Atrium dextrum), von dort aus in die rechte

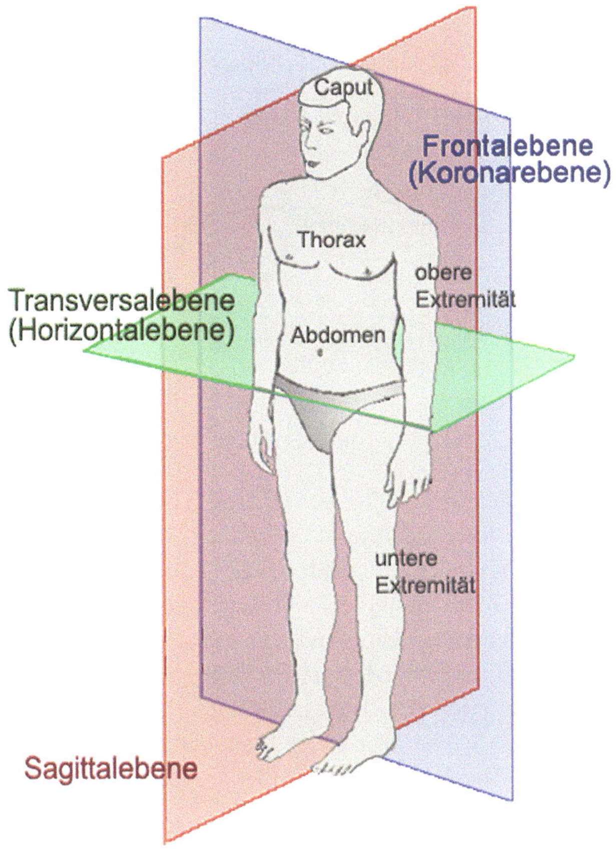

Abb. 1.27 Körperebenen

Tab. 1.5 Das Herz-Kreislauf-System in der Übersicht

Organe	Aufgaben/Funktionen
Herz, Blutgefäße, Arterien,Venen, Lymphgefäße	– Blutzirkulation – Blutdruck- und Kreislaufregulation – Transport von Sauerstoff und Nährstoffen zu den Zellen – Abtransport von Kohlendioxid und Stoffwechselendprodukten – Regulation der Körpertemperatur – Wundverschluss (Blutgerinnungssystem) – Säure-Basen-Haushalt

Herzkammer (Ventriculus dexter). Diese pumpt das Blut durch regelmäßige Kontraktionen über die Lungenarterie, den Truncus pulmonalis, in die Lunge, wo es wieder mit Sauerstoff angereichert wird. Dieser Weg vom Herzen in die Lunge und zurück ist der **kleine Kreislauf** oder Lungenkreislauf.

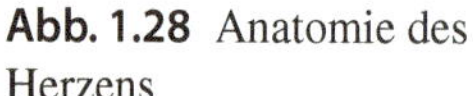

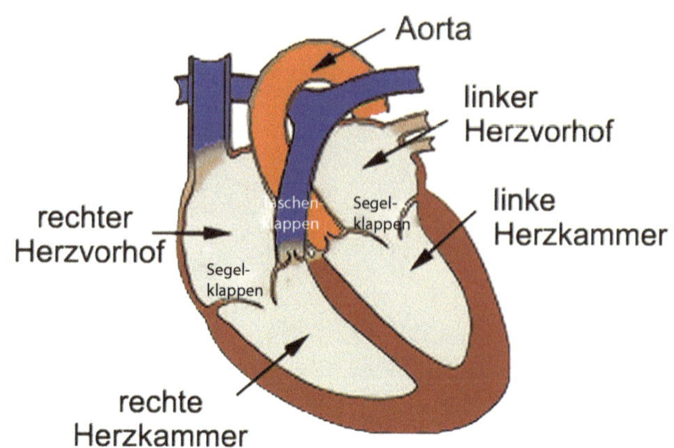

Abb. 1.28 Anatomie des Herzens

Das sauerstoffreiche Blut gelangt über die vier großen Lungenvenen in den linken Herzvorhof und weiter in die linke Herzkammer. Von dort aus wird es unter großem Druck durch Kontraktion der Kammermuskulatur in die Hauptschlagader des Körpers, die **Aorta**, ausgeworfen. Die Aorta gibt in ihrem Verlauf **Arterien** an alle Körperregionen ab. Diese verzweigen sich in der Peripherie weiter zu kleinen **Arteriolen** und einer Vielzahl von **Kapillaren**, über die letztlich jede einzelne Körperzelle mit sauerstoffreichem Blut versorgt wird. Der Rücktransport des Blutes, das seine Nährstoffe und den Sauerstoff an die Zellen abgegeben hat, erfolgt über kleine (Venolen) und große Venen zum Herzen. Der Weg des Blutes vom Herzen durch den Körper über Arterien und Venen wird **großer Kreislauf** oder **Körperkreislauf** genannt.

1.3.4.1 Aufbau des Herzens

Die Herzwand lässt von innen nach außen drei Schichten erkennen: Das **Endokard** kleidet den gesamten Herzinnenraum aus. Die anschließende Herzmuskelschicht wird als **Myokard** bezeichnet, dem die Herzaußenhaut, das **Epikard**, dicht aufliegt. Umschlossen wird das Herz von einer bindegewebigen Hülle, dem Herzbeutel oder **Perikard**.

1.3.4.2 Klappensystem des Herzens

Das Klappensystem der Herzkammern sorgt dafür, dass das Blut immer nur in die Richtung des physiologisch vorgesehenen Blutflusses gepumpt wird, denn jede Klappe lässt sich vom Blutstrom nur in eine Richtung aufdrücken. Zwischen den Vorhöfen und Kammern sind die so genannten **Segelklappen**. Die linke Segelklappe heißt **Mitralklappe**, die Segelklappe im rechten Herzen **Trikuspidalklappe**. Gebräuchlich ist auch die Bezeichnung linke und rechte **Atrioventrikularklappe** oder kurz AV-Klappe. Die Klappen zwischen den Herzkammern und den großen Schlagadern werden **Taschenklappen** genannt. Zwischen linker Kammer und Aorta befindet sich die **Aortenklappe**, die Taschenklappe der rechten Kammer heißt **Pulmonalklappe**.

1.3.4.3 Herzzyklus

Beim gesunden Erwachsenen schlägt das Herz in Ruhe ca. 70-mal pro Minute. Sowohl die Kammern als auch die Vorhöfe unterliegen einem ständigen Wechsel von Kontraktion und Erschlaffung, wobei sich die Vorhofmuskulatur ca. 0,12 bis 0,2 sec. vor der Kammermuskulatur kontrahiert. Die Kontraktionsphase der Herzhöhlen nennt man **Systole**, die Erschlaffungsphase heißt **Diastole**.

Bei der allgemeinen Blutdruckmessung wird der arterielle Blutdruck im Körperkreislauf bestimmt. Der erste, hohe Wert entsteht während der Systole des Herzens (systolischer Blutdruck), der zweite, niedrige Wert bei der Diastole (diastolischer Blutdruck).

Genauer betrachtet sind beim Kammerzyklus allerdings vier Phasen zu unterscheiden: Anspannungsphase und die Austreibungsphase (Kammersystole) sowie Entspannungsphase und Füllungsphase (Kammerdiastole). Während jeder Phase des Herzzyklus ändern sich die Blutdrücke in den vier Herzinnenräumen in typischer Weise. Für den Kliniker sind diese Herzdrücke, die der Kardiologe in speziellen Herzkatheteruntersuchungen messen kann, zur Diagnostizierung vieler Herzerkrankungen (wie z. B. Klappendefekten) von großer Bedeutung.

1.3.4.4 Erregungsbildung und Erregungsleitung

Wie alle Muskeln werden auch die Herzmuskeln durch elektrische Impulse erregt. Im Gegensatz zum Skelettmuskel, der durch Nerven erregt wird, besitzt das Herz ein eigenes **autonomes Erregungsbildungs-** und **–leitungssystem**.

Die Erregung des Herzens erfolgt durch den **Sinusknoten** (Nodus sinuatrialis), dieser ist der physiologische Schrittmacher des Herzens und bestimmt die Herzfrequenz. Die Erregung breitet sich von dort über die Muskulatur auf beide Vorhöfe und den **Atrioventrikularknoten** (AV-Knoten) aus und leitet sie weiter zum **His-Bündel**. Dort teilt sich die Erregungsleitung in die beiden Kammerschenkel (**Tawara-Schenkel**), die an beiden Seiten der Herzscheidewand zur Herzspitze ziehen. Jeder Kammerschenkel leitet die Erregungen zu je einer Kammer weiter. Schließlich verzweigen sich die Tawara-Schenkel in die **Purkinje-Fasern**, die die Erregung direkt auf das Kammermyokard übertragen.

Die Herzmuskelzellen sind gegeneinander nicht elektrisch isoliert (Synzytium), sodass eine Erregung immer alle Herzmuskelzellen erfasst oder gar keine (**Alles-oder-nichts-Prinzip**). Dabei bleibt die Kontraktionsstärke gleich und kann auch durch Erhöhung der Reizintensität nicht gesteigert werden. Unmittelbar nach der Aktion ist der Herzmuskel – wie die Skelettmuskeln auch – für eine gewisse Zeit für neue Reize unempfänglich. Man spricht von der so genannten **Refraktärzeit**.

1.3.4.5 Blutversorgung des Herzens

Das menschliche Herz wird von der linken und rechten Herzkranzarterie mit Blut versorgt; diese werden als **Koronararterien** bezeichnet. Die linke Herzkranzarterie (Arteria coronaria sinistra) verzweigt sich nach ihrem Abgang aus der Aorta in zwei Äste, den so genannten Ramus circumflexus sowie den Ramus interventricularis anterior (RIVA), und

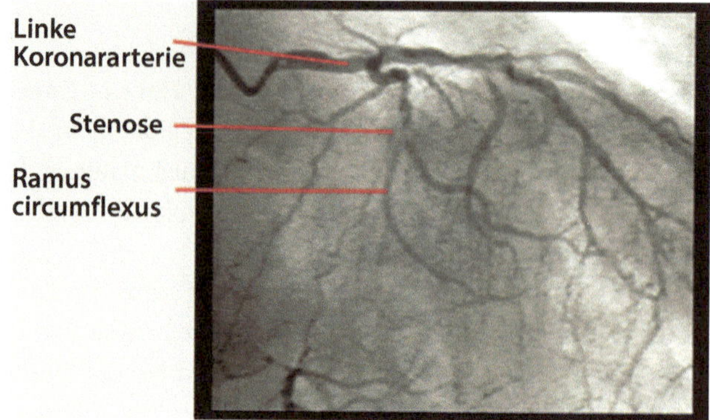

Abb. 1.29 Koronarangiographie. Unter Röntgendurchleuchtung stellen sich die kontrastmittelgefüllten Gefäße im Bild dar, Engstellen (Stenosen) und Verschlüsse sind dagegen als Aussparungen sichtbar. Quelle: Universitätsklinikum München

sorgt für die Durchblutung des linken Vorhofes, der linken Kammer und den Hauptteil der Kammerscheidewand; die Arteria coronaria dextra versorgt den rechten Vorhof, die rechte Kammer, die Herzhinterwand und einen kleinen Teil der Kammerscheidewand.

1.3.4.6 Koronare Herzkrankheit

Die koronare Herzkrankheit (KHK) ist definiert als Mangeldurchblutung des Herzmuskels, verursacht durch verengte Herzkranzgefäße (Abb. 1.29). Die Folgen sind **Angina pectoris** und **Herzinfarkt**, der nach Verschluss eines Herzkranzgefäßes am Herzmuskel einen irreversiblen Schaden durch Sauerstoffmangel hervorruft.

1.3.5 Atmungsorgane

Tabelle 1.6 zeigt eine Übersicht des Atmungsapparates. Über den Kehlkopf erreicht die Luft bei der Inspiration (Einatmung) aus Nase und Mund die Luftröhre (Trachea). Diese verzweigt sich an der Bifurkation in Höhe des vierten Brustwirbels in einen rechten und einen linken Hauptbronchus. Entsprechend der Aufteilung in die Lungenlappen teilen sich die Hauptbronchien rechts in drei Lappenbronchien und links in zwei. Diese verzweigen sich weiter in Segmentbronchien, die sich wiederum in immer kleinere Äste teilen (Bronchialbaum). Die kleinsten Verzweigungen der Bronchien werden Bronchiolen genannt, diese gehen unmittelbar in das eigentlich atmende Lungengewebe, die Alveolargänge und die Lungenbläschen (Alveolen), über. Zwischen den Alveolen und dem sie umgebenden blutgefüllten Kapillarnetz findet der Gasaustausch statt. Durch Diffusion, d. h., treibende Kräfte sind Partialdruckunterschiede zwischen Alveolarepithel und Kapillarendothel, werden die roten Blutkörperchen (Erythrozyten) mit Sauerstoff beladen, und geben ihrerseits das Kohlendioxid an die Alveolen ab, das dann schließlich über Nase und Mund abgeatmet wird (Ausatmung bzw. Exspiration).

Die ein- und ausgeatmeten Lungenvolumina bestimmen, in welchem Maße die Lunge ventiliert wird; eine ausreichende Ventilation der Lunge ist eine entscheidende Voraussetzung für den Gasaustausch in den Alveolen.

Tab. 1.6 Der Atmungsapparat in der Übersicht

Organe	Aufgaben/Funktionen
Nase, Rachen, Kehlkopf, Luftröhre, Bronchien, Lunge	– Gasaustausch: Sauerstoff-Aufnahme Abtransport von Kohlendioxid – Säure-Basen-Haushalt

1.3.5.1 Sauerstofftransport im Blut

Der größte Teil des Blutsauerstoffs lagert sich an das Eisen im Hämoglobin (roter Blutfarbstoff) an, nur ein kleiner Teil (ca. 3 % O_2) wird im Plasma gelöst transportiert. Normalerweise sind im Blut etwa 97 % des zur Verfügung stehenden Hämoglobins mit Sauerstoff gesättigt. Dieser Wert kann beispielsweise mit speziellen auf der Haut aufgebrachten Sensoren gemessen werden (Pulsoxymetrie).

1.3.6 Verdauungssystem

Der Magen-Darm-Trakt (Tab. 1.7) ist eine funktionelle Einheit. Er beginnt in der Mundhöhle (Cavum oris) und endet am After. Dazwischen liegen die Speiseröhre (Ösophagus), der Magen (Ventriculus), der Dünndarm (Duodenum, Jejunum, Ileum) und der Dickdarm (Caecum mit Wurmfortsatz und Kolon) mit dem Mastdarm (Rektum) und dem Analkanal, dessen Ende der Darmausgang (Anus) bildet. Beginnend mit der Speiseröhre besteht der gesamte Magen-Darm-Trakt aus einem muskulösen Schlauchsystem unterschiedlicher Weite.

Der Mensch ist auf die ständige Zufuhr von Energierohstoffen aus der Nahrung angewiesen. Nach ihrer Aufnahme wird die Nahrung in der Mundhöhle mechanisch zerkleinert, mit Sekreten der Mundspeicheldrüsen durchmischt und im weiteren Verlauf des Verdauungskanals chemisch in ihre resorptionsfähigen Grundbausteine, die Proteine, Kohlenhydrate und Fette, zerlegt. Im Magen wird der Nahrungsbrei durch die Salzsäure des Magensaftes vorverdaut und im oberen Dünndarm werden Verdauungsenzyme aus der Leber (Hepar) über das Gallensystem und aus der Bauchspeicheldrüse (Pankreas) beigemengt. Erst die vollständig aufgespaltenen Nährstoffmoleküle können über die Schleimhaut des Verdauungstraktes passieren und in den Blutkreislauf gelangen. Dieser Vorgang, der im Duodenum beginnt und in der Regel im Jejunum abgeschlossen ist, wird als Resorption oder Absorption bezeichnet. Muskelkontraktionen der Wand des Verdauungskanals fördern die mechanische Zerkleinerung sowie die Durchmischung des Nahrungsbreis und bewirken den Weitertransport des Magen- und Darminhalts (Peristaltik).

Im letzten Abschnitt des Verdauungsrohres, dem Kolon und Rektum, werden den unverdaulichen Resten des Nahrungsbreis Wasser und Elektrolyte entzogen und rückresorbiert. Der Dickdarm ist im Gegensatz zum Dünndarm mit zahlreichen Bakterien besiedelt, welche die unverdaulichen Nahrungsreste durch Gärungs- und Fäulnisprozesse weiter abbauen.

Tab. 1.7 Der Verdauungsapparat in der Übersicht

Organe	Aufgaben/Funktionen
Mundhöhle: Zunge, Zähne, Speicheldrüsen Speiseröhre Magen Dünndarm: Duodenum, Jejunum, Ileum Dickdarm: Blinddarm, Kolon Rektum Leber und Gallenblase Bauchspeicheldrüse	– Nahrungs- und Flüssigkeitsaufnahme, Transport – Verdauung und Resorption von Nährstoffen – Leber: biochemische Umbau- und Syntheseprozesse, Biotransformation und Entgiftung von Fremdstoffen – Ausscheidung

Der gesamte Darmkanal ist ca. sechs Meter lang. Zwölffinger- und Dünndarm haben eine besondere Bedeutung für die Nahrungsaufnahme. Daher bilden sie mit circa vier Metern Länge auch den größten Teil des Schlauchsystems. Im Inneren ist das Darmrohr mit Schleimhaut ausgekleidet. Ihre Gesamtoberfläche ist durch ringförmige Falten und Ausstülpungen, so genannte Zotten und Bürstensaum, insbesondere in Zwölffinger- und Dünndarm, um das cirka 600fache vergrößert und ermöglicht damit eine maximale Resorption.

1.3.7 Leber und Gallenblase

Die Leber gliedert sich in einen rechten und linken Lappen (Lobus dexter et sinister) sowie zwei kleinere Lappen (Lobus quadratus und caudatus). Das Leberparenchym ist aus einer großen Zahl von Leberläppchen (Lobuli hepatici) aufgebaut, die wie Bienenwaben angeordnet sind. Sie liegt im Oberbauch unter dem Zwerchfell und verfügt neben dem normalen Gefäßnetz aus Arterien und Venen zusätzlich über ein Pfortadersystem. Durch dieses System gelangt nährstoffreiches Blut aus den Eingeweiden ins Lebergewebe und von hier aus über die Lebervene zurück in den Körperkreislauf.

Die Leber hat mehrere lebenswichtige Funktionen: Sie ist das zentrale Stoffwechselorgan und hat zahlreiche Aufgaben im Protein-, Fett- und Kohlenhydratstoffwechsel. Gleichzeitig ist die Leber auch das wichtigste Organ für die Entgiftung bzw. den Abbau von Fremd- wie auch von körpereigenen Stoffen (z. B. für Stoffwechselmetabolite, Medikamente). Sie produziert Gallenflüssigkeit, speichert Energiereserven (z. B. Glykogen) und Vitamine. In der Leber werden Substanzen des Blutplasmas gebildet, die essenziell für eine funktionierende Blutgerinnung sind.

1.3.8 Niere und Harnsystem

Tabelle 1.8 gibt einen Überblick zu Niere und Harnapparat. Die Struktur der Niere lässt drei Zonen erkennen: Direkt unter der Nierenkapsel befindet sich die Nierenrinde (Cortex

Tab. 1.8 Niere und Harnapparat in der Übersicht

Organe	Aufgaben/Funktionen
Nieren, Harnleiter, Harnblase, Harnröhre	– Harnproduktion, -konzentration und -ausscheidung – Regulation des Wasser- und Elektrolythaushaltes – Regulation des Säure-Basen-Gleichgewichts – Blutdruckregulation

renalis), die zweite Zone ist das Nierenmark (Medulla renalis), und im Inneren der Niere liegt das Nierenbecken (Pelvis renalis). Die eigentlichen Funktions- und Baueinheiten der Niere sind die Nephrone. Das Nephron lässt sich unterteilen in die Glomerula (Nierenkörperchen) und das System der Tubuli (Harnkanälchen); die menschliche Niere besteht aus ca. 1 Mio. Nephrone.

Das Glomerulum ist ein Gefäßknäuel in der Nierenrinde, wobei die Kapillarschlingen jedes Glomerulums von einem kugelförmigen Mantel, der Bowman-Kapsel, überzogen sind. Die zuführenden und abführenden Gefäße werden als Vas afferens und Vas efferens bezeichnet und liegen dicht zusammen am Gefäßpol des Nierenkörperchens, der in Richtung Nierenrinde zeigt. In die Glomerula fließt das Blut mit dem arteriellen Blutdruck, wird hier gefiltert, und es entsteht der Primärharn. Die Filtrationsleistung der Glomerula liegt bei 180 l pro Tag.

Am gegenüberliegenden Ende des Gefäßpoles in Richtung Nierenmark weisend liegt der Harnpol. Der Primärharn gelangt am Harnpol in den Anfangsteil des Röhrensystems der Tubuli, die schlangenförmig durch Nierenrinde und Nierenmark verlaufen. Das System der Tubuli beginnt mit dem proximalen Tubulus, verengt sich im weiteren Verlauf zu dem intermediären Tubulus. Dieser macht einen Bogen, die so genannte Henle-Schleife, geht in den distalen Tubulus über, der zurück in Richtung der Glomerula zieht. An der Kontaktstelle von distalem Tubulus und der zuführenden Arteriole befindet sich der juxtaglomeruläre Apparat. Im Tubulusapparat wird der Primärharn durch Reabsorptionsvorgänge stark konzentriert sowie durch Sekretion mit Stoffwechselschlacken angereichert und als Sekundärharn weitergeleitet. An die distalen Tubuli schließen sich die Sammelrohre an und schließlich erreicht der Harn das Nierenbecken. Dort wird er über die Harnleiter (Ureter) in die Harnblase geleitet und über die Harnröhre (Urethra) nach außen entleert.

1.3.8.1 Überwachung des Wasserhaushaltes

Der Hydratationszustand eines Patienten lässt sich näherungsweise anhand des Blutdruckes bestimmen, der in den großen Körpervenen herrscht, und deshalb als **zentraler Venendruck** (ZVD) bezeichnet wird. Gemessen wird dieser Druck über einen zentralen Venenkatheter (ZVK), der in der oberen Hohlvene kurz vor dem Herzvorhof platziert wird und dem Arzt Hinweise z. B. auf ein Volumendefizit (Dehydratation) oder eine Volumenüberlastung (Hyperhydratation) bei der Überwachung einer Infusionstherapie gibt. Beim gesunden Menschen liefert die ZVK-Messung einen Wert zwischen 3 und 7 cm H_2O (Zentimeter Wassersäule).

Tab. 1.9 Der Bewegungsapparat in der Übersicht

Organe	Aufgaben/Funktionen
Skelett (Knochen), Muskeln, Bänder, Sehnen, Gelenke	– Stützfunktion, Halteapparat – Bewegungen – Körperhaltung – Schutz für innere Organe (z.B. Gehirn) – Wärmeproduktion – Hämatopoese (Blutzellenbildung) – Mineralstoffspeicher (z.B. Kalzium, Phosphat)

1.3.9 Stütz- und Bewegungssystem

Ein erwachsener Mensch verfügt über mehr als 200 Knochen, das Skelett eines neugeborenen Kindes besteht sogar aus mehr als 300 Knochen beziehungsweise Knorpeln, die im Verlauf der körperlichen Entwicklung teilweise zusammenwachsen und dabei immer fester und belastbarer werden. Verbunden sind die Knochen durch Gelenke. Skelettsystem sowie Muskulatur, Sehnen und Bänder werden zusammen als Bewegungsapparat (Tab. 1.9) bezeichnet.

1.3.9.1 Knochenaufbau

Knochen bestehen aus einer organischen Grundsubstanz (Knochenmatrix) und den darin eingelagerten Mineralien Kalzium, Phosphat, Magnesium und Natrium, die der Knochenmatrix Festigkeit verleihen.

Alle Knochen besitzen eine kompakte Außenschicht aus dichtem Knochengewebe, die im Allgemeinen Kortikalis, bei den Röhrenknochen aber wegen ihrer Stärke Kompakta genannt wird. Die innere Knochensubstanz (Spongiosa) setzt sich aus zarten Knochenbälkchen mit einem Hohlraumsystem zusammen, die aussehen wie ein Schwamm. Im Inneren des Hohlraumsystems (Knochenmarkhöhle) befindet sich das Knochenmark. Rotes Blut bildendes Knochenmark ist im Kindesalter in allen Markhöhlen, beim Erwachsenen dagegen ist rotes Mark nur noch in den kurzen, flachen oder unregelmäßig geformten Knochen sowie den Epiphysen der Röhrenknochen von Oberarm und Oberschenkel zu finden, sonst wurde es in Fettmark umgewandelt.

Außen ist der Knochen mit Ausnahme der Gelenkflächen von der Knochenhaut (Periost) umhüllt, die aus zwei Schichten besteht, die allerdings nur in der Wachstumsphase zu unterscheiden sind: Die innere Schicht ist von Blutgefäßen und Nerven durchzogen, die äußere Schicht besteht aus elastischen Fasern und Kollagen. Das Periost schützt und ernährt einerseits den Knochen, andererseits dient es auch dem Ansatz von Sehnen und Bändern.

Knochen befinden sich ständig in einem dynamischen Gleichgewicht zwischen Knochenaufbau und -abbau. Osteoblasten und Osteoklasten sorgen dafür, dass ständig

Knochenminerale (v. a. Kalzium und Phosphate) aus der Blutbahn aufgenommen werden und auch wieder ins Blut abgegeben werden. Diese Dynamik ermöglicht es dem Knochengewebe, sich ständig veränderten bzw. erhöhten Anforderungen anzupassen (zum Beispiel in der Schwangerschaft).

1.3.9.2 Gelenke

Gelenke sind die Verbindungsstellen zwischen den Knochen und ermöglichen die Bewegungen unseres Körpers. Bindegewebige oder knöcherne Gelenke (Synarthrosen, Fugen etc.) lassen sich kaum oder gar nicht bewegen. Die Knochennähte im Schädel und das Becken sind Beispiele dafür.

Die freien/echten Gelenke (Diarthrosen) dagegen ermöglichen einen je nach Gelenkart unterschiedlich großen Bewegungsspielraum. So kann man beispielsweise den Kopf in verschiedene Richtungen drehen oder beugen, während sich das Knie beugen und strecken lässt. Eine straffe Gelenkkapsel umgibt bei den meisten Diarthrosen die Gelenkhöhle (Cavum articularis), die von Gelenkflüssigkeit (Synovia) ausgefüllt ist und damit ein reibungsarmes Gleiten des Gelenkkopfes in der Gelenkpfanne ermöglicht. Entsprechend der Gestalt ihrer Gelenkflächen lassen sich verschiedene Gelenkformen mit unterschiedlichen Freiheitsgraden (Beweglichkeitsgraden) unterscheiden. Viele Gelenke sind durch derbe Bindegewebszüge, die so genannten Bänder (Ligamenta), verstärkt, was ihre Stabilität gegenüber Luxationen bzw. Dislokationen verbessert.

1.3.9.3 Muskulatur

Drei verschiedene Typen von Muskulatur können unterschieden werden: die glatte und die quergestreifte Muskulatur sowie das Herzmuskelgewebe.

Im Gegensatz zu den Knochen sind die Muskeln die aktiven Komponenten des Bewegungsapparates. Die quergestreifte Muskulatur besteht aus hoch spezialisierten Zellen, die vier Grundeigenschaften aufweisen: Muskeln sind erregbar, d. h., Nervenimpulse lösen Kontraktionen aus. Sie können sich aktiv verkürzen, sind passiv dehnbar und sie kehren nach Dehnung oder Kontraktion wieder in ihre ursprüngliche Ruhelage zurück. Ein Wechsel zwischen Kontraktion und Entspannung der quergestreiften Muskulatur ermöglicht die aktiven Bewegungen unseres Körpers sowie die aufrechte Körperhaltung und liefert darüber hinaus einen Großteil der Energie, um die Körperwärme aufrechtzuerhalten.

Als Ursprung eines Muskels wird der kranial bzw. proximal befestigte Teil bezeichnet, sein Ansatz dagegen ist die kaudale bzw. distale Befestigung. Die zwischen Ansatz und Ursprung liegenden Muskelanteile bilden den Muskelbauch. Zur Bewegung eines Gelenkes ist das Zusammenspiel von mindestens zwei entgegengesetzt wirkenden Muskeln, Agonist und Antagonist, notwendig, wobei der Muskelzug zwei Knochen über ein oder mehrere Gelenke hinweg verbindet. Muskelfasern setzen nicht direkt am Knochen an; eine Sehne ist als Verbindung aus straffem Bindegewebe dazwischengeschaltet.

Tab. 1.10 Das Nervensystem in der Übersicht

Organe	Aufgaben/Funktionen
Gehirn, Rückenmark, Zentrales und peripheres Nervensystem, Vegetatives Nervensystem, Sinnesorgane	– Steuerung und Regulation sämtlicher Körperfunktionen – Aufnahme und Verarbeitung von Reizen – Bewusstsein, Assoziationsfähigkeit, Sprache und Gedächtnis – Schaltzentrale für Reflexe

1.3.10 Nervensystem und Sinnesorgane

Das Nervensystem (Tab. 1.10) hat die Aufgabe der Informationsaufnahme, Weiterleitung und Verarbeitung. Es basiert im Wesentlichen auf drei Elementen: die Sinnesorgane (Rezeptoren) zur Informationsaufnahme (Reizaufnahme), Neuronen zur Informationsweiterleitung sowie -verarbeitung und Muskeln bzw. Drüsen zur Ausführung einer Reaktion (= Effektoren).

Reize aus der Außenwelt werden von Sinneszellen oder Rezeptoren im Körper aufgenommen und erreichen über die afferenten (hinführenden) Bahnen des **peripheren Nervensystems** das **Zentralnervensystem** (**ZNS**), nämlich das Gehirn und Rückenmark. Nachdem die Information in den Nervenzentren verarbeitet wurde, wird die Reaktion über die efferenten (wegführenden) Nervenbahnen des peripheren Nervensystems an die für die Reizbeantwortung notwendigen Muskeln im Körper geleitet. Peripheres und zentrales Nervensystem steuern alle die dem Bewusstsein und dem Willen unterworfenen Vorgänge des Körpers (z. B. Kontraktionen der Skelettmuskulatur) und werden auch als somatisches oder willkürliches Nervensystem bezeichnet. Das **vegetative** oder autonome **Nervensystem** dagegen ist durch den Willen nur wenig beeinflussbar und regelt daher vor allem die Funktionen der lebenswichtigen inneren Organe, der glatten Muskulatur und der Drüsen. Das vegetative Nervensystem besteht aus dem Sympathikus und dem Parasympathikus.

1.3.11 Funktion des Neurons

Elektrische und biochemische Vorgänge bestimmen die Fähigkeit von Neuronen, Informationen aufnehmen, verarbeiten und weiterleiten zu können. Bei der Übersetzung von Informationen in elektrische Impulse können vier Phasen unterschieden werden.

Ruhepotenzial: Unterschiedliche Ionenkonzentrationen von Natrium und Kalium innerhalb und außerhalb der Zelle halten ein elektrisches Potenzial (Membranpotenzial) aufrecht. Durch diese Konzentrationsunterschiede entstehen Diffusionskräfte, die z. B. Kaliumionen durch die Zellmembran nach außen und Natriumionen ins Zellinnere hinein ziehen können. Das Ruhepotenzial enspricht bei der Nervenzelle dem Ruhezustand und während des Ruhepotenzials ist das Zellinnere negativ gegenüber dem Extrazellulärraum geladen.

Generatorpotenzial: Manche Synapsen können das Ruhepotenzial abschwächen (Depolarisation), andere können es verstärken (Hyperpolarisation). Geht der Effekt überwiegend in Richtung Depolarisation, kann es zur Auslösung eines Aktionspotenzials kommen. Ist der Schwellenwert noch nicht erreicht, spricht man vom Generatorpotenzial.

Aktionspotenzial: In die Membran von Axonhügel und Axon sind spezielle Natrium-Ionenkanäle eingelagert, die bei einer bestimmten Spannung zwischen Zellinnerem und -äußerem schlagartig für Natriumionen durchlässig werden. Durch Öffnung der Natriumkanäle strömt Natrium in die Zelle hinein, führt dort zu einer Ladungsumkehr und zur Bildung eines Aktionspotenzials. Wenn die elektrische Spannung innerhalb der Nervenzelle einen gewissen Schwellenwert erreicht hat, kommt es nach dem Alles-oder-nichts-Prinzip zu einer elektrischen Entladung (Aktionspotenzial), dabei wird die Spannung über das Axon und den synaptischen Spalt an andere Nervenzellen weitergegeben.

Repolarisation: Am Höhepunkt der Ladungsumkehr nimmt die Membranleitfähigkeit für Natrium plötzlich wieder ab. Gleichzeitig kommt es zu einem verstärkten Kaliumausstrom: Die Ladungsverhältnisse kehren sich wieder um. Der ursprüngliche Zustand, das Ruhepotenzial, wird wieder hergestellt. Diesen Vorgang nennt man Repolarisation.

1.3.11.1 Fortleitung von Nervensignalen

Die Spannungsdifferenz von erregtem Membranabschnitt gegenüber seinem unerregten benachbarten Membranabschnitt führt zu einem Ionenstrom vom positiven in den negativen Bereich. Diese Ionenströme depolarisieren die Axonmembran Abschnitt für Abschnitt. So pflanzt sich die Erregung schrittweise über das gesamte Axon bis zum nächsten Neuron fort.

1.3.11.2 Erregungsleitung an den Synapsen

Eine Synapse besteht aus drei Anteilen: das präsynaptische Neuron, welches die Bläschen mit den Neurotransmittern enthält, die nachgeschaltete postsynaptische Zelle mit der postsynaptischen Membran, sie beinhaltet die Rezeptoren für die Transmitter, sowie dem synaptischen Spalt zwischen prä- und postsynaptischer Zelle.

Trifft an den Endaufzweigungen des präsynaptischen Axons ein Erregerimpuls ein, kommt es zur Freisetzung von **Neurotransmittern** (z. B. Acetylcholin, Dopamin, Serotonin) aus den synaptischen Bläschen in den synaptischen Spalt. Die Neurotransmitter passieren den Spalt in einer tausendstel Sekunde und binden sich an die Rezeptoren der postsynaptischen Membran. Es entsteht ein postsynaptisches Potenzial. Nun wird der Neurotransmitter rasch wieder inaktiviert.

Bei erregenden Synapsen ist der Neurotransmitter in der Lage, eine Depolarisation und damit ein Aktionspotenzial an der postsynaptischen Membran auszulösen. An den hemmenden Synapsen bewirkt der Transmitter hingegen eine Hyperpolarisation. Dadurch wird das Ruhepotenzial weiter in den negativen Bereich hin abgesenkt. Die am Axon elektrisch fortgeleitete Erregung wird an der Synapse chemisch übertragen und an der Membran des nachgeschalteten Neurons wieder elektrisch weitergeleitet.

1.3.11.3 Reflexe

Reflexe sind vom Willen unabhängige Reaktionen auf Reize. Sie werden über das Rückenmark vermittelt. Reflexhandlungen werden über Reflexbögen ausgelöst. Ein Rezeptor nimmt einen Reiz auf. Dieser wird über sensible Nervenfasern zu einem Reflexzentrum im ZNS (z. B. Rückenmark) weitergeleitet. Hier wird die Reflexantwort gebildet. Motorische Nervenfasern übermitteln die Reflexantwort zum ausführenden Organ (Effektor, zum Beispiel Muskelgruppe). Auch die glatte Muskulatur der inneren Organe wird über Reflexe gesteuert (viszerale Reflexe). Sie werden über das vegetative Nervensystem vermittelt.

1.3.12 Weitere Organsysteme

1.3.12.1 Blut und Lymphe

Das Blut macht beim erwachsenen Menschen etwa 8 % des Körpergewichtes aus (ca. 5–6 l). Es besteht aus roten (Erythrozyten) und weißen (Leukozyten) Blutzellen, die etwa 42 % des Blutvolumens (Hämatokrit) bilden, und etwa 58 % Blutplasma (Plasmavolumen), dem flüssigen Anteil des Blutes. Das Blut erfüllt verschiedene Aufgaben: Im Rahmen des Stofftransports werden Sauerstoff, Nährstoffe und Botenstoffe (Hormone) zu den Körperzellen hinbefördert, Kohlendioxid und Abfallstoffe von ihnen wegtransportiert. Bei der Immunabwehr erkennen und bekämpfen Abwehrzellen und Antikörper im Blut körperfremde Eiweiße, Krankheitserreger und körpereigene kranke Zellen (Immunsystem). Zur Wärmeregulation wird die Körperwärme durch die Blutzirkulation verteilt. Durch Änderung des Blutgefäßdurchmessers wird die Durchblutung und damit die Körpertemperatur geregelt. Das im Blut befindliche Gerinnungssystem dichtet Verletzungen ab (Blutgerinnung). Pufferungssysteme des Blutes halten den pH-Wert konstant (Säure-Basen-Haushalt).

1.3.13 Immunsystem

Die Hauptaufgabe des Immunsystems besteht darin, körperfremde Substanzen (**Antigene**) zu beseitigen. Neben der Infektabwehr tragen Zellen des Immunsystems zur Wundheilung bei, sind an der Beseitigung zugrunde gegangener Zellen beteiligt und dienen zum Schutz vor Entartung von Körperzellen.

Ein weiterer wichtiger Teil sind die lymphatischen Organe, die als Abwehrzellen Lymphozyten speichern. Als primäre lymphatische Organe werden Knochenmark und Thymus bezeichnet, da in ihnen die Bildung der Lymphozyten stattfindet. Milz, Lymphknoten, lymphatisches Gewebe des Darms und der lymphatische Rachenring mit Rachen-, Zungen- und Gaumenmandeln werden als sekundäre lymphatische Organe bezeichnet, da hier die Lymphozyten ihre spezifische Immunkompetenz, nämlich bestimmte Antigene zu erkennen, erlangen. Auch die weitere Vermehrung der Abwehrzellen findet hier statt.

Zum **unspezifischen Abwehrsystem** gehören neben weißen Blutkörperchen und natürlichen Killerzellen auch Eiweißstoffe, die sich gegen Krankheitserreger richten können (z. B. Zytokine wie Interferon oder Tumor-Nekrose-Faktor), Enzyme (z. B. Lysozym), das Komplementsystem sowie die äußeren Schutzbarrieren. Das unspezifische Abwehrsystem ist als breite, sofort einsetzende Reaktion angelegt, die Eindringlinge nicht immer erkennen und vollständig vernichten kann, aber den Organismus bis zum Einsetzen der spezifischen Abwehrreaktion schützt.

Das **spezifische Abwehrsystem** besteht aus Lymphozyten (T-Zellen, B-Zellen) und den von Plasmazellen gebildeten Antikörpern. Es richtet sich jeweils gegen spezielle Antigene. Die spezifische Abwehr setzt erst nach einigen Tagen ein, besitzt aber Gedächtnisfunktion. An beiden Formen der Abwehr sind sowohl im Thymus heranreifende T-Lymphozyten (**zelluläre Abwehr**) als auch im Knochenmark heranreifende B-Lymphozyten, die von ihnen gebildeten Antikörper und andere Faktoren wie Enzyme (**humorale Abwehr**) beteiligt.

1.3.14 Fortpflanzungssystem

Man unterscheidet innere und äußere Geschlechtsorgane. Zum äußeren Genitale der Frau gehören die Schamlippen, die Klitoris sowie der Scheidenvorhof mit seinen Drüsen. Beim Mann zählen zum äußeren Genitale der Penis, in dem Harn- und Samenwege verlaufen, sowie der Hodensack.

Die inneren Geschlechtsorgane (Mann: Hoden, Nebenhoden, Prostata, Samenbläschen; Frau: Eierstöcke, Eileiter, Gebärmutter, Scheide) produzieren die Keimzellen (Eizellen und Samenzellen) sowie Sexualhormone, die die Differenzierung, Reifung und Funktion der Keimzellen ermöglichen, aber auch an der Ausbildung der äußeren (sekundären) Geschlechtsmerkmale beteiligt sind. Zusätzlich werden Sekrete gebildet, die ein optimales Milieu für den Transport und die Vereinigung der Keimzellen schaffen.

1.3.15 Hormonsystem

Das Hormonsystem umfasst alle Drüsen und Gewebe, die Hormone und hormonähnliche Stoffe produzieren. Hormone sind Botenstoffe, die über das Blut ihre Erfolgsorgane erreichen und fast alle biologischen Abläufe unseres Körpers regulieren sowie das Verhalten und die Empfindungen eines Menschen entscheidend beeinflussen. Spezifische Hormonwirkungen werden über Hormonrezeptoren vermittelt, die an der Membran oder im Zytoplasma der jeweiligen Zielzellen lokalisiert sind und deren Wirkung über unterschiedliche Sekundärreaktionen ins Zellinnere geleitet wird. Nach biologischen Kriterien unterscheidet man Steroidhormone (z. B. Östrogene, Androgene), Polypeptidhormone (z. B. Insulin und Glukagon, Hypophysenhormone), Amine (z. B. Schilddrüsenhormone, Katecholamine) und von Fettsäuren abgeleitete Hormone (z. B. Prostaglandine).

Literatur

[dbSNP] dbSNP, https://www.ncbi.nlm.nih.gov/snp. Zugegriffen am 16.12.2016

[ENZYME] ENZYME database, http://enzyme.expasy.org/. Zugegriffen am 16.12.2016

[Melanie 2D] Gel Analysis Software, http://world-2dpage.expasy.org/melanie/. Zugegriffen am 16.12.2016

[REBASE] Datenbank von Restriktionsenzymen, http://rebase.neb.com/. Zugegriffen am 16.12.2016

[SWISS-2DPAGE] SWISS-2DPAGE, http://world-2dpage.expasy.org/swiss-2dpage/. Zugegriffen am 16.12.2016

Grundbegriffe aus der Informatik 2

Zusammenfassung

Im folgenden Kapitel werden einige Grundbegriffe aus der Informatik kurz erläutert, die für das Verständnis von Medizininformatik wichtig sind. Es handelt sich dabei um eine kleine Auswahl, die Nicht-Informatikern das Verständnis der Folgekapitel erleichtern soll. Für detaillierte Darstellungen wird auf Sekundärliteratur verwiesen.

2.1 Datenstrukturen

Es gibt verschiedene Verfahren, Daten im Computer abzulegen. Diese haben darauf Einfluss, wie schnell ein Programm arbeiten kann und wie viel Speicherplatz benötigt wird. Dazu ein praktisches Beispiel: Wenn die Bücher in einer Bibliothek ohne jegliche Ordnung in den Regalen aufgestellt wären, müsste man immer den Großteil der Regale durchsehen, bis man ein bestimmtes Buch gefunden hat. Dadurch, dass man einen alphabetisch geordneten Autoren- und Titelkatalog zur Verfügung hat, wird das Auffinden der Bücher deutlich erleichtert. Im Folgenden werden einige wesentliche Datenstrukturen kurz vorgestellt.

Der Speicherplatzbedarf von realen Programmen wird meist in **Byte** angegeben bzw. den dazugehörigen Zehnerpotenzen: 1 Kilobyte (kB) = 1000 Byte, 1 Megabyte (MB) = 1 Million Byte, 1 Gigabyte (GB) = 1 Milliarde Byte, 1 Terabyte (TB) = 1 Billion Byte. Ein Byte entspricht einem Zeichen, das einen Informationsgehalt von 8 Bit hat. Ein **Bit** ist die kleinste Informationseinheit, die nur die Werte 0 und 1 annehmen kann.

2.1.1 Liste

Eine **Liste** ist eine endliche Sequenz von Elementen. Im Gegensatz zur Menge ist die Reihenfolge der Elemente wichtig. Beispiel: Die DNA-Sequenz ATTAGCAA ist eine Liste.

M. Dugas, *Medizininformatik*,
DOI 10.1007/978-3-662-53328-4_2

Die Elemente dieser Liste sind die Nukleotidbasen. Es gibt verschiedene Möglichkeiten, Listen im Computer zu repräsentieren, z. B. als einfach verkettete Liste, bei der von jedem Listenelement auf das Folgeelement verwiesen wird.

Ein spezieller Listentyp ist die **Queue** (**Warteschlange**), bei der neue Elemente am Beginn der Liste eingetragen werden und Elemente am Ende der Liste ausgelesen werden (**FIFO** = First In, First Out). Beim **Stack** werden neue Elemente an das Listenende angehängt und das Auslesen erfolgt ebenfalls vom Listenende her (**LIFO** = Last In, First Out).

2.1.2 Graph

Ein **Graph** G = (V,E) besteht aus einer Menge von **Knoten** V (Vertices) und **Kanten** E (Edges). Graphen eignen sich sehr gut, um Netzwerke in Medizin und Biologie zu repräsentieren, z. B. die verschiedenen Stoffwechselpfade in einer Zelle. Eine Kante besteht aus zwei Knoten, zwischen denen eine Verbindung besteht. Wenn die Kante eine Richtung aufweist, dann liegt ein gerichteter Graph vor (siehe Abb. 2.1), ansonsten ein ungerichteter. Ein Pfad ist eine Liste von Kanten, die zwei Knoten verbindet.

Die Distanzen zwischen den Knoten im Graphen können in einer **Distanzmatrix** dargestellt werden. Den n Knoten werden in der Distanzmatrix n Zeilen und n Spalten zugeordnet. Die Entfernung zwischen den Knoten v_x und v_y ist in Spalte x und Zeile y eingetragen. Knoten in einem Graphen können auch multidimensionale Objekte sein, z. B. Vektoren mit den Ergebnissen von Genexpressionsmessungen. In diesem Fall kann man die Distanz von zwei Knoten durch verschiedene Distanzmaße festlegen. Beispiele hierfür sind:

- Die Differenzen in jeder Vektorkomponente werden ermittelt, quadriert und aufsummiert. Die Quadratwurzel dieser Summe ist die **Euklidische Distanz**.
- Die Absolutwerte der Differenzen in jeder Vektorkomponente werden ermittelt. Die Summe wird als **Manhattan-Distanz** bezeichnet.
- Der **Korrelationskoeffizient** der beiden Vektoren x und y mit den Vektorkomponenten x_i bzw. y_i und den Mittelwerten $\overline{x}$ bzw. $\overline{y}$ wird berechnet als: $r = \frac{\sum (x_i - \overline{x})(y_i - \overline{y})}{\sqrt{\sum (x_i - \overline{x})^2 \sum (y_i - \overline{y})^2}}$

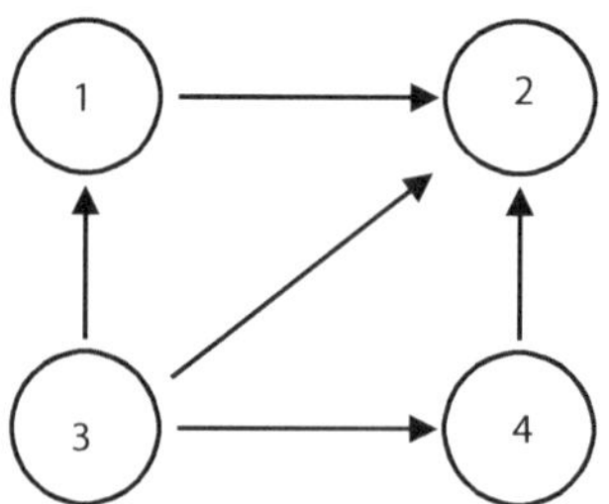

Abb. 2.1 Gerichteter Graph mit vier Knoten und fünf Kanten

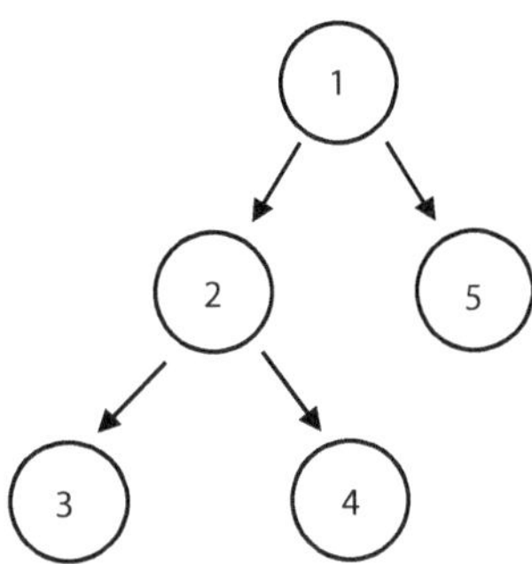

Abb. 2.2 Baum mit drei Blattknoten (3,4,5). Knoten Nr. 1 ist der Wurzelknoten

2.1.3 Baum

Ein besonders wichtiger Typ des gerichteten Graphen ist der **Baum** (Abb. 2.2). Dieser zeichnet sich dadurch aus, dass er keine Zyklen hat (directed acyclic graph, abgekürzt **dag**) und einen so genannten **Wurzelknoten**, zu dem keine Kanten hinführen. Zu jedem Knoten außer dem Wurzelknoten führt genau eine Kante. Vom Wurzelknoten führt zu jedem Knoten genau ein Pfad. Knoten, von denen keine Kanten ausgehen, werden als Blattknoten bezeichnet. Wenn eine Kante vom Knoten 2 zum Knoten 3 vorliegt, dann bezeichnet man Knoten 2 als den Vater und Knoten 3 als das Kind. Als Höhe eines Baumes wird die maximale Länge eines Pfades vom Wurzelknoten zu einem Blatt bezeichnet. Eine wichtige Sonderform des Baumes ist der Binärbaum, bei dem von einem Knoten maximal zwei Kanten ausgehen. Bäume eignen sich besonders gut, um hierarchische Zusammenhänge in Medizin und Biologie darzustellen, wie z. B. einen Stammbaum oder einen Entscheidungsbaum.

Mit der **CART**-Methode (Classification And Regression Trees) [Breiman] können binäre Entscheidungsbäume konstruiert werden. Die Daten werden hierbei rekursiv anhand eines Schwellenwerts in zwei Teilmengen zerlegt. Die Güte des Baumes kann durch Kreuzvalidierung geschätzt werden. Im Fall von Überanpassung an die Lerndaten (Over-Fitting) kann ein zu komplizierter Baum durch Entfernen von Zweigen (Pruning) verbessert werden.

2.1.4 Hash

Viele Anwendungen benötigen nicht komplexe Baumstrukturen, sondern es genügt eine einfache Verzeichnisstruktur mit den Basisoperationen insert(), delete() und search(). Eine effiziente Datenstruktur zum Aufbau solcher Verzeichnisse sind **Hash**-Tabellen. Hash-Tabellen werden verwendet, um Datenelemente in einer großen Datenmenge zu finden. Über einen Schlüsselwert (z. B. Name) ist ein direkter Zugriff auf das Feldelement (z. B. Telefonnummer) möglich.

2.2 Algorithmus

Ein **Algorithmus** ist eine endliche Folge von Instruktionen, die alle eindeutig interpretierbar und mit endlichem Aufwand in endlicher Zeit ausführbar sind. Die Informatik unterscheidet somit Verfahren zur Lösung von Problemen (Algorithmen = Lösungsverfahren) und die Implementation der Verfahren in einer bestimmten Programmiersprache auf bestimmten Rechnern.

Im Hinblick auf die Effizienz von Algorithmen ist das Laufzeitverhalten von besonderem Interesse. Man unterscheidet z. B. Algorithmen, deren **Zeitbedarf** linear mit der Größe n der Eingabedaten ansteigt (geschrieben als **O(n)**), beispielsweise das Durchsuchen einer Liste vom Anfang bis zum Ende. Durch eine geeignete Indexstruktur kann man diesen Algorithmus so verbessern, dass die Laufzeit O(log n) beträgt, d. h., die für das Auffinden eines bestimmten Listenelements benötigte Zeit nimmt proportional zum Logarithmus der Anzahl von Listenelementen zu.

Viele Algorithmen lassen sich **rekursiv** formulieren, d. h., sie enthalten Funktionen, die sich selbst so lange aufrufen, bis ein Abbruchkriterium erfüllt ist. Rekursive Algorithmen haben häufig einen relativ hohen Speicherbedarf für die noch nicht abgeschlossenen Schritte und werden daher nach Möglichkeit in eine **iterative Form** (ohne Rekursion) umgearbeitet.

Für viele Optimierungsprobleme ist bekannt, dass sie **NP-schwer** sind. Dies bedeutet, dass kein Algorithmus mit polynomialer Laufzeit $O(n^k)$ bekannt ist (NP = nicht polynomial), sondern der Zeitbedarf mit der Größe des Problems exponentiell zunimmt. Dies führt dazu, dass derartige Aufgaben für große n nur näherungsweise gelöst werden können, weil die Exponentialfunktion sehr stark ansteigt. Analog zum Laufzeitbedarf kann man auch den **Speicherplatzbedarf** eines Algorithmus beschreiben. Abbildung 2.3 zeigt ein Beispiel für einen Algorithmus.

```
Quadratwurzel (a, eps, x):

  begin
    x := a / 5

    while |a – x²| > eps * a  do
      x := (x + a / x) / 2
    end

end Quadratwurzel
```

Abb. 2.3 Beispiel für Algorithmus: Berechnung der Quadratwurzel x von a. Die while-Schleife wird so lange ausgeführt, bis die durch eps angegebene Genauigkeit erreicht ist

2.2.1 Sortieralgorithmen

Sortierte Daten sind von vielfältiger Bedeutung, z. B. kann man in einer alphabetisch sortierten Liste einen bestimmten Eintrag deutlich schneller auffinden.

Beim **Selection-Sort-Algorithmus** wird zunächst das kleinste Element aus der gesamten Liste gesucht und mit dem ersten Element vertauscht. Analog wird mit dem zweitkleinsten, drittkleinsten usw. verfahren. Beim **Bubble-Sort-Algorithmus** beginnt man mit dem ersten Element der Liste und vergleicht es mit allen weiteren. Wenn ein kleineres Element gefunden wird, dann vertauscht man es mit dem ersten. Man erhält so das kleinste Element in der ersten Position. Man schreitet mit der zweiten Position fort und vergleicht auch dieses mit allen weiteren (ohne die vorderen) und erhält so das zweitkleinste in der zweiten Position. Man fährt mit allen weiteren Elementen fort bis zum vorletzten.

Quicksort arbeitet nach dem Prinzip „**Divide-and-Conquer**". Dies bedeutet, dass das Problem so lange in kleinere Teilprobleme zerlegt wird, bis diese auf einfache Weise lösbar sind. Man wählt aus der Mitte der Liste ein Vergleichselement. Links und rechts wird auf die Randelemente der Liste je ein Zeiger gesetzt. Der linke Zeiger wird so lange nach rechts verschoben, bis das darüber stehende Listenelement größer oder gleich dem Vergleichselement ist. Der rechte Zeiger wird so lange nach links verschoben, bis das darüber stehende Listenelement kleiner oder gleich dem Vergleichselement ist. Die beiden den Zeigern zugeordneten Elemente werden vertauscht und die Zeiger eine Position weiter bewegt (linker Zeiger nach rechts, rechter Zeiger nach links). Das Verschieben der Zeiger und Vertauschen der zugeordneten Listenelemente wird so lange wiederholt, bis die Zeiger sich überlappen. Zu diesem Zeitpunkt befinden sich links vom ausgewählten Vergleichselement nur noch Elemente kleiner oder gleich diesem Vergleichselement, rechts davon nur noch solche größer oder gleich dem Vergleichselement. Man kann die Liste jetzt zwischen den Zeigern trennen, weil beim späteren Zusammensetzen in der linken Teilliste keine Elemente vorkommen, die größer als Elemente der rechten Teilliste sind. Die Teillisten werden nun genauso verarbeitet wie die ursprüngliche Liste. Sobald eine Teilliste nur noch zwei Elemente enthält, werden diese verglichen und gegebenenfalls vertauscht. Die sortierte Liste erhält man durch Zusammensetzen der Teillisten von links nach rechts.

Man kann zeigen, dass Selection-Sort und Bubble-Sort einen Zeitbedarf von $O(n^2)$ benötigen, d. h., für eine doppelt so lange Liste wird die vierfache Sortierzeit benötigt. Hingegen erfordert Quicksort eine Laufzeit von $O(n \log n)$, was bei langen Listen deutliche Vorteile bringt.

2.2.2 Greedy-Algorithmen

Greedy-Algorithmen (engl. greedy = gierig) werden häufig für die Lösung von Optimierungsproblemen verwendet. Ein Greedy-Algorithmus konstruiert eine beste Lösung Komponente für Komponente, wobei der Wert einer gesetzten Komponente nie zurückgenommen wird. Die zu setzende Komponente und ihr Wert wird nach einfachen Kriterien bestimmt.

Ein Beispiel für dieses Vorgehen ist der **Algorithmus von Dijkstra** zur Bestimmung kürzester Wege in einem Graphen. Hierbei wird ausgehend von einem Startknoten ein Baum konstruiert, der den kürzesten Weg vom Startknoten zu den Knoten des Baumes beschreibt. Beim Aufbau dieses Baumes wird die Distanz der Baumknoten zu den jeweiligen Nachbarknoten berücksichtigt.

2.2.3 Dynamische Programmierung

In der Bioinformatik wird oft das algorithmische Prinzip des **dynamischen Programmierens** eingesetzt, das mit Greedy-Algorithmen verwandt ist. Hierbei wird die Lösung für ein Problem durch Kombination oder Erweiterung geeigneter Lösungen verwandter Probleme kleinerer Größe gewonnen.

Voraussetzungen

1. Gesucht ist eine Lösung für ein Problem der Größe n. Diese Lösung ist, ebenso wie die Lösungen verwandter Probleme kleinerer Größe, durch eine geeignete Optimalitätsbedingung charakterisiert.
2. Die Lösung für ein Problem einer bestimmten Größe kann durch Erweiterung oder Kombination von geeigneten Lösungen kleinerer Probleme gewonnen werden.
3. Unter all den Möglichkeiten, Lösungen kleinerer Probleme zu erweitern oder zu kombinieren, lassen sich Möglichkeiten erkennen, die nicht auf Lösungen größerer Probleme führen, weil sie die entsprechende Optimalitätsbedingung nicht erfüllen.

Algorithmus dynamische Programmierung

Erzeuge zunächst alle Lösungen für Probleme der Größe 0 (kleinste Problemgröße). Hierauf erzeuge für $k = 1, \ldots, n$ Lösungen für alle Probleme der Größe k. Diese werden durch Erweiterung oder Kombination von Lösungen zu Problemen der Größe $< k$ bestimmt. Lösungen, welche die Optimalitätsbedingung nicht erfüllen, werden verworfen.

2.3 Datenbanksystem

Ein **Datenbanksystem** (DBS) lässt sich wie folgt charakterisieren:

Die zentrale Kontrollinstanz eines DBS ist das Datenbankmanagementsystem (**DBMS**) in Form eines Softwarepaketes, über das Anwendungsprogramme (Applikationen) sowie Benutzer-Dialoge auf eine große Datensammlung, nämlich die Datenbank, zugreifen können. Es ist im Allgemeinen sogar in der Lage, mehrere verschiedene Datenbanken gleichzeitig zu verwalten.

Ein DBMS weist drei Ebenen auf:

- Externe Ebene, z. B. die Sicht eines bestimmten Anwenders
- Konzeptionelle Ebene: logische Gesamtsicht auf die Daten und deren Beziehungen untereinander
- Interne Ebene: physische Datenorganisation, d. h., es wird festgelegt, wie die Daten und deren Beziehungen gespeichert werden und welche Zugriffsmöglichkeiten bestehen

Bei den relationalen Datenbanken werden die Informationen in Form von Relationen (Tabellen) gespeichert. Die Spalten der Tabelle heißen **Attribute**, die Zeilen Tupel. Das **Datenbankschema** legt fest, welche Attribute in einer Tabelle gespeichert werden, und dient somit zur Beschreibung der Struktur der Datenbanktabelle. Jedes Attribut hat einen bestimmten Datentyp, der den Wertebereich festlegt, z. B. **String** (= Text), **Integer** (= Ganzzahl), **Float** (= Gleitkommazahl), **Date** (= Datum), **Time** (= Zeit) oder **Boolean** (= ja/nein, **Checkbox**). Eine minimale Kombination von Attributen, anhand der alle Tupel einer Tabelle eindeutig unterscheidbar sind, heißt **Schlüssel**. Abbildung 2.4 zeigt ein einfaches Beispiel für eine Datenbanktabelle.

Der Industriestandard für relationale Datenbanksprachen ist **SQL** (Structured Query Language). Mittels SQL können Tabellen erzeugt, mit Daten gefüllt sowie Abfragen erstellt werden. Abbildung 2.5 zeigt einfache Beispiele für die Basisoperationen Create, Insert, Delete, Update und Select. Ein **Index** ermöglicht das rasche Wiederauffinden von Information und besteht z. B. aus einer aufsteigend geordneten Liste der Werte eines Attributes mit Verweisen auf den kompletten Eintrag.

Neben einer Fülle von kommerziellen Datenbanksystemen (z. B. Oracle Database, Microsoft SQL Server u.v.a.) gibt es auch frei verfügbare SQL-Datenbanken (z. B. MySQL [MySQL], PostgreSQL [PostgreSQL]).

Die Beziehungen zwischen verschiedenen Datenbanktabellen können im sog. **ER-Modell (Entity-Relationship-Modell)** dargestellt werden (Abb. 2.6). Man unterscheidet bei den Beziehungen zwischen den Tabellen 1:1-Relation, 1:n-Relation und n:m-Relation. 1:1-Relation bzw. 1:n-Relation bedeutet, dass zu einem Eintrag aus der 1. Tabelle höchstens ein Eintrag bzw. mehrere Einträge aus der zweiten Tabelle zugeordnet werden können. Eine n:m-Relation liegt vor, wenn die 1:n-Relation auch in umgekehrter Richtung besteht, z. B. zwischen „Studenten" und „Kursen": Ein Student kann mehrere Kurse belegen, ein Kurs enthält aber auch mehrere Studenten.

Abb. 2.4 Tabelle „Patient" mit den Attributen „Name", „Vorname" und „Geburtsdatum"

Patient	Name	Vorname	Geburtsdatum
	Mustermann	Peter	4.5.1965
	Mustermann	Anna	6.7.1970
	...		

Abb. 2.5 Beispiele für SQL-Kommandos

```
CREATE TABLE patient (
patnr int4,
name varchar(30), vorname varchar(30),
geschlecht char(1), geburtsdatum date, klinik varchar(30)
);
insert into patient (patnr,name,geschlecht) values (2,'Huber','w');
update patient set geburtsdatum='18.4.1950' where patnr=2;
select patnr,name from patient where geschlecht='w' AND patnr > 1;
delete from patient where patnr=2;
```

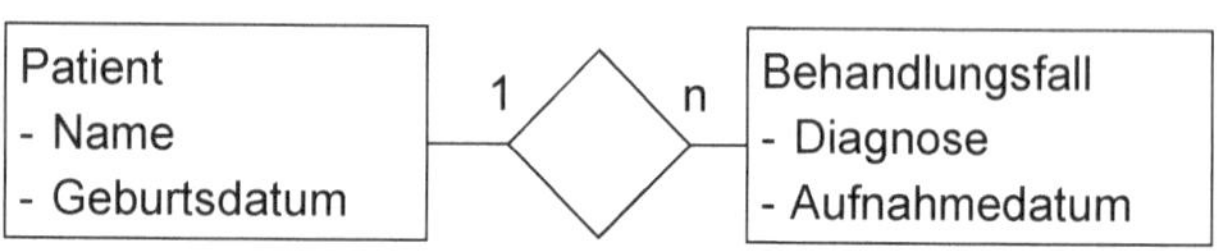

Abb. 2.6 ER-Modell: Die Rechtecke entsprechen Datenbanktabellen, die Raute stellt die Beziehung zwischen den Tabellen dar

2.4 Data Warehouse und Data Mining

Datenbanken in der Medizin sind häufig durch ein hohes Maß an Komplexität gekennzeichnet, sodass eine manuelle Analyse nur mit hohem Aufwand möglich ist. Auswertungsrelevante Daten sind oft auf verschiedene Systeme verteilt. Ein **Data Warehouse** (**DWH**) ist eine zentrale Datenbank, die Daten aus mehreren Quellen zusammenführt und für die Datenanalyse optimiert ist. Auf diese Weise wird eine globalisierte Sicht auf heterogene und verteilte Datenbestände möglich.

Der Datentransfer aus den Datenquellen in das DWH erfolgt dabei als so genannter Extract-Transform-Load (**ETL**)-Prozess (Abb. 2.7). Die Quelldaten werden dazu in der Regel temporär zwischengespeichert (Staging), bereinigt (Data Cleaning) und für das DWH transformiert. ETL-Prozesse können sowohl durch das Datenvolumen als auch durch die Komplexität der Datenstrukturen sowie Transformationsprozesse sehr aufwändig sein. ETL-Prozesse müssen angepasst werden, wenn sich die Datenstruktur der Datenquellen ändert, zum Beispiel bei neuen Softwareversionen (Softwarereleases). Es gibt vielfältige IT-Tools für ETL, darunter auch Open Source Software wie zum Beispiel **Talend** Open Studio [Talend].

Für eine bestimmte Anwendung oder einen bestimmten Organisationsbereich kann der jeweilige Teildatenbestand aus dem DWH kopiert werden. Diesen nennt man **Data Mart**. **OLAP** (Online Analytical Processing)-Systeme können zusammen mit DWHs für komplexe Analysevorhaben (z. B. unternehmensweites Berichtswesen/Reporting) eingesetzt werden, die ein hohes Datenaufkommen verursachen. Hierbei können multidimensionale Analysefragestellungen bearbeitet werden, ohne die Leistungsfähigkeit der Primärsysteme zu beeinträchtigen.

In der Medizin ist es manchmal aus Datenschutzgründen (ärztliche Schweigepflicht) notwendig, dass Patientendaten zwar gemeinsam ausgewertet werden sollen, aber nicht direkt zusammengeführt werden dürfen. In dieser Situation kann man **föderierte**

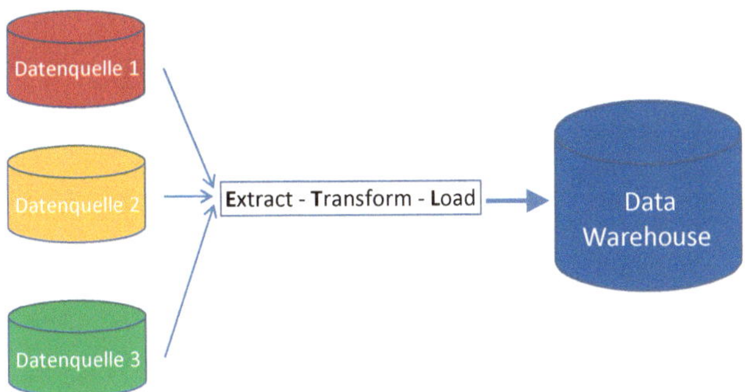

Abb. 2.7 ETL-Prozess: Daten werden aus mehreren Datenquellen extrahiert, transformiert und dann in das DWH geladen

Datenbanksysteme oder föderierte DWHs einsetzen. Es werden in allen Datenquellen die gleichen Abfragen ausgeführt und nur die Ergebnisse dieser Abfragen zusammengeführt. Dies setzt voraus, dass die verschiedenen Datenquellen ausreichend kompatibel sind, um die gleichen Abfragen ausführen zu können. Dies erreicht man durch ein gemeinsames Datenmodell (englisch **Common Data Model**, abgekürzt **CDM**); dies wird auch als **globales Datenbankschema** bezeichnet. **i2b2** [i2b2] ist ein Beispiel für ein DWH mit föderierten Abfragemöglichkeiten in der Medizin. Beispiele für standortübergreifende Datenmodelle in der Medizin sind **OMOP** CDM [OMOP] und **PCORnet** CDM [PCORnet], die in der klinischen Forschung eingesetzt werden.

Data Mining bezeichnet Auswerteverfahren auf große Datenbestände mit dem Ziel, neue Zusammenhänge und Trends zu erkennen. Es geht also um die Extraktion von Wissen, das im statistischen Sinne gültig ist. Typische Aufgaben des Data Mining sind unter anderem:

- **Clustering**: Partitionierung einer Datenbank in Cluster (= Gruppen) von Objekten, sodass Objekte eines Clusters möglichst ähnlich, Objekte verschiedener Cluster möglichst unähnlich sind.
- **Klassifikation**: Ausgehend von Trainingsobjekten, die einer Klasse zugeordnet sind, werden zukünftige Objekte klassifiziert. Im Gegensatz dazu werden durch **Regression** ausgehend von Trainingsdaten Parameter von statistischen Modellen geschätzt.
- **Ausreißererkennung**: Suche nach Datenobjekten, die inkonsistent zu den restlichen Daten sind.
- **Assoziationsregeln**: In einer Datenbank sollen Regeln ermittelt werden, die häufig auftretende und starke Zusammenhänge innerhalb der Transaktionen beschreiben.
- **Zusammenfassung (Aggregation)**: Eine Menge von Daten soll möglichst kompakt beschrieben werden, indem die Attributwerte generalisiert und die Zahl der Datensätze reduziert werden.
- **Evaluation**: Die vom System gefundenen Muster werden geeignet präsentiert und von einem Experten der Anwendung evaluiert. Für die Präsentation wird häufig eine Visualisierung verwendet, weil sie verständlicher ist als eine rein textuelle Ausgabe.

Für die Aufgaben des Data Mining werden u. a. Verfahren des maschinellen Lernens eingesetzt; dabei handelt es sich um Programme, deren Ein-/Ausgabeverhalten sich mit zunehmender Verwendung und „Erfahrung" automatisch verbessert. Die Daten werden zunächst ohne Hintergrundwissen über deren Bedeutung analysiert und müssen daher sorgfältig interpretiert werden. Wichtige Fehlerquellen für Data Mining sind Probleme der Datenqualität (z. B. unvollständige Daten) und systematische Fehler bei der Datenerfassung (nicht repräsentative Daten). Verfahren des Data Mining werden insbesondere bei großen Datensätzen eingesetzt, bezeichnet als **Big Data**. Diese Datenmengen sind gekennzeichnet durch hohes Datenvolumen, Geschwindigkeit der Datengenerierung, Vielfalt der Datentypen und Datenquellen, variable Konsistenz und Qualität der Daten. Im Englischen werden diese Eigenschaften von Big Data bezeichnet als Volume, Velocity, Variety, Variability, Veracity (**5 V**).

2.5 Internet und Rechnernetze

Das **Internet** ist ein globaler Rechnerverbund. Mit dem Internet-Protokoll (IP) wird jedem an das Netz angebundenen Gerät mindestens eine **IP-Adresse** zugewiesen, über die es erreichbar ist. Das Domain Name System (**DNS**) ist ein Verzeichnisdienst, der **Domainnamen** (zum Beispiel www.uni-muenster.de) die entsprechende IP-Adresse (zum Beispiel 128.176.6.250) zuordnet. World Wide Web (**WWW**) und **E-Mail** sind wichtige Services, die durch das Internet bereitgestellt werden. Für den Versand von E-Mails wird das Simple Mail Transfer Protocol (**SMTP**) eingesetzt.

Mit einem **Internet-Browser** (z. B. Mozilla Firefox, Google Chrome oder Internet Explorer) kann man durch das Hypertext Transfer Protocol (**http**, bzw. als verschlüsselte Version **https**) Internet-Seiten abrufen. Diese Seiten werden meist in der Seitenbeschreibungssprache Hyper Text Markup Language (**HTML**) [HTML] übertragen. Über Querverweise (**Internet-Links**) können HTML-Seiten miteinander verknüpft werden. Internet-Seiten können aktive Komponenten enthalten und dynamisch erzeugt werden; dabei findet häufig ein Datenaustausch mit entfernten Servern statt. Dieser Mechanismus kann äußerst vielfältig genutzt werden, z. B. für **Suchmaschinen** im Internet (beispielsweise Google), aber auch für Anfragen an medizinische Literaturdatenbanken. Abbildung 2.8 zeigt zwei einfache Beispiele für HTML-Seiten.

Reine HTML-Seiten bieten nur begrenzte Interaktionsmöglichkeiten. Mittels **JavaScript** [JavaScript] können diese erweitert werden, zum Beispiel durch **AJAX** (Asynchronous JavaScript and XML). In HTML-Seiten können **Java-Applets** integriert werden. Es handelt sich dabei um Java-Programme [Java], die über das Internet auf den lokalen Rechner geladen und dort ausgeführt werden. Alternativ können Java-Programme auch als so genannte **Servlets** auf einem Internet-Server ausgeführt werden.

Neben dem globalen Internet gibt es eine Vielzahl von **Rechnernetzen**, die nur für Mitglieder der jeweiligen Organisationen (zum Beispiel eines Unternehmens) zugänglich sind. Diese Computernetzwerke werden meist durch eine **Firewall** abgesichert, um

```
<html>
<head>
<title>Testseite</title>
</head>
<body>
<h1>Testseite</h1>
Dieser Text ist <b>fett</b>.
</body>
</html>
```

Testseite

Dieser Text ist **fett**.

```
<html>
<body>
<H1>Formular</H1>
<FORM ACTION=formular.cgi> Name
<INPUT NAME="Name"
          TYPE="text" SIZE="3"> <BR>
OP-Status <SELECT NAME="OP-Status">
  <OPTION VALUE="1"> praeoperativ
  <OPTION VALUE="2"> postoperativ
</SELECT>
<BR>
<INPUT TYPE="submit" VALUE="Daten abschicken">
</form>
</body>
</html>
```

Formular

Name

OP-Status praeoperativ ▾

Daten abschicken

Abb. 2.8 Beispiele für HTML-Seiten: eine einfache Textseite sowie ein Formular mit Auswahlliste

einerseits Kommunikation nach außen (zum Beispiel E-Mail) zu ermöglichen und andererseits die Daten und IT-Systeme der jeweiligen Organisation zu schützen. Mit Virtual Private Network (**VPN**) bezeichnet man geschlossene Kommunikationsnetze, die ein bestehendes Netzwerk (insbesondere das Internet) als Transportmedium nutzen. Durch Verschlüsselungsverfahren wird erreicht, dass nur die Mitglieder des VPN die jeweiligen Daten entschlüsseln und verwenden können. Auf diese Weise kann ein Mitarbeiter beispielsweise von zuhause aus über das Internet auf das Firmennetz zugreifen. Man spricht hier auch von einem **VPN-Tunnel**.

2.6 XML und JSON

Das World Wide Web Consortium, die weltweit führende herstellerunabhängige Organisation für die Weiterentwicklung von Internet-Technologie mit mehr als 400 Mitgliedsorganisationen, bezeichnet **XML** (= eXtensible Markup Language) [XML] als das universelle Format für strukturierte Dokumente und Daten im Internet. Abbildung 2.9 zeigt ein Beispiel für ein XML-Dokument aus der Medizininformatik.

```
<?xml version="1.0" encoding="UTF-8" ?>
<patient>
  <patnr>012345</patnr>
  <name>Mustermann</name>
  <vorname>Peter</vorname>
  <geburtsdatum>1.1.1950</geburtsdatum>
  <diagnose>
    <code>I21</code>
    <diagnosetext>Akuter Myokardinfarkt</diagnosetext>
  </diagnose>
</patient>
```

Abb. 2.9 Patientendaten im XML-Format

XML ist wie HTML eine so genannte Markup Language, kann aber im Unterschied zu HTML praktisch beliebig erweitert werden. Mit einer XML Schema Definition (**XSD**) kann die Struktur eines XML-Dokuments beschrieben werden. Es kann automatisiert geprüft werden, ob ein XML-Dokument dieser Definition entspricht und damit wohlgeformt ist. XML eignet sich besonders für die von verschiedenen Rechnertypen (= Plattformen) unabhängige Beschreibung von komplexen, hierarchischen Strukturen und wird aus diesem Grund auch für die Beschreibung von medizinischen Datenmodellen eingesetzt.

Über **Webservices** können Programme über Internet-Protokolle direkt miteinander kommunizieren (**Maschine-zu-Maschine-Kommunikation**). Es handelt sich also bei Webservices um eine spezielle Form von Programmierschnittstellen (englisch Application Programming Interface, abgekürzt **API**). Es gibt hierfür verschiedene Programmierparadigma, beispielsweise **REST** (Representational State Transfer) oder **SOAP** (Simple Object Access Protocol). Als Dateiformate werden bei Webservices **XML** (extensible Markup Language) und **JSON** (JavaScript Object Notation) [JSON] eingesetzt. Abbildung 2.10 zeigt ein Beispiel für eine Datei im JSON-Format.

```
"patient":
{
  "patnr": "012345",
  "name": "Mustermann",
  "vorname": "Peter",
  "geburtsdatum": "1.1.1950",
  "diagnose": {,
    "code": "I21",
    "diagnosetext": "Akuter Myokardinfarkt"
  }
}
```

Abb. 2.10 Patientendaten der vorigen Abbildung im JSON-Format

2.7 Compilerbau

Ein Compiler im engeren Sinne ist ein Übersetzer für höhere Programmiersprachen. Nach Analyse eines Quelltextes (z. B. ein Java-Programm) wird eine Zwischendarstellung erzeugt, aus der der jeweilige rechnerspezifische **Maschinencode** generiert wird. In diesem Kontext werden Verfahren zur automatisierten Analyse hierarchisch strukturierter Dokumente eingesetzt; diese Methoden sind in der Informatik von allgemeiner Bedeutung, z. B. für Systeme wie Web-Browser.

Die **Syntaxanalyse** eines Dokuments umfasst die **lexikalische Analyse** (sog. **Scanner**), bei der Schlüsselwörter und Operatoren erkannt werden, und die **Strukturanalyse** (sog. **Parser**), bei der der hierarchische Aufbau erfasst wird. Bei der **semantischen Analyse** wird z. B. geprüft, ob die verwendeten Typen korrekt verwendet werden (z. B. ob einer numerischen Variable ein Text zugewiesen wird).

2.8 Formale Sprachen

Formale Sprachen sind teilweise für Menschen etwas schwer verständlich, bieten aber den großen Vorteil, dass sie einer automatisierten Bearbeitung zugänglich sind. Unter einem **Alphabet** versteht man in der Informatik eine endliche Menge von Symbolen, z. B. A = {a,b,c}. Mit A* bezeichnet man die Menge aller Wörter, die mit dem Alphabet A gebildet werden können, wobei auch das leere Wort (geschrieben als **ε**) enthalten ist.

Mit einer **Grammatik** kann man formale Sprachen beschreiben. Diese besteht aus einer Menge von Terminalsymbolen (Tokens), Non-Terminalsymbolen (Variablen), einem Startsymbol und einer Menge von Ableitungsregeln. Alle Wörter aus Terminalsymbolen, die unter Anwendung der Ableitungsregeln aus dem Startsymbol gebildet werden können, umfassen die durch die Grammatik beschriebene Sprache.

Ableitungsregeln können in der sog. **BNF-Notation** (Backus-Naur-Form) dargestellt werden (Abb. 2.11).

Anhand der zulässigen Ableitungsregeln unterscheidet man verschiedene Klassen von Grammatiken. Bei kontextfreien Grammatiken befindet sich auf der linken Seite der Ableitungsregel immer genau eine Variable und kein Token. Bei kontextsensitiven Grammatiken gilt diese Einschränkung nicht.

Ein sog. **endlicher Automat** besteht aus einer Menge von Zuständen, einem Eingangsalphabet, einer Übergangsrelation, einem Startzustand und einer Menge von Endzuständen.

```
<ausdruck> ::= <zahl> | (<ausdruck>) | <ausdruck> [+|-|*|/] <ausdruck>
<zahl> ::= <bziffer> {ziffer}* | 0
<bziffer> ::= 1|2|3|4|5|6|7|8|9
<ziffer> ::= <bziffer> | 0
```

Abb. 2.11 Beispiel: BNF-Notation für arithmetische Ausdrücke

Die von diesem Automaten erkannte Sprache bezeichnet alle Wörter, die den Startzustand durch die Übergangsrelation in einen der Endzustände überführen. Als reguläre Sprachen bezeichnet man genau diejenigen Sprachen, die von endlichen Automaten akzeptiert werden. Eine derartige reguläre Sprache kann man auch durch einen **regulären Ausdruck** beschreiben.

Von den regulären Ausdrücken abgeleitet sind **Wildcards** (z. B. *,?) und **Boolesche Operatoren** (z. B. AND, OR, NOT), die für Suchfunktionen in Datenbanken verwendet werden: Der Ausdruck „M?ier" steht für alle Begriffe, die mit „M" beginnen und mit „ier" enden, das Symbol „?" steht für einen beliebigen Buchstaben; der Ausdruck „17 AND 23" liefert als Ergebnis diejenigen Einträge, bei denen die Zahlen 17 und 23 in Kombination auftreten.

2.9 Programmiersprachen

Es gibt eine Fülle von Programmiersprachen, mit denen Algorithmen implementiert werden können. Man unterscheidet hierbei interpretierende Sprachen wie z. B. Perl, bei denen zur Laufzeit der Programmquelltext interpretiert wird, und compilierende Sprachen wie z. B. C++, bei denen Maschinencode vor dem Start des Programms erzeugt wird und daher die Ausführungsgeschwindigkeit höher ist. Bei **Java** [Java] wird aus dem Programmtext ein sog. Bytecode erzeugt, der zur Laufzeit in Maschinencode umgewandelt wird.

In der traditionellen Programmierung wird zwischen Code und Daten unterschieden. Unter Code versteht man Funktionen und Prozeduren, die auf den Daten arbeiten. In der **objektorientierten Programmierung** (OOP) – z. B. bei Java – werden Code und Daten zu Objekten integriert. Dabei ist das „Innenleben" des Objektes für den Programmierer unbekannt (sog. Black Box). Klassen sind Prototypen von Objekten. Eine Klasse definiert, wie Objekte, die zu dieser Klasse gehören, sich verhalten sollen. Ein **Objekt** ist eine konkrete Instanz einer Klasse. Der Zugriff auf Objekte geschieht über Methoden. Die objektorientierte Programmierung wurde u.a. entwickelt, um der menschlichen Art des Denkens bei der Entwicklung von Programmen näher zu kommen. So wird eine komplexe Aufgabe in viele kleinere Teilaufgaben zerlegt. Komplexe Systeme werden dadurch deutlich überschaubarer.

2.10 Software Engineering

Bereits 1965 wurde der Begriff „Software-Krise" geprägt: Durch leistungsfähigere Hardware waren kompliziertere Programme möglich, die jedoch unsystematisch erstellt wurden. Dies führte aufgrund der Komplexität der Softwaresysteme zu unüberschaubaren, fehlerhaften Programmen. Software Engineering ist das technische und planerische Vorgehen zur systematischen Herstellung und Pflege von Software, die zeitgerecht und unter Einhaltung der geschätzten Kosten entwickelt bzw. modifiziert wird.

Das **Wasserfallmodell** ist ein lineares, nicht iteratives Vorgehensmodell in der Softwareentwicklung. Es besteht aus den Schritten Ermittlung der Anforderungen (englisch **Requirement Management**) an die Software (als Lastenheft bzw. Pflichtenheft), Software-Entwurf, Implementation, Testen und Wartung der Software. Die Bezeichnung Wasserfall kommt daher, dass diese Phasen oft grafisch als Kaskade dargestellt werden. Das Wasserfallmodell kann dann gut angewendet werden, wenn die genauen Anforderungen an eine Software vorab für die Planung genau festgelegt werden können. In der Medizin ist dies leider häufig nicht ohne weiteres möglich, weshalb modernere Vorgehensmodelle eingesetzt werden. Es ist beim Requirement Management wesentlich, die Anforderungen zu priorisieren und nach dem Grad der Verbindlichkeit zwischen Muss-, Soll- und Kann-Anforderungen zu unterscheiden.

Eine Weiterentwicklung des Wasserfallmodells ist das **V-Modell** (Abb. 2.12), bei dem Entwicklungsphasen der Software und entsprechende Phasen der Qualitätssicherung definiert sind. Am Anfang werden die Anforderungen an das IT-System (sowohl funktionale wie nicht-funktionale Anforderungen) ermittelt und daraus eine System-Architektur und ein System-Entwurf abgeleitet. Dies wird umgesetzt in eine Software-Architektur und als Software-Entwurf implementiert. Implementierung als **Open Source** bedeutet, dass der Quellcode öffentlich zugänglich ist, was Vorteile bietet im Hinblick auf die Erweiterbarkeit und die Überprüfbarkeit des Quellcodes. Im rechten, nach oben führenden Ast werden die Testphasen dargestellt, die den jeweiligen Phasen auf der linken Seite entsprechen: Zunächst ein Test der einzelnen Softwarekomponenten (**Unit-Tests**) und dann gemeinsame Tests von mehreren Komponenten (**Integrations-Tests**). Beim V-Modell sind Iterationen möglich: Wenn sich in den Unit-Tests Fehler zeigen, kann bei Bedarf auch die

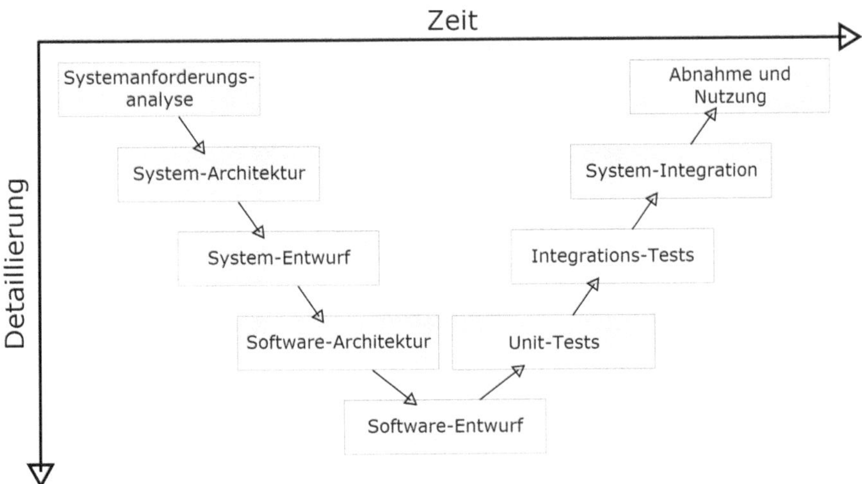

Abb. 2.12 V-Modell: Phasen der Softwareentwicklung von der Anforderungsanalyse über Software-Entwurf und Tests bis zur Nutzung der Software.
Quelle: Michael Pätzold, https://de.wikipedia.org/wiki/V-Modell

Software-Architektur nachgebessert werden. Treten in einer späteren Phase Probleme auf, kann in der korrespondierenden Phase der linken Seite nachjustiert werden, wobei dann die Folgeschritte erneut durchlaufen werden müssen. Sobald das IT-System integriert und abgenommen ist, kann es genutzt werden.

Noch mehr Flexibilität als das V-Modell bietet die **agile Softwareentwicklung**. Es handelt sich hierbei um iterative Verfahren der Softwareentwicklung, die versuchen, den bürokratischen Aufwand der Softwareentwicklung zu reduzieren („flexibler und schlanker") und zugleich qualitativ hochwertige IT-Systeme zu ermöglichen. Ein typisches Beispiel für agile Softwareentwicklung ist **Scrum**. Die Grundüberlegung besteht hierbei darin, dass ein wesentlicher Teil der Anforderungen eines IT-Systems zu Beginn nicht klar sind und daher Zwischenergebnisse geschaffen werden, die es ermöglichen, die genauen Anforderungen zu klären. Ein Entwicklungszyklus von zwei bis vier Wochen, der Zwischenergebnisse in Form von Produktfunktionalitäten produziert, wird bei Scrum als **Sprint** bezeichnet. Die Liste der Anforderungen, die kontinuierlich verfeinert wird, heißt **Backlog**. Die Einträge im Backlog legt der **Product Owner** fest. Die Anforderungen an die Software können sich bei Scrum somit während der Entwicklung ändern, insbesondere im Rahmen eines sogenannten **Sprint Review** am Ende eines Sprints. Dies ermöglicht eine deutlich größere Flexibilität als beispielsweise beim Wasserfallmodell. Scrum wird meist in kleinen Teams von 3 bis 9 Personen durchgeführt, die sich täglich kurz treffen zum Informationsaustausch (**Daily Scrum**) und die von einem **Scrum Master** geleitet werden. Die bereits geleistete und noch verbleibende Arbeit kann in einem sogenannten **Burn-Down-Chart** (Abb 2.13) visualisiert werden.

Die fertige und veröffentlichte Version einer Software wird als **Release** bezeichnet. Unterschiedliche Versionen einer Software werden üblicherweise mit **Versionsnummern** gekennzeichnet (Abb. 2.14). Eine Versionsnummer setzt sich typischerweise zusammen

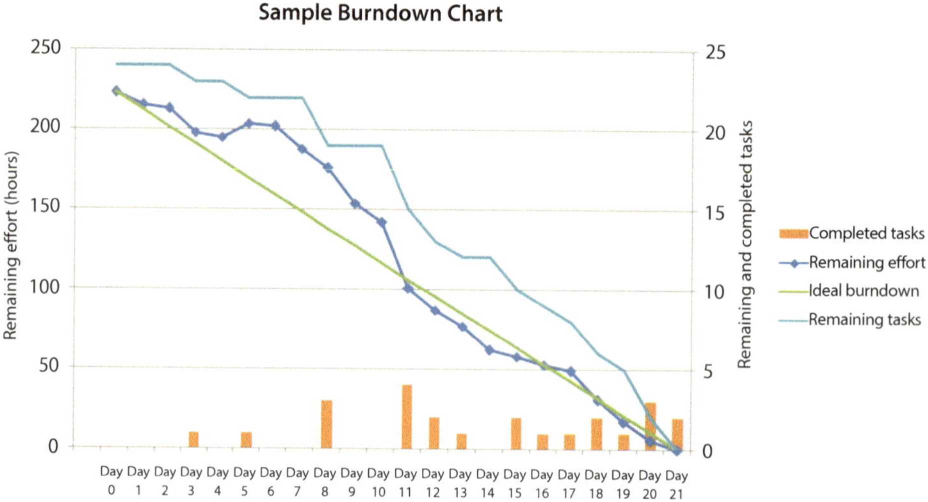

Abb. 2.13 Beispiel für Burn-Down-Chart bei Softwarentwicklung mit Scrum. Quelle: https://de.wikipedia.org/wiki/Burn-Down-Chart

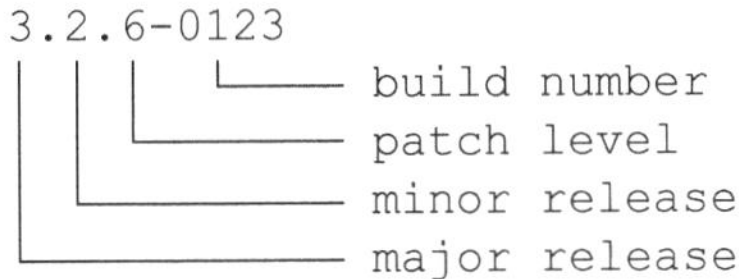

Abb 2.14 Beispiel für Versionsnummer einer Software

aus der Hauptversionsnummer (englisch: major release; große Änderung am Programm), der Nebenversionsnummer (englisch: minor release, kleine Erweiterung des Programms), der Revisionsnummer (englisch: patch level, Version zur Fehlerbehebung) und Buildnummer (englisch: build number, Einzelschritt der Entwicklungsarbeit).

2.11 Aufbau eines Computers und Betriebssysteme

Personalcomputer (**PC**s) haben einen modularen Aufbau. Das Mainboard enthält den Prozessor (englisch central processing unit, abgekürzt **CPU**), der Befehle in Maschinensprache ausführt. Die dafür erforderlichen Daten werden über den Datenbus transportiert. Die Geschwindigkeit der Befehlsausführung hängt von der Taktrate des Prozessors und der Geschwindigkeit des Datenbusses ab. Zur Beschleunigung wird typischerweise ein schneller Zwischenspeicher, der sog. Cache, eingesetzt. Allgemeine Systemeinstellungen, die vor allem beim Startvorgang des Rechners wichtig sind, werden in einem nichtflüchtigen Speicher abgelegt, der **BIOS** (Basic Input/Output System) bezeichnet wird. Beim Speicher unterscheidet man den schnellen **RAM**-Speicher (Random-Access-Memory), der gelöscht wird, sobald der Strom abgeschaltet wird, und den deutlich langsameren, nichtflüchtigen Speicher, meist als Festplatte. Peripheriegeräte werden über Schnittstellen (englisch Interfaces) angesprochen, zum Beispiel USB-Schnittstelle für Scanner und Drucker. Zu den weiteren Komponenten eines PCs gehören Grafikkarte mit Monitor, Soundkarte, Netzwerkkarte und Eingabegeräte wie Maus und Tastatur.

Tabletcomputer (Tablet-PC oder kurz Tablet) sind tragbare flache Computer mit einem Touchscreen. Anstelle einer mechanischen Tastatur gibt es eine Bildschirmtastatur. Die Programme auf Tablets werden **Apps** (von englisch Applications) genannt. Eine Verbindung zum Internet kann über **WLAN** (Wireless Local Area Network) oder über Mobilfunk (zum Beispiel LTE-Netz) erfolgen. Als Massenspeicher werden bei Tablets anstelle von Festplatten Flash-Speicher oder Solid-State-Drives (SSD) eingesetzt. Stromsparende CPUs und Displays, effizientes Betriebssystem und leistungsfähiger Akku sind bei Tablets von besonderer Bedeutung, um geringes Gewicht zu erreichen. Der Übergang von Tablets zu **Smartphones**, also Mobiltelefonen mit Computerfunktionalität, ist fließend, weil eine Reihe von Tablets mit SIM-Karten (Subscriber Identity Module, eine Chipkarte zur Nutzeridentifikation im Mobilfunknetz) ausgestattet werden können.

Nach DIN 44300 versteht man unter einem **Betriebssystem** „die Programme eines digitalen Rechensystems, die zusammen mit den Eigenschaften dieser Rechenanlage die Basis der möglichen Betriebsarten des digitalen Rechensystems bilden und die insbesondere die Abwicklung von Programmen steuern und überwachen". Man unterscheidet Betriebssysteme nach folgenden Kriterien:

- Single-Tasking: Ein einziges Programm läuft zu einem bestimmten Zeitpunkt.
- Multi-Tasking: Mehrere Programme werden gleichzeitig bearbeitet.
- Single-User: Der Computer steht nur einem einzigen Benutzer zur Verfügung.
- Multi-User: Mehrere Benutzer teilen sich die Computerleistung.
- Single-Processor: Das Betriebssystem unterstützt nur einen Prozessor.
- Multi-Processor: Mehrere Prozessoren werden gleichzeitig eingesetzt.

Der Betriebssystem-Kern, der Basisdienste für alle anderen Teile des Betriebssystems erbringt und mit der Hardware interagiert, heißt **Kernel**. Die sog. Betriebssystem-Shell dient zur Interaktion mit dem Benutzer. Aufgaben, die vom Betriebssystem übernommen werden, sind z. B. Dateiorganisation und -verwaltung, Speicherverwaltung, Sicherheitsfunktionen, Prozessverwaltung und Kommunikation. Beispiele für Betriebssysteme sind Linux [Linux], Android [Android], iOS [iOS], MacOS und Microsoft Windows [Microsoft Windows].

2.12 Mustererkennung und maschinelles Lernen

Informatik-Verfahren werden in der Medizin häufig eingesetzt, um bestimmte Muster in größeren Datenmengen zu erkennen, zum Beispiel in der Bildverarbeitung oder Bioinformatik. Die Herausforderung besteht oft darin, das Muster von Störsignalen oder Rauschen möglichst zuverlässig abzugrenzen. Für diese Fragestellung gibt es eine sehr große Anzahl von verschiedenen Algorithmen, hier wird auf Sekundärliteratur verwiesen. Beim maschinellen Lernen kann man überwachtes Lernen (englisch **Supervised Learning**) und unüberwachtes Lernen (englisch **Unsupervised Learning**) unterscheiden. Supervised Learning bedeutet, dass der Algorithmus eine Funktion aus gegebenen Paaren von Ein- und Ausgaben lernt; die korrekten Ausgaben sind also vorgegeben. Beim Unsupervised Learning wird aus den Eingaben ein Modell erzeugt, das die Eingaben beschreibt und Vorhersagen machen kann.

2.12.1 Neuronale Netze

Neuronale Netze versuchen, die Fähigkeiten von biologischen Nervensystemen durch Nachbildung der biologischen Neuronenstrukturen nachzuahmen. Sie können eingesetzt werden für Klassifikations-, Vorhersage-, Interpolations- und Regelungsprobleme, wobei auch nichtlineare Zusammenhänge modelliert werden.

Ein **künstliches Neuron** erhält ein oder mehrere Eingangssignale, die von außen oder von der Ausgabe anderer Neuronen stammen. Jedem Eingang ist ein bestimmtes Gewicht zugeordnet. Die Differenz aus der gewichteten Summe der Eingangssignale und dem für jedes Neuron vorgegebenen **Schwellenwert** wird als Aktivierungssignal bzw. postsynaptisches Potenzial (**PSP**) bezeichnet. Wenn das PSP größer als Null ist, wird das Neuron aktiviert und aus dem PSP wird über eine sog. **Aktivierungsfunktion** (= Transferfunktion) das Ausgangssignal des Neurons ermittelt. Für die Transferfunktion wird häufig eine **Sigmoid-Funktion** eingesetzt; diese bildet einen beliebigen Wert auf das Intervall $]0;1[$ ab und hat einen S-förmigen Verlauf. Bei **Feedforward-Netzen** (Abb. 2.15) fließen Signale von der Eingabeschicht (**Input Layer**) über eine oder mehrere Zwischenschichten (**Hidden Layers**) zur Ausgabeschicht (**Output-Layer**).

Bevor ein neuronales Netz für Vorhersage- oder Steuerungsprobleme eingesetzt werden kann, müssen seine Parameter (Schwellenwerte und Gewichte) an die jeweilige Aufgabe angepasst werden. Dies wird als **Training** oder Lernphase bezeichnet. Beim **Supervised Learning** wird eine Menge von Konfigurationen (= **Trainingsmenge**) verwendet, die aus Eingabesignalen und den dazugehörigen richtigen Ausgangssignalen besteht. Durch einen Trainingsalgorithmus werden die Gewichte und Schwellenwerte der Neurone schrittweise angepasst. Häufig eingesetzt wird das **Backpropagation**-Verfahren, ein Spezialfall eines allgemeinen Gradientenverfahrens in der Optimierung, basierend auf dem mittleren quadratischen Fehler.

Neuronale Netze werden unter anderem im Rahmen des **Deep Learning** verwendet. Es handelt sich hierbei um Verfahren des **Machine Learning**, die auf dem maschinellen Lernen von Repräsentationen von Daten basieren. Neuronale Netze werden zum Beispiel erfolgreich für die Bilderkennung oder für die Übersetzung von Texten eingesetzt.

Generalisierbarkeit bedeutet, dass korrekte Vorhersagen nicht nur für die Trainingsmenge, sondern auch für eine davon unabhängige Testmenge von Fällen möglich ist. Unter **Over-Fitting** versteht man, dass das Modell zwar gute Ergebnisse bei der Trainingsmenge,

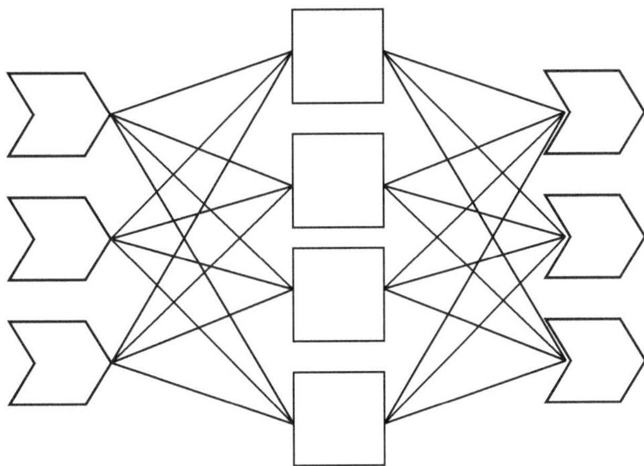

Abb. 2.15 Neuronales Feedforward-Netz mit drei Eingabeneuronen (links), Hidden Layer und drei Ausgabeneuronen (rechts)

nicht jedoch in der unabhängigen Testmenge liefert. Over-Fitting tritt typischerweise auf, wenn die Anzahl der Trainingsfälle im Verhältnis zum Vorhersagemodell zu klein ist. Als „Fluch der Dimensionalität" (englisch **Curse of Dimensionality**) bezeichnet man das Phänomen, dass bei nichtlinearen Zusammenhängen auch bei kleiner Anzahl von Variablen sehr viele Trainingsfälle benötigt werden.

Zur Verminderung von Over-Fitting wird die Technik der **Cross-Validierung** eingesetzt: Die vorhandenen Fälle werden aufgeteilt in k gleich große Teilmengen. k−1 dieser Teilmengen bilden die Trainingsmenge, die restliche Teilmenge dient als Testmenge. Das Rechenverfahren wird mit der Trainingsmenge trainiert und anschließend der Fehler in der Testmenge bestimmt. Dieses Verfahren wird k-mal wiederholt (k-fache Cross-Validierung).

2.12.2 Hidden-Markov-Modelle

Hidden-Markov-Modelle werden für die Mustererkennung bei medizinischen Daten eingesetzt. Eine Markov-Kette ist ein stochastischer Prozess, der aus Zuständen und Übergängen zwischen diesen (Transitionen) besteht. Für jede Transition s_x => s_y gibt es eine konstante Übergangswahrscheinlichkeit. Die Folge der auftretenden Zustände der Markov-Kette wird als Zustandsfolge bezeichnet. Die Übergangswahrscheinlichkeiten können in Form einer Matrix dargestellt werden (Abb 2.16).

Ein Hidden-Markov-Modell (**HMM**) ist eine Erweiterung der Markov-Kette, bei der die Zustandsfolge durch einen zweiten stochastischen Prozess in eine Folge von Beobachtungen übergeht. Die Zustandsfolge der Markov-Kette wird hierbei als „hidden state"-Sequenz bezeichnet (Abb. 2.17). Ein anschauliches Beispiel dazu: Man kann ohne Blick auf eine Ampel – nur durch die Beobachtung der Autos – mit einer bestimmten Wahrscheinlichkeit auf die Ampelschaltung schließen. Die „hidden state"-Sequenz ist in diesem Fall die Abfolge der Rot/Grün-Phasen der Ampel, die beobachtete Sequenz ist das Fahren bzw. Stehenbleiben der Fahrzeuge.

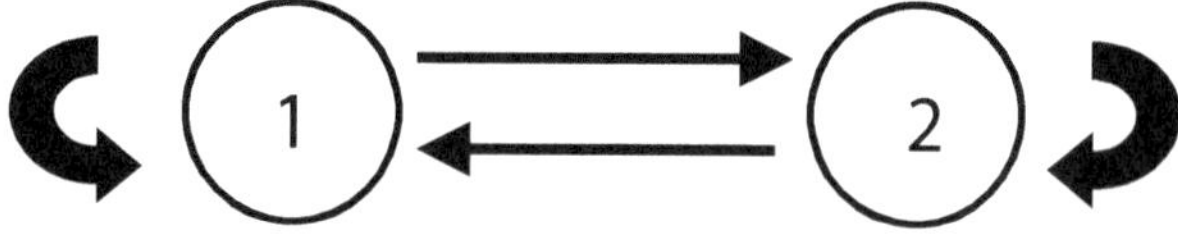

Abb. 2.16 Markov-Kette mit zwei Zuständen, Tabelle der Übergangswahrscheinlichkeiten sowie eine mögliche Zustandsfolge

p(Übergang) von / nach	1	2
1	0,2	0,8
2	0,8	0,2

Zustandsfolge: 1 2 1 2 2 1

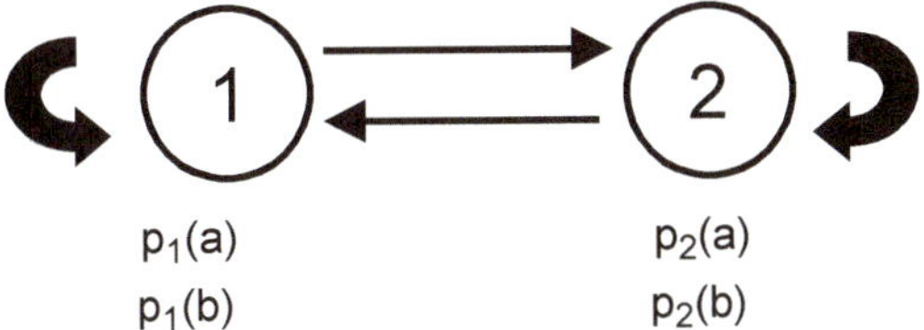

Abb. 2.17 Hidden-Markov-Modell mit zwei Zuständen, einem Beispiel für eine „hidden state"-Sequenz und einer möglichen beobachteten Sequenz

Hidden-Markov-Modelle können zur Erkennung von Sequenzmustern in der Bioinformatik aber auch für die Spracherkennung eingesetzt werden. Mit einem Trainingsset von bekannten Mustern werden die Parameter des HMM optimiert, anschließend kann das HMM zur Erkennung dieser Muster (Klassifikation) eingesetzt werden.

2.12.3 Hauptkomponentenanalyse

Im Rahmen der Mustererkennung können Verfahren der **Dimensionsreduktion** eingesetzt werden, um hochdimensionale Daten besser darstellen und analysieren zu können. Ein in der Medizin häufig eingesetztes Verfahren zur Dimensionsreduktion ist

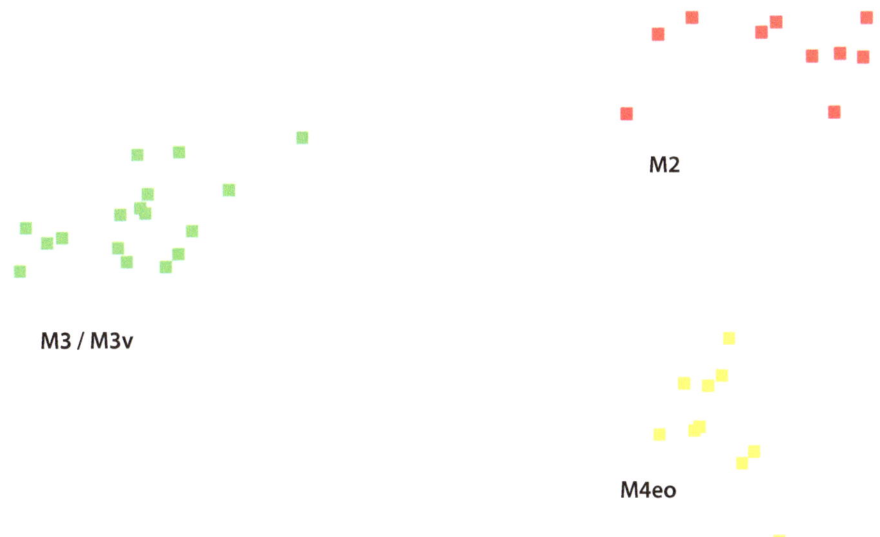

Abb. 2.18 Hauptkomponentenanalyse (PCA) von Genexpressionsdaten. Jeder Punkt entspricht einem Microarray-Experiment mit mehr als 10.000 Meßwerten. Es ist ersichtlich, dass mindestens drei Gruppen von Experimenten vorliegen, die in diesem Beispiel unterschiedlichen Leukämie-Formen entsprechen

die **Hauptkomponentenanalyse** (englisch Principal Components Analysis, abgekürzt **PCA**). Bei der PCA werden aus den hochdimensionalen Datenvektoren Hauptkomponenten ermittelt, die einen möglichst großen Anteil der Varianz der ursprünglichen Vektoren enthalten. Die folgende Abbildung zeigt wie durch PCA Genexpressionsmessungen dargestellt werden können, bei denen je Experiment mehr als 10.000 Meßpunkte erhoben werden (Abb. 2.18).

2.12.4 Clusteranalyse

Verschiedene Arten von Clusteranalysen können eingesetzt werden, um ähnliche Muster in großen Datenbeständen zu erkennen. Das Ziel einer Clusteranalyse ist es, neue Gruppen in den Daten zu identifizieren. Ein häufig genutztes Verfahren ist das **hierarchische**

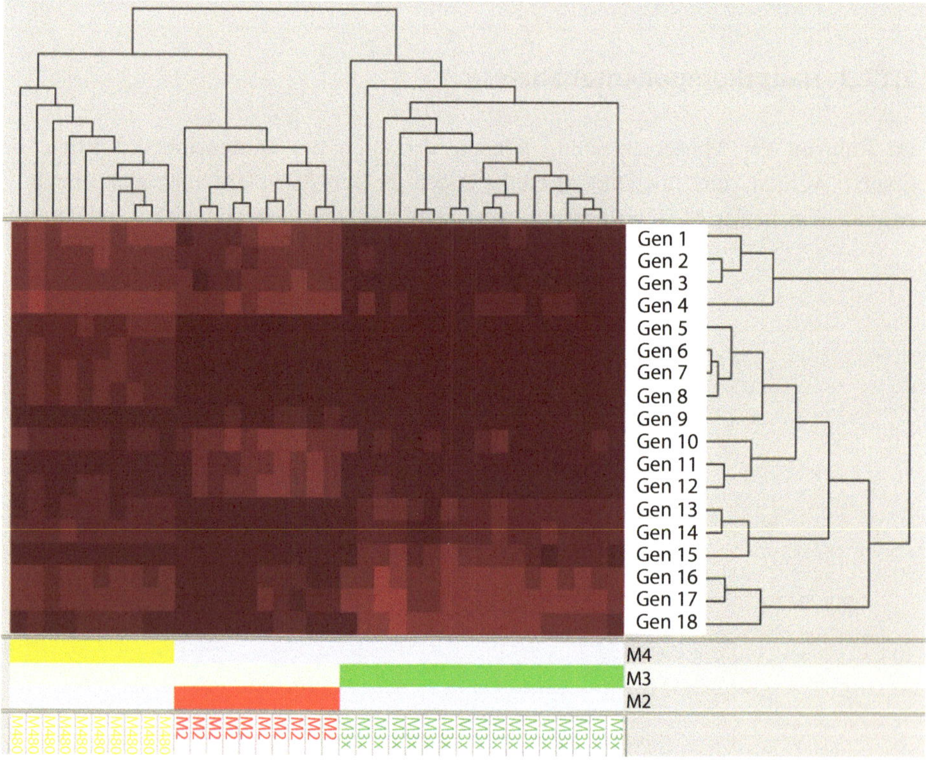

Abb. 2.19 Hierarchisches Clustering von Genexpressionsdaten: Auf der rechten Seite ist eine Liste von Genidentifikatoren angegeben. Die Farbintensitäten in jeder Zeile entsprechen den Expressionswerten des jeweiligen Gens (hellrot = maximale Expression). Jede Spalte entspricht einem Experiment. Die Dendrogramme visualisieren koregulierte Gene bzw. ähnliche Genexpressionsmuster der Experimente

Clustering. Zur Visualisierung der bei einem hierarchischen Clustering entstehenden Baumstruktur kann ein **Dendrogramm** genutzt werden. Das Dendrogramm ist ein Baum, der die hierarchische Zerlegung der Datenmenge in immer kleinere Teilmengen darstellt. Hierarchisches Clustering kann zum Beispiel eingesetzt werden, um Genexpressionsdaten zu analysieren. Dabei werden sowohl die Experimente als auch die Gene nach Ähnlichkeit geordnet und man kann Gruppen von ähnlichen Experimenten als auch von ähnlichen Genen identifizieren (Abb. 2.19). Diese Darstellungsform wird auch **Heatmap** genannt. Bei der Interpretation dieser Heatmaps ist zu beachten, dass die Anzahl der Messwerte je Individuum typischerweise deutlich größer ist als die Anzahl der Individuen und dass somit auch rein zufällige Assoziationen zwischen den Expressionswerten auftreten. Die Sicherheit von Aussagen basierend auf diesen Analysen sollte daher mit speziellen statistischen Verfahren (insbesondere **Permutationstest**; Bestimmung der False Discovery Rate, abgekürzt **FDR**) geprüft werden.

Literatur

[Android] Android, http://www.android.com/. Zugegriffen am 16.12.2016

[Breiman] Breiman L, Friedman J, Stone C, Olshen R (1984) Classification and Regression Trees. Chapman & Hall. ISBN 0412048418

[HTML] Hyper Text Markup Language, https://www.w3.org/html/. Zugegriffen am 16.12.2016

[i2b2] i2b2, https://www.i2b2.org/. Zugegriffen am 16.12.2016

[iOS] iOS, http://www.apple.com/de/ios/. Zugegriffen am 16.12.2016

[Java] Java, http://java.com/. Zugegriffen am 16.12.2016

[JavaScript] JavaScript, http://javascript.com/. Zugegriffen am 16.12.2016

[JSON] JSON, http://www.json.org/. Zugegriffen am 16.12.2016

[Linux] Linux, http://www.linux.org/. Zugegriffen am 16.12.2016

[Microsoft Windows] Microsoft Windows, http://www.microsoft.com/

[MySQL] MySQL Datenbank, http://www.mysql.com/. Zugegriffen am 16.12.2016

[OMOP] OMOP CDM, http://omop.org/CDM. Zugegriffen am 16.12.2016

[PCORnet] PCORnet CDM, http://www.pcornet.org/pcornet-common-data-model/. Zugegriffen am 16.12.2016

[PostgreSQL] PostgreSQL Datenbank, http://www.postgresql.org/. Zugegriffen am 16.12.2016

[Talend] Talend Open Studio, https://sourceforge.net/projects/talend-studio/. Zugegriffen am 16.12.2016

[XML] XML, http://www.w3c.org/XML/. Zugegriffen am 16.12.2016

3 Medizininformatik

Zusammenfassung

Das Aufgabenfeld der Medizininformatik (MI) umfasst praktisch alle Bereiche der Informationsverarbeitung in der Medizin und ist entsprechend vielfältig. Klassische Themen der MI sind medizinische Klassifikationssysteme, Krankenhausinformationssysteme und medizinische Bildverarbeitung. Die Medizin ist eine empirische Wissenschaft, daher spielt Erfahrungswissen eine besondere Rolle, das in der weltweiten medizinischen Literatur verfügbar ist. Da typischerweise mit personenbezogenen Daten gearbeitet wird, sind die Anforderungen des Datenschutzes zu beachten.

3.1 Medizinische Dokumentation und Informationsmanagement

Medizinische Dokumentation befasst sich mit dem Erfassen, Speichern, Ordnen und Wiedergewinnen von medizinischen Informationen und ist sowohl für die Krankenversorgung in Form der Krankengeschichte als auch für die Medizin als Wissenschaft notwendig. Das medizinische Dokument ist nach rechtlichen Aspekten eine Urkunde und dient dazu, **Informationen** und Wissen berechtigten Personen möglichst vollständig, zum richtigen Zeitpunkt, am richtigen Ort und in der richtigen Form zur Verfügung zu stellen.

Informationsmanagement ist eine **ärztliche Aufgabe**, die etwa 2–3 Stunden pro Arbeitstag, also mehr als ein Viertel der ärztlichen Arbeitszeit umfasst [Ammenwerth]. Der relative Anteil der administrativen Dokumentation liegt bei etwa 20–25 %; der Großteil von mindestens 75 % des Zeitaufwands entsteht somit für klinisches Informationsmanagement.

Das folgende **Fallbeispiel** zeigt die schwerwiegenden Konsequenzen, die sich aus Mängeln im Informationsmanagement ergeben können: Abb. 3.1 zeigt radiologische Befunde einer zervikalen Spinalkanalstenose. Ein Patient mit diesem Krankheitsbild wurde wenige Monate, nachdem in einer Klinik diese Diagnose gestellt wurde, im selben

M. Dugas, *Medizininformatik*,
DOI 10.1007/978-3-662-53328-4_3

Krankenhaus wegen eines Traumas an der unteren Extremität operiert. Aufgrund von Mängeln im Informationsmanagement (nicht verfügbare Dokumentation) war dem Anästhesisten diese Vorerkrankung nicht bekannt. Der Patient erlitt eine hohe Querschnittslähmung nach Intubation.

Es handelt sich um ein besonders schwerwiegendes Beispiel für eine Komplikation, die mit adäquatem Informationsmanagement möglicherweise vermeidbar gewesen wäre. Dies macht deutlich, dass dieses Thema klinisch hochrelevant ist. Weder das Sammeln noch das Ordnen von Dokumenten oder Informationen ist für sich allein genommen schon Dokumentation; es muss auch ein gezieltes Wiederfinden und Nutzbarmachen ermöglicht werden.

Die Verpflichtung zur medizinischen Dokumentation ergibt sich aus dem **Behandlungsvertrag** zwischen dem Patienten und dem Träger der Versorgungseinrichtung. Bei einem Rechtsstreit besteht teilweise eine **Umkehr der Beweislast**: Der Arzt muss nachweisen, dass er den Patienten über die Risiken eines Eingriffs korrekt aufgeklärt hat. Wenn der Patient aufgrund von unvollständiger Dokumentation einen Renten- oder Versicherungsanspruch verliert, dann kann er Schadensersatz einklagen. Es gibt eine Reihe von Vorschriften, die genaue Aufzeichnungen erfordern, z. B. Röntgenverordnung, Strahlenschutzverordnung, Transfusionsgesetz, Infektionsschutzgesetz, Medizinproduktegesetz (MPG), Berufsordnung für Ärzte, Bundespflegesatzverordnung (BPflV), Krankenhausstatistikverordnung (KHStatV) etc. Es sind daher für die Patientenversorgung klare Regelungen zu treffen, wer für welche Dokumentation verantwortlich ist, wie diese aufbewahrt wird und wer diese einsehen kann. Die **Aufbewahrungsfristen** für Dokumentation sind unterschiedlich gesetzlich geregelt. Aus Beweissicherungsgründen empfiehlt sich unter

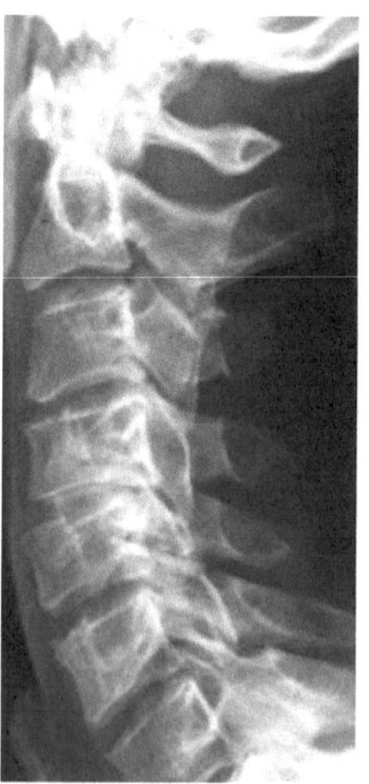

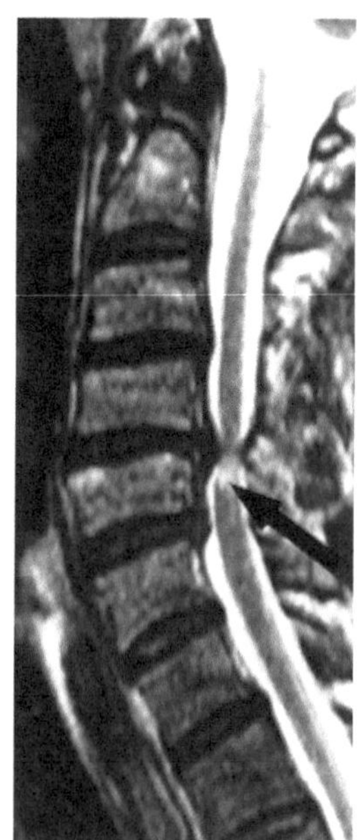

Abb. 3.1 Patient mit zervikaler Spinalkanalstenose. Quelle: Deutsches Ärzteblatt 2008; 105(20):368

Berücksichtigung der Verjährungsfristen des Bürgerlichen Gesetzbuches grundsätzlich eine Aufbewahrungsfrist von 30 Jahren.

Wesentliche **Ziele** von **medizinischer Dokumentation** und **Informationsmanagement** sind: Darstellung des Krankheitsverlaufs als Grundlage der Behandlung, Kontinuität und Qualität der Behandlung, Kommunikation, Patientensicherheit, medico-legale Zwecke, Nachweis der Leistungserbringung, Wirtschaftlichkeit/Abrechnung sowie wissenschaftliche Zwecke. Dokumentation sollte effizient gestaltet werden und eine Wiederverwendung der Primärdaten für unterschiedliche Dokumentationsaufgaben ermöglichen. Dokumentation ist daher nicht nur eine Verwaltungstätigkeit, sie dient auch der **Unterstützung der Patientenversorgung**, an der in der Regel viele Ärzte und Pflegekräfte beteiligt sind. Organisation und Kommunikation werden durch systematische Dokumentation unterstützt. Die berechtigten Personen sollten auf relevante Informationen zeitnah am richtigen Ort zugreifen können. Eine **multiple Verwendbarkeit** von Patientendaten für die verschiedenen Aufgabenbereiche ist anzustreben (Klinikarzt, Hausarzt, Abrechnung, Qualitätsmanagement, Wissenschaft etc.).

Es gibt eine große Vielfalt medizinischer Dokumente, wie z. B. Anamnesebogen, Laboranforderung, Befundbericht, OP-Bericht, Arztbrief. Diese treten in großen Mengen auf: Je Universitätsklinikum entstehen beispielsweise mehrere Millionen Dokumente pro Jahr. Aus diesem Grund ist eine Rahmenkonzeption für das Informationsmanagement sinnvoll. Abhängig vom Anwendungskontext und von den Zielen werden unterschiedliche Arten der Dokumentation eingesetzt, zum Beispiel die Dokumentation in der Routineversorgung oder im Forschungskontext.

Die **Basisdokumentation** stellt einen einheitlichen, strukturierten Datenbestand aller Leistungserbringer im Gesundheitswesen dar, der für patientenbezogene und patientenübergreifende Aufgaben genutzt werden kann. Diese Dokumentation ist Grundlage für die Übermittlung von Leistungsdaten an die Krankenkassen, für das Management eines Krankenhauses sowie amtliche Statistiken. In Deutschland müssen Diagnosecodes (ICD-10) übermittelt werden, im stationären Bereich zusätzlich codierte medizinische Prozeduren (OPS-301), Verweildauer und Entlassungsart.

Die **Fachdokumentation** ist spezifisch für bestimmte klinische Fächer – zum Beispiel enthalten Arztbriefe in der Psychiatrie andere Inhalte als in der Kardiologie oder in der Orthopädie, weil andere Krankheitsbilder behandelt werden. Fachdokumentation ist oft durch einen hohen Anteil an **Freitext** (**unstrukturierte Dokumentation** Abb. 3.2) gekennzeichnet. Fachdokumentation kann auch multimediale Elemente, zum Beispiel Befundbilder enthalten.

Spezialdokumentationen sind spezifisch für einzelne Diagnosen und deren Therapien. Sie haben einen hohen Anteil an **strukturierter Dokumentation** (Abb. 3.2) und werden insbesondere für die Qualitätssicherung (zum Beispiel Kniegelenk-Totalendoprothese) und im Rahmen von klinischen Studien eingesetzt.

Wichtige Vorteile elektronischer Dokumentation sind **Verfügbarkeit, Lesbarkeit, Flexibilität, Wiederverwendbarkeit** und **Auswertbarkeit** von Patientendaten. Lesbare Akten sind wichtig für die **Patientensicherheit**, um beispielsweise Verwechslungen bei

Arztbrief

- **Therapie:** 1. Intravenöse Hochdosis-Cortison-Therapie, Alphaliponsäure, intravenöse Therapie mit Pentoxyphillin 2. Bei Therapieresistenz: innenohraktive, intravenöse Therapie mit Novocain und Dextran

- **Anamnese:** Am xx.yy.zzzz stellte sich die Patientin notfallmäßig in unserer Poliklinik vor. Bei der Vorstellung klagte die Pat heblich beeinträchtigende akute Hörminderung links sowie über e Die Hörminderung links und die erhebliche vestibuläre
- Symptomatik seien akut aufgetreten. Anamnestische Hinweise auf eine Ursache der akuten Innenohrproblematik (wie z.B. Lärmexposition, ototoxische Medikamente, Pressen oder eine Virusinfektion) lagen nicht vor.

Freitext

- **Befund:** Bei der hno-ärztlichen Untersuchung zeigten sich beide Trommelfell reizlos und intakt. Auch die übrigen hno-ärztlichen Spiegelbefunde waren unauffällig. Bei der tonaudiometrischen Untersuchung fand sich eine mittel- bis hochgradige Innenohrschwerhörigkeit links ...

[modifiziert nach HNO-Musterarztbrief, Universität Tübingen]

OP-Bericht

Strukturierte Daten

en-Mitte
/Knappschaft gGmbH
Klin.k für Chirurgie und Zentrum
Chefarzt Priv.-Doz. I

Zeit-/Datumsfelder

Patientenname: Galle, Erna		OPERATIONSBERICHT			
Station: C 1		Datum: 27.11.2001		Abteilung: Chirurgie	Zeichen: ba
Aufnahme-Nr.: 289972		OP-Beginn: 11.35 Uhr	OP-Ende: 12.20 Uhr	Anästhesie: ITN	
Operateur: Dr. Geschickt	1. Assistent: Fr. Dr. H	2. Assistent:		Instrumenteur: Rabiata	
Diagnose: Symptomatische C				ICD-10: K80.20	
Operation: Laparoskopische Cholezystektomie				ICPM: 5-511.11	

Kodierte Daten

Abb. 3.2 Freitext (unstrukturierte Dokumentation) am Beispiel eines Arztbriefes und ein OP-Bericht mit strukturierter Dokumentation

Medikamentennamen oder Dosierungen zu vermeiden. Eine umfassende elektronische Dokumentation ermöglicht IT-Systeme für klinische Entscheidungsunterstützung (englisch Clinical Decision Support, abgekürzt **CDS**), die ebenfalls zur Patientensicherheit beitragen können. Eine computerbasierte Dokumentation ist ein wichtiger Qualitätsfaktor, der kostenintensiv ist, aber die Effizienz der Dokumentation erhöhen kann. Ein hoher **Strukturierungsgrad** (viele strukturierte Merkmale) unterstützt die **Wiederverwendbarkeit** und **Auswertbarkeit** der Patientendaten, ist aber häufig relativ aufwändig und **unflexibel in der Dateneingabe**: Studienformulare sind hochstrukturiert und gut auswertbar, aber auf eine oder wenige Krankheiten limitiert. Umgekehrt gilt für unstrukturierte Dokumente mit hohem Freitextanteil, wie zum Beispiel Arztbriefe: sie sind flexibel einsetzbar, häufig für eine Fülle von Krankheitsbildern geeignet, aber nur eingeschränkt auswertbar.

Die Art der Strukturierung und die richtige Balance aus strukturierter und unstrukturierter Dokumentation (Freitext) sind wesentliche Erfolgsfaktoren für das Informationsmanagement. Hierbei ist zu berücksichtigen, dass die Ersteller und die Nutzer von Dokumentation oft unterschiedliche Anforderungen haben. Die Herausforderung besteht darin, den Aufwand der Dokumentation zu minimieren und zugleich den Nutzen zu maximieren.

Unkontrollierte Redundanz, das heißt die Mehrfacheingabe derselben Daten, sollte vermieden werden, weil sie den Eingabeaufwand erhöht und die Auswertung von Patientendaten durch Inkonsistenzen erschwert: Welches der redundanten Datenelemente soll in die Analyse einbezogen werden? Wie ist bei abweichenden Daten vorzugehen? Geplante, **kontrollierte Redundanz** kann sinnvoll sein, um bei kritischen Informationen die Korrektheit der Daten durch doppelte Erfassung und automatischen Vergleich dieser Eingaben zu unterstützen.

Bei gleichzeitiger Nutzung elektronischer und papierbasierter Dokumentation sind klare organisatorische Vorgaben erforderlich, um Dokumentations- und Behandlungsfehler durch **Medienbrüche** zu vermeiden. Diese können beispielsweise auftreten, wenn die Medikation der Patienten zum Teil auf Papier und zum Teil elektronisch erfasst wird. Dann sind weder die elektronischen noch die papierbasierten Unterlagen vollständig und es besteht die Gefahr, dass das Behandlungsteam mit unvollständigen oder inkonsistenten Informationen arbeitet, die zu Fehlern führen können.

Durch **mobile Dokumentation** (Abb. 3.3), beispielsweise mit Tablet-Computersystemen, wird es zunehmend möglich, dass Patientendaten direkt am Krankenbett erfasst werden können. Dadurch ist eine bessere Integration der Dokumentationsabläufe in den klinischen Behandlungsablauf möglich, weil die benötigten Daten direkt am Point of Care zur Verfügung stehen. Mit mobilen Systemen ist es auch möglich, dass Patienten ihre Symptome und anamnestische Angaben selbst dokumentieren. Diese **Selbstdokumentation durch den Patienten** hat mehrere positive Aspekte: Der Patient wird aktiver in seine Behandlung einbezogen, die Datenqualität zu Symptomen und Anamnese wird verbessert und das medizinische Personal wird bei Dokumentationsaufgaben entlastet.

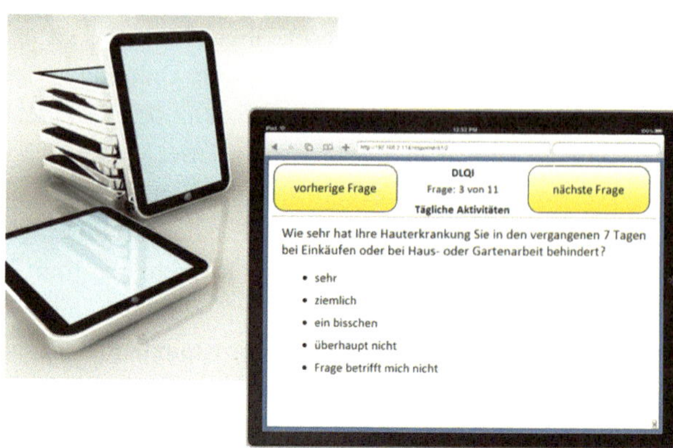

Abb. 3.3 Beispiel für mobile Dokumentation: Selbstdokumenation von Symptomen durch den Patienten auf einem Tablet-Computer

Effiziente Dokumentation sollte korrekt, schnell, zeitnah, lesbar, übersichtlich und auswertbar sein. Die Dokumentation in der Patientenversorgung sollte möglichst **nicht-redundant** und **multi-funktional** sein. Wenn Patientendaten bereits im Rahmen der Patientenversorgung **primär strukturiert** erfasst werden (zum Beispiel unter Verwendung von Maßnahmenkatalogen oder Checklisten), dann können IT-Systeme sowohl patientenbezogene Übersichten erstellen (zum Beispiel zeitlicher Verlauf eines Laborwerts) als auch **Sekundärdaten** für Abrechnung, Qualitätssicherung, gesetzliche Dokumentation und Forschung ableiten (Abb. 3.4). Strukturierte Dokumentation ist jedoch deutlich unflexibler als

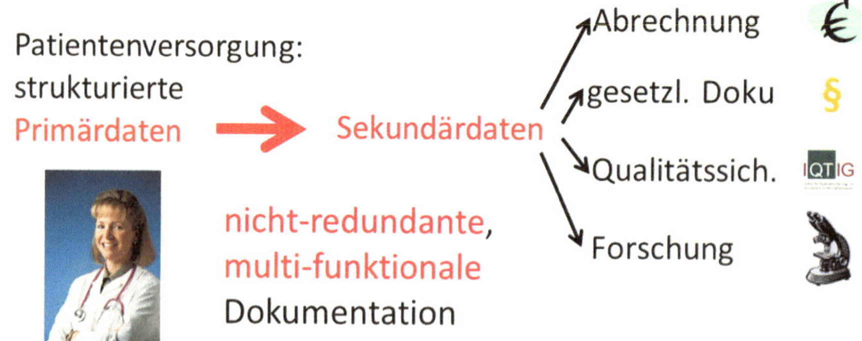

Abb. 3.4 Wege zur effizienten Dokumentation: Ableitung von Sekundärdaten aus strukturierten Primärdaten, um nicht-redundante, multi-funktionale Dokumentation zu erreichen

unstrukturierte Verfahren. Die Herausforderung besteht daher darin, die richtige, fachspezifische **Balance aus strukturierter und unstrukturierter Dokumentation** zu finden, um möglichst effiziente Dokumentationsabläufe zu erreichen. Durch **konditionale Datenelemente** kann man die Übersichtlichkeit bei strukturierten Dokumenten verbessern: Diese Datenelemente werden nur angezeigt, wenn sie für den jeweiligen Patienten relevant sind, zum Beispiel kann das Item „Schwangerschaft" nur für Frauen dargestellt werden.

3.1.1 Deutsches Institut für Medizinische Dokumentation und Information

Das Deutsche Institut für Medizinische Dokumentation und Information (**DIMDI**) [DIMDI] ist eine Behörde des Bundesministeriums für Gesundheit (**BMG**) und hat die Aufgabe, Informationen aus dem gesamten Gebiet des Gesundheitswesens und der Medizin einfach und schnell zugänglich zu machen. Außerdem ist das DIMDI Herausgeber der deutschsprachigen Fassungen amtlicher Klassifikationen und Nomenklaturen (zum Beispiel ICD-10, MeSH, OPS-301), die in den Lebenswissenschaften angewandt werden, und ist darüber hinaus zuständig für Informationssysteme zu Arzneimitteln, für Medizinprodukte und gesundheitsökonomische Informationen.

3.1.2 Dokumentation bei klinischen Studien

Im Rahmen von klinischen Studien werden neue diagnostische oder therapeutische Maßnahmen geprüft und bewertet. Hierbei sind die ethischen Grundsätze der **Deklaration von Helsinki** des Weltärztebundes einzuhalten. Im Rahmen der Planung einer Studie wird zunächst die **Feasibility** analysiert: gibt es eine ausreichende Anzahl von geeigneten Patienten, die den Einschlusskriterien der Studie entsprechen? Erfüllen die vorgesehenen Standorte (**Prüfzentren**) die Voraussetzungen für die Durchführung der Studie? Der **Sponsor** ist für die Organisation und Finanzierung einer klinischen Studie zuständig und trägt die Verantwortung. In der Regel übernimmt ein pharmazeutisches Unternehmen oder eine Forschungseinrichtung die Rolles des Sponsors. Ein verantwortlicher Arzt wird im Rahmen der Studie als **Prüfer** bezeichnet und muss dafür eine spezielle Zusatzqualifikation erwerben. Die Leitung der Studie übernimmt der Leiter der Klinischen Prüfung (**LKP**).

Für die Qualität der Dokumentation bestehen bei klinischen Studien besonders hohe Anforderungen. Diese sind festgelegt in der „Guideline for **Good Clinical Practice**" (**GCP**) [GCP], die auf internationalen Vereinbarungen der Regulierungsbehörden und der Pharmazeutischen Industrie beruht. Ein wichtiges Grundprinzip des **Datenmanagements** in klinischen Studien besteht darin, dass alle Vorgänge nachvollziehbar sind (wer hat wann welchen Wert eingegeben oder geändert?), insbesondere nachträgliche Datenkorrekturen. Weitere relevante Bestimmungen finden sich auch im Arzneimittelgesetz

(AMG) und Medizinproduktegesetz (MPG). Man unterscheidet vier Phasen bei klinischen Studien:

- Phase I: Erprobung an wenigen gesunden Probanden
- Phase II: Erste Erprobung an Patienten
- Phase III: Nachweis der Wirksamkeit bzw. Überlegenheit einer Therapie
- Phase IV: Anwendungsbeobachtungen an einer großen Zahl von Patienten zur Beurteilung der Wirksamkeit, Verträglichkeit und Sicherheit

Bei einer **prospektiven** Studie wird – im Gegensatz zu einer **retrospektiven** Untersuchung – das Patientenkollektiv festgelegt, bevor die Beobachtung beginnt. Das genaue Vorgehen bei der Studie – von der Fragestellung, über Ein-/Ausschlusskriterien bis hin zur Auswertung – wird im **Studienprotokoll** (**Prüfplan**, englisch **Study Protocol**) festgelegt, das von einer **Ethikkommission** bewertet wird. Für die Aussagefähigkeit klinischer Studien gibt es drei wichtige Anforderungen:

- **Beobachtungsgleichheit**: standardisierte Untersuchungs-, Behandlungs- und Dokumentationsmethoden
- **Strukturgleichheit**: Übereinstimmung der zu vergleichenden Patientengruppen in ihren Merkmalen bis auf das Gruppierungskriterium; dies wird erreicht durch **Randomisierung**, d. h. zufällige Zuteilung von Patienten zu den verschiedenen Gruppen.
- **Repräsentativität**: Vergleichbarkeit der untersuchten Patienten mit den Personen, auf die die Ergebnisse übertragen werden sollen.

Die **Studiendaten** werden auf speziellen Formularen, den Case Report Forms (**CRF**s), dokumentiert. Bei elektronischer Erfassung dieser Daten spricht man von **eCRF** (für electronic CRF, Abb. 3.5). Die Software zur Datenerfassung der CRFs bezeichnet man als System für **Electronic Data Capture** (**EDC**). EDC-Systeme für klinische Studien müssen eine Reihe von Vorgaben der Zulassungsbehörden erfüllen (zum Beispiel FDA **CFR title 21 part 11**), insbesondere müssen sie **validiert** sein, über einen **Audit Trail** (chronologische Aufzeichnung von allen Eingaben und Änderungen von Daten) und ein Berechtigungssystem verfügen sowie elektronische Unterschriften ermöglichen. Durch diese Anforderungen wird dem GCP-Prinzip der **Nachvollziehbarkeit** der Studiendaten Rechnung getragen. Die Dokumentation bei klinischen Studien ist außerordentlich umfangreich und beträgt durchschnittlich etwa 180 (!) Seiten pro Patient und Studie. Medizinisch-inhaltlich gibt es viele Gemeinsamkeiten mit der Routinedokumentation, CRFs sind aber typischerweise viel strukturierter und detaillierter als Formulare der Patientenversorgung.

Die Dokumentation eines **unerwünschten Ereignisses** (**UE**, englisch **Adverse Event**, abgekürzt **AE**) und insbesondere eines schweren unerwünschten Ereignisses (**SUE**, englisch **Serious Adverse Event**, abgekürzt **SAE**, beispielsweise ein lebensbedrohendes Ereignis) in klinischen Studien ist sehr aufwändig. Tritt ein SUE auf, muss der Prüfer unverzüglich den Sponsor der Studie benachrichtigen. Wird eine kausaler Zusammenhang zwischen der

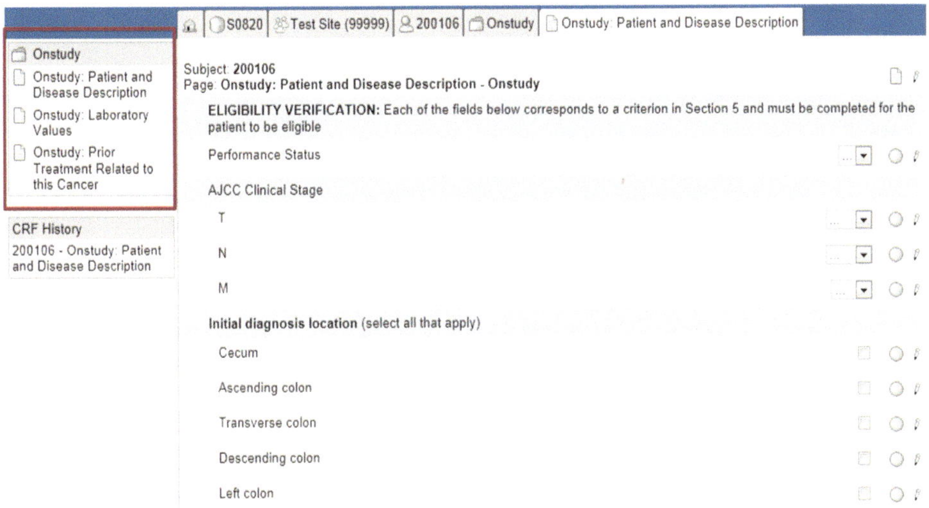

Abb. 3.5 eCRF: Beispiel für ein elektronisches Datenerfassungsformular in einer klinischen Studie zum Kolonkarzinom

Therapie und einem SAE vermutet, dann spricht man von einer **Serious Adverse Reaction** (**SAR**). Unerwartete SARs werden als **SUSAR** (Suspected Unexpected Serious Adverse Reaction) bezeichnet und müssen unverzüglich an die Aufsichtsbehörden gemeldet werden. Unerwünschte Ereignisse werden eingeteilt nach den **Common Toxicity Criteria** (**CTC**).

Die **Datenqualität** wird im Rahmen des **Monitoring** geprüft. Wichtige Aspekte der Datenqualität sind **Vollständigkeit** (notwendige Daten liegen für jeden Patienten vor), **Vollzähligkeit** (alle vorgesehenen Patienten sind erfasst), **Plausibilität, Reliabilität** (Zuverlässigkeit, Replizierbarkeit) und **Validität** (Gültigkeit) der erhobenen Daten. Bei Unklarheiten bezüglich der Daten erfolgen Rückfragen (**Data Queries**) an den zuständigen Studienarzt. Fehler bei der Datenerfassung im Computer müssen vermieden werden, ggf. ist eine doppelte Dateneingabe erforderlich. Das genaue Vorgehen bei der Studie ist durch **Standard Operating Procedures** (**SOP**s) festgelegt. Im Rahmen des **Auditing** wird geprüft, ob die Vorgaben des Studienprotokolls eingehalten wurden. Eine Kontrolle durch die Aufsichtsbehörden wird als **Inspektion** bezeichnet. Alle Studienunterlagen werden im **Trial-Master-File** archiviert. Generell müssen bei klinischen Studien die erhobenen Forschungsdaten archiviert werden.

Aufgrund der hohen regulatorischen Vorgaben bei AMG- und MPG-Studien ist die Dokumentation für die Patientenversorgung und diese Studien derzeit weitgehend getrennt, man spricht von **Dual-Source**-Systemen. Dies ist aus Informatik-Sicht sehr fragwürdig, weil es sich um Daten desselben Patienten handelt und selbstverständlich auch in der Routineversorgung hohe Qualitätsanforderungen an die Dokumentationsabläufe zu stellen sind. Bei Dual-Source-Systemen müssen inhaltlich ähnliche Daten doppelt erfasst werden und es muss mit hohem Aufwand im Rahmen des Monitoring kontrolliert werden,

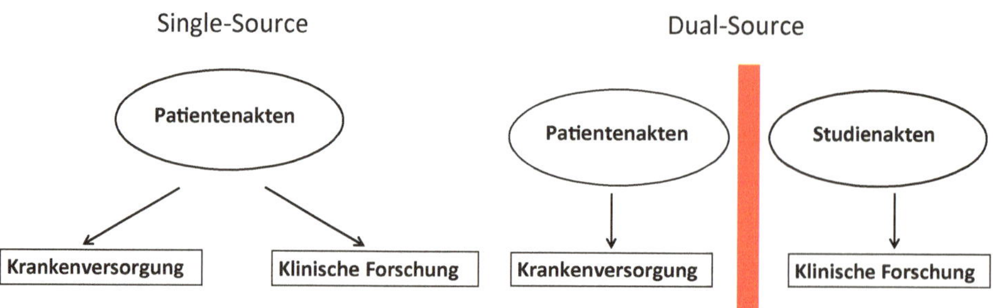

Abb. 3.6 Beim Single-Source-Ansatz sind die Patientenakten Grundlage für Krankenversorgung und Forschung, beim Dual-Source-Ansatz werden getrennte Systeme eingesetzt

ob die Angaben in der Routinedokumentation mit der Studiendokumentation übereinstimmen. Bei integrierter Dokumentation für Klinik und Forschung spricht man von **Single-Source**-Systemen (Abb. 3.6). Diese setzen allerdings voraus, dass die Datenstrukturen für Studien und Routineversorgung weitgehend übereinstimmen, was derzeit in vielen Studien (noch?) nicht gegeben ist. Durch die fortschreitende Digitalisierung im Gesundheitswesen ist davon auszugehen, dass der Single-Source-Ansatz mittel- und langfristig an Bedeutung gewinnen wird.

Bei der Analyse von Studiendaten werden eine Vielfalt von statistischen Verfahren eingesetzt; hier wird auf Sekundärliteratur verwiesen. Wichtige Verfahren sind beispielsweise **t-Test**, **U-Test**, **chi²-Test**, Varianzanalyse (**ANOVA**), **Log-rank-Test** sowie verschiedene Arten von **Regression** (logistisch, multipel, Cox-Regression). Häufig eingesetzte Softwarepakete sind **SAS** [SAS], **SPSS** [SPSS] und **R** [R]. Zur Schätzung von Parametern v. a. bei kleinen Datensätzen, deren Verteilungseigenschaften nicht bekannt sind, werden u. a. **Bootstrap**-Verfahren eingesetzt, bei denen wiederholt ermittelte Stichproben der Daten ausgewertet werden.

3.1.3 Metadaten und Medizinische Datenmodelle

Mit **Metadaten** bezeichnet man „Daten über Daten", zum Beispiel die Beschreibung von Dokumentationsformularen in einem IT-System. Man kann **deskriptive Metadaten**, zum Beispiel den Autor eines Formulars, und **strukturelle Metadaten** unterscheiden, beispielsweise eine Liste von Eingabefeldern oder auswählbaren Diagnosecodes.

Die Datenstrukturen sollten präzise beschrieben werden, damit für alle Anwender des IT-Systems klar ist, welche Daten erfasst werden müssen und was diese medizinisch-inhaltlich bedeuten. Dies ist insbesondere bei der Auswertung von medizinischen Datenbanken von Bedeutung, um zu klären, welche Daten gemeinsam ausgewertet werden können.

ISO 11179 [ISO11179] definiert ein **Datenelement** wie folgt: „a unit of data for which the definition, identification, representation and permissible values are specified by means of a set of attributes". Für jedes Datenelement sollte also beschrieben werden, worum es sich medizinisch-inhaltlich handelt – man spricht hier vom **Konzept** – und welcher **Wertebereich** zulässig ist. Ein Beispiel: für ein Datenelement „Größe“ sollte angegeben werden, daß es sich um die Körpergröße (medizinisches Konzept) des Patienten handelt, dass diese in der **Einheit** cm gemessen wird und der zulässige Wertebereich 0 bis 250 beträgt. „Größe“ als Bezeichnung eines Datenelements ist zu ungenau, weil es verschiedene Arten von Größen gibt (Abb. 3.7).

Aus diesem Grund sollten in einem medizinischen Datenmodell **semantische Annotationen** (auch terminology bindings genannt) eingefügt werden, um die jeweiligen medizinischen Konzepte möglichst klar zu benennen. Für diese semantischen Annotationen können Codes aus medizinischen Terminologien und Klassifikationen eingesetzt werden. Im vorherigen Beispiel könnte man das Datenelement Größe mit einem semantischen Code für Körpergröße (z. B. UMLS concept code C0005890) annotieren und dadurch spezifizieren.

Damit Patientendaten in computerbasierten Informationssystemen verarbeitet werden können, müssen diese Daten modelliert werden: Es müssen geeignete Datenstrukturen entwickelt werden, in denen die Daten gespeichert und verarbeitet werden können. Aufgrund der Komplexität der Medizin besteht eine extrem große **Vielfalt von Datenmodellen**: Es gibt weltweit über 200.000 registrierte klinische Studien; in Europa gibt es über 800 verschiedene Softwareprodukte für klinische Informationssysteme, die an jedem

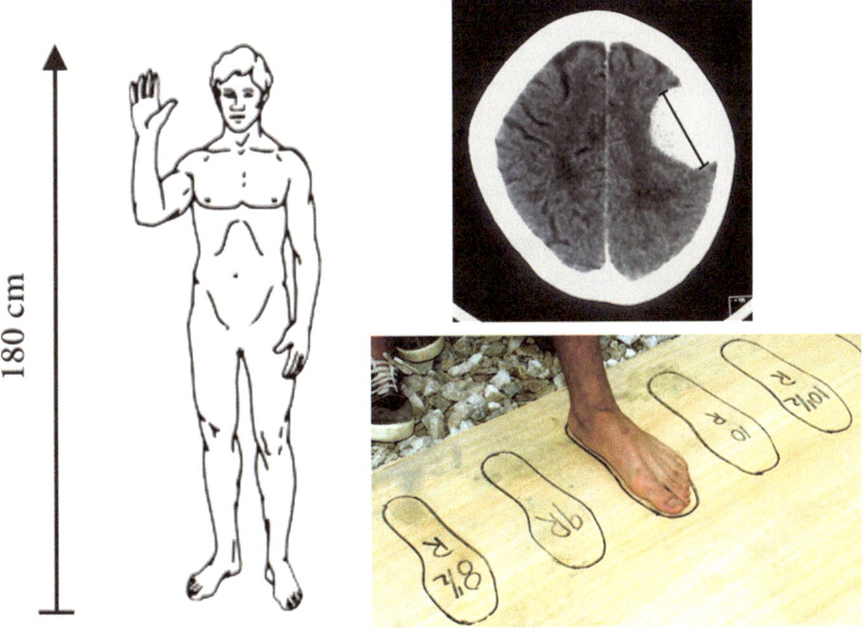

Abb. 3.7 Mehrdeutigkeit von Bezeichnungen für Datenelemente: „Größe“ kann sich je nach Kontext zum Beispiel auf Körpergröße, Tumorgröße oder Schuhgröße beziehen. Quelle: https://commons.wikimedia.org

Klinikum individuell parametriert werden. Für jede klinische Studie bzw. jedes Informationssystem kann von einer Größenordnung von **mindestens 100 unterschiedlichen Dokumentationsformularen** (in klinischen Arbeitsplatzsystemen oft mehr als 1000) ausgegangen werden. Ein Gedankenexperiment hierzu: Wieviele Dokumentationsformulare mit 40 Datenelementen gibt es theoretisch? In SNOMED CT gibt es über 300.000 unterschiedliche medizinische Konzepte, somit gibt es mindestens 300.000 verschiedene Datenelemente. Die Anzahl der Kombinationen von 40 Datenelementen aus 300.000 möglichen Datenelementen beträgt 1,5E171 – eine riesige Anzahl, die deutlich größer ist als die geschätzte Zahl der Atome im Universum (~1E80). Was bedeutet dies konkret? Es gibt eine **astronomische Anzahl von medizinischen Datenmodellen**. Wenn daher Datenmodelle – auch zur selben Erkrankung – von medizinischen Experten unabhängig voneinander entwickelt werden, ist die Wahrscheinlichkeit, dass die Datenmodelle übereinstimmen praktisch gleich Null. Eine Übereinstimmung von Datenmodellen in wesentlichen Teilen ist aber notwendig, um **kompatible Daten** zu erhalten. Ein Austausch von Datenmodellen („**Open Metadata**") [Open Metadata] ist daher notwendig, um gemeinsam auswertbare Daten in der Medizin zu erreichen, die für viele Fragestellungen (z. B. Qualitätssicherung, medizinische Forschung) benötigt werden.

Datenstandards für bestimmte Erkrankungen oder medizinische Themengebiete werden häufig als **Common Data Elements** (**CDE**s) bezeichnet. Der Einsatz von CDEs in Studiendatenbanken oder klinischen Informationssystemen fördert die Entstehung von

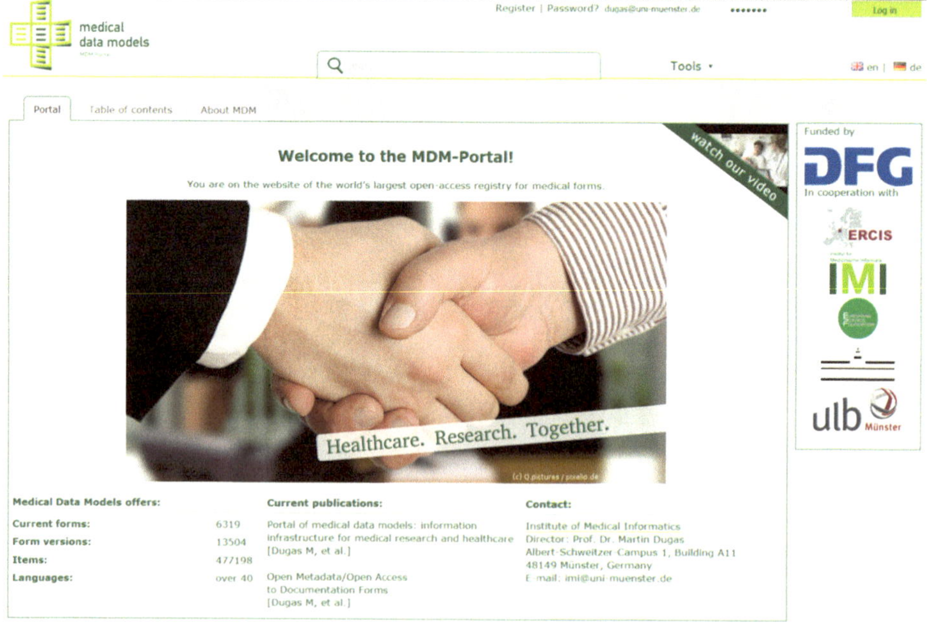

Abb. 3.8 MDM-Portal für medizinische Datenmodelle. Das System stellt mehrere Tausend Datenmodelle aus Klinik und Forschung zum Download bereit. Quelle: http://medical-data-models.org

kompatiblen, gemeinsam auswertbaren Daten. Ein Großteil der eingesetzten medizinischen Datenmodelle ist derzeit noch nicht öffentlich zugänglich; es gibt jedoch bereits Open Access Repositories für Medizinische Datenmodelle (Abb. 3.8). Verwandt zum Begriff des Datenmodells ist das **Informationsmodell**, das ebenfalls Objekte mit ihren Attributen und Beziehungen darstellt. Zusätzlich wird beim Informationsmodell noch angegeben, welche Operationen auf den Objekten möglich sind. Der Sprachgebrauch ist jedoch nicht einheitlich und teilweise werden die Begriffe Datenmodell und Informationsmodell synonym verwendet.

3.2 Medizinische Klassifikationssysteme und Terminologien

3.2.1 Begriffsbestimmungen

3.2.1.1 Terminologie

Terminologie bezeichnet die Gesamtheit der Begriffe und Benennungen einer Fachsprache. Terminologie kann man also gleichsetzen mit einem Fachwortschatz.

Nomenklatur – kontrolliertes Vokabular – Thesaurus

Als **Nomenklatur** wird eine Zusammenstellung von standardisierten Begriffen, den so genannten **Deskriptoren**, bezeichnet, die zur **Indexierung** von Dokumentationsobjekten eingesetzt werden. Hierbei werden einem Objekt ein oder mehrere Deskriptoren zugeordnet (im Prinzip beliebig viele). Das Ziel besteht darin, das Objekt möglichst genau zu beschreiben.

Bei einem **kontrollierten Vokabular** (**Thesaurus**) werden diese Begriffe zusätzlich durch Definitionen, Synonyme und terminologische Hinweise ergänzt; insbesondere werden Homonyme gekennzeichnet.

3.2.1.2 Klassifikation

Klassifikationen ordnen Begriffe systematisch und führen gleichartige Dokumentationsobjekte unter Vergabe eines Schlüssels zusammen (Prinzip der Klassenbildung). Im Gegensatz zur Nomenklatur soll ein Objekt zu genau einer Klasse zugeordnet und durch einen **eindeutigen Schlüssel** (**Code**) beschrieben werden; die verschiedenen Klassen müssen also überschneidungsfrei (**disjunkt**) sein. **Klassierungsregeln** unterstützen diese eindeutige Zuordnung. Durch sogenannte **Resteklassen** („sonstig", „nicht näher bezeichnet") kann man erreichen, dass alle Dokumentationsobjekte einen Code erhalten: Diabetiker können beispielsweise klassifiziert werden als Typ1-Diabetiker, Typ2-Diabetiker und sonstige Diabetiker (Resteklasse).

Gemäß dem Prinzip der **maximalen Spezifizierung** ist derjenige Code zu wählen, zu dem ein Text gehört, der den medizinischen Sachverhalt inhaltlich am besten ausschöpft. Medizinische Klassifikationen sind meist hierarchisch aufgebaut (Ober-/Unterbegriffe). Bei **mehrachsigen (= mehrdimensionalen) Klassifikationen** wird ein Sachverhalt durch mehrere, unabhängige Teilklassifikationen beschrieben (z. B. Klassifikation nach Lokalisation, Ursache und Art einer Erkrankung).

Klassifikationen können eingesetzt werden für Abrechnung, administrative Statistiken, Qualitätsmanagement, Forschung, Lehre und Clinical Decision Support. Ein Beispiel: Bei Diagnosetexten gibt es viele synonyme Bezeichnungen, wie Brustkrebs, Mammakarzinom oder Mamma-Ca. Bei internationalen Statistiken sind zusätzlich die Übersetzungen in verschiedene Sprachen zu berücksichtigen (Breast Cancer, Cancer du Sein, etc.). Mit der ICD-Klassifikation wird allen diesen Patientinnen der Code C50 zugeordnet, sodass gezielte Auswertungen zur Häufigkeit dieser Erkrankung möglich sind. Auch das gezielte Wiederfinden von Patienten mit einer bestimmten Diagnose wird durch Klassifikation unterstützt. Für die medizinische Dokumentation sind Klassifikationen aber in der Regel zu ungenau, weil es deutlich mehr unterschiedliche klinische Konstellationen als Codes gibt.

3.2.1.3 Ontologie

Eine (formale) **Ontologie** ist die Beschreibung der Gegenstände (Objekte, Prozesse, Eigenschaften) eines Fachgebietes und ihrer Beziehungen (zum Beispiel Oberbegriff – Unterbegriff) mit Mitteln der mathematischen Logik. Sie unterstützt die präzise Definition der Fachtermini und trägt so zur begrifflichen Standardisierung bei. Spezialisierte Softwarewerkzeuge können aus Ontologien logische Schlüsse ziehen und ihre Widerspruchsfreiheit sicherstellen. Ontologien spielen eine wichtige Rolle bei Repräsentation und Austausch von Wissen zwischen Anwendungsprogrammen.

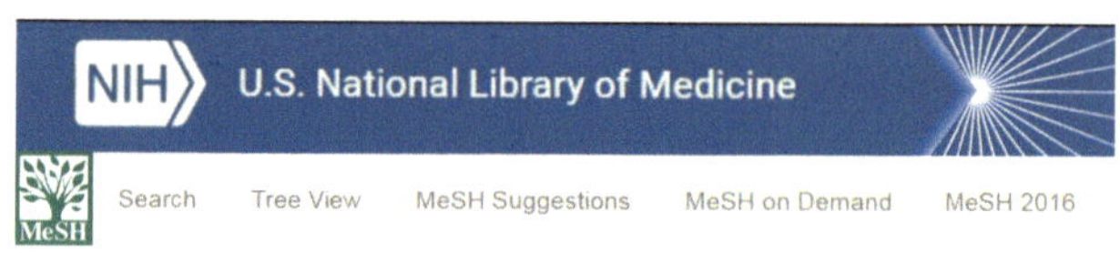

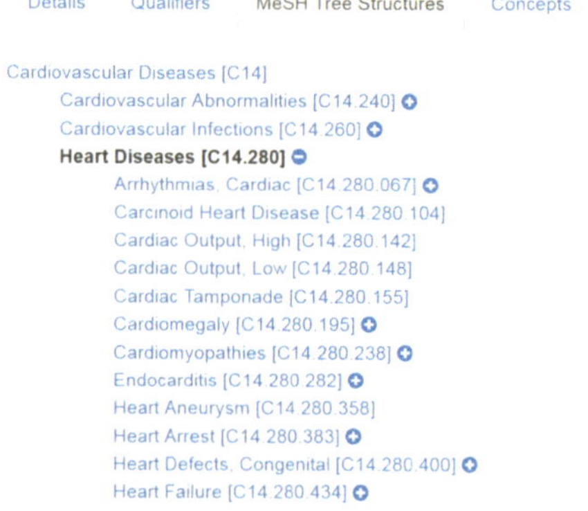

Abb. 3.9 Baumstruktur von MeSH: Heart Diseases und zugeordnete Unterbegriffe. Quelle: https://meshb.nlm.nih.gov/

3.2.2 MeSH-Vokabular

Die Abkürzung **MeSH** steht für **Medical Subject Headings** [MeSH]. Hierbei handelt es sich um ein polyhierarchisch strukturiertes, kontrolliertes Vokabular, das die National Library of Medicine (**NLM**), USA, erstellt und fortlaufend pflegt (Abb. 3.9). MeSH wird zur Katalogisierung der Bibliotheksbestände und zur Indexierung der von der NLM hergestellten medizinischen Datenbanken, v. a. PubMed, benutzt. Neben vielen anderen medizinischen Vokabularen ist MeSH auch im Metathesaurus des Unified Medical Language Systems (UMLS) enthalten.

MeSH enthält etwa **28.000 Deskriptoren** (Preferred Terms) und 87.000 Begriffe (Entry Terms), die in 16 Kategorie-Bäumen (Trees) strukturiert sind (u. a. Anatomy, Disease). Die einzelnen MeSH-Begriffe werden durch so genannte Qualifier oder Subheadings (zum Beispiel Drug Therapy, Diagnosis, Complications) ergänzt und genauer beschrieben. Insbesondere enthält MeSH auch inhaltliche Definitionen der MeSH-Begriffe. Die deutschsprachige Übersetzung der MeSH kann über das Deutsche Institut für Medizinische Dokumentation und Information eingesehen werden.

3.2.3 ICD-Klassifikation

Die **ICD** [ICD], *International Classification of Diseases*, wurde von der Weltgesundheitsorganisation (**WHO**, World Health Organization) erstellt und wird zur Verschlüsselung von **Diagnosen** eingesetzt. Diese umfassende Klassifikation entwickelte sich ursprünglich aus einer Todesursachenstatistik und ist ein zentraler Standard für nationale Gesundheitsstatistiken. Die ICD-10 ist die 10. Revision (im Einsatz seit 1994), mit der international akzeptierte Diagnosen in der ambulanten und stationären Versorgung verschlüsselt werden. Die ICD-10 kann für verschiedene **Diagnosearten** eingesetzt werden: Einweisungsdiagnose, Aufnahmediagnose, Hauptdiagnose (Fachabteilungshauptdiagnose bzw. Krankenhaushauptdiagnose), Nebendiagnose, Entlassungsdiagnose und Todesursache.

Es handelt sich bei der ICD-10 um ein einachsiges Klassifikationssystem mit bis zu fünf Hierarchiestufen und alphanumerischer Notation, d. h., die Schlüssel enthalten Buchstaben und Zahlen. Man unterscheidet dreistellige ICD-10-Codes (**DAS** = dreistellige allgemeine Systematik) und vierstellige Codes (**VAS** = vierstellige ausführliche Systematik). Ein Beispiel: Der dreistellige Code S22 bezeichnet eine Fraktur von Rippe(n), Sternum oder Brustwirbelsäule; der vierstellige Code S22.3 eine Rippenfraktur; der fünfstellige Code S22.31 eine Fraktur der ersten Rippe. Durch **Klassierungsregeln** wird die Eindeutigkeit der Zuordnung unterstützt. Das **alphabetische ICD-Verzeichnis** enthält zusätzlich zu den systematischen ICD-Begriffen auch Synonyme und erleichtert dadurch das Finden der richtigen Codes.

Die ICD-10 ist als dreibändiges Buch oder als elektronische Version veröffentlicht (Tab. 3.1). In Deutschland sind die an der vertragsärztlichen Versorgung teilnehmenden Ärzte verpflichtet, Diagnosen nach ICD-10 German Modification (ICD-10-GM)

Tab. 3.1 Übersicht zur ICD-10

Inhalt	Band 1	einführende Texte, dreistellige allgemeine Systematik (DAS), vierstellige ausführliche Systematik (VAS), grundsätzliche Gliederung nach Körpersystemen
	Band 2	Regelwerk: allgemeine Einführung in die ICD, Richtlinien, Klassifikationsgrundlagen, Kodierungsregeln, Anwendungshinweise
	Band 3	alphabetisches Verzeichnis, verschlüsselte Diagnosen, verschlüsselte Ursachen von Verletzungen, verschlüsselte Vergiftungen, unerwünschte Wirkungen von Arzneimitteln und chemischen Substanzen
Umfang		21 Kapitel: z. B. H00–H59 Krankheiten des Auges 261 Gruppen: z. B. H25–H28 Affektionen der Linse 2035 3-stellige Kategorien: z. B. H25.- Cataracta senilis 12.160 4-stellige Subkategorien: z. B. H25.0 Cataracta senilis incipiens ca. 90.000 ausformulierte Einträge im alphabetischen Verzeichnis
Beispiel		Auszug VAS-Kapitel VII: Affektionen der Linse (H25–H28) H25 Cataracta senilis Exkl.: Kapsuläres Glaukom mit Pseudoexfoliation der Linsen (H40.1) H25.0 Cataracta senilis incipiens Cataracta senilis: – coronaria – corticalis – punctata Senile subkapsuläre Katarakt (anterior) (posterior) Wasserspalten-Speichen-Katarakt H25.1 Cataracta nuclearis senilis Cataracta brunescens Linsenkernsklerose H25.2 Cataracta senilis, Morgagni-Typ Cataracta senilis hypermatura H25.8 Sonstige senile Kataraktformen Kombinierte Formen der senilen Katarakt H25.9 Senile Katarakt, nicht näher bezeichnet

[ICD10-GM] zu verschlüsseln. Hierbei sind die **deutschen Kodierrichtlinien** (**DKR**) anzuwenden. ICD-10-GM enthält im systematischen Verzeichnis ca. 13.500 Codes, im alphabetischen Verzeichnis gibt es ca. 78.700 Einträge (vor allem durch Synonyme). Trotz der Fülle dieser Codes ist die ICD-10-Klassifikation an vielen Stellen relativ ungenau, insbesondere in der Onkologie: Neoplasien des Bronchus und der Lunge werden in der ICD-10 mit C34.9 codiert, unabhängig davon, ob es sich um ein primäres Karzinom, eine Metastase oder einen benignen Lungentumor handelt. Für die Onkologie gibt es daher die **ICD-O** als zusätzliche Klassifikation, bei der Histologie, Tumorverhalten und Grading erfasst werden. Beispielsweise steht der ICD-O-Code 8140/31 für den Zelltyp Adeno (8140), Verhalten Karzinom (3), Differenzierung hoch (1), also für ein hochdifferenziertes Adenokarzinom.

Diagnosen können nach der **Ätiologie** (zum Beispiel Entzündung) und der **Manifestation** bzw. **Lokalisation** (zum Beispiel Hirnhaut) beschrieben werden. Die Ätiologie wird als **Primärdiagnose** bezeichnet und der zugehörige Code mit einem Kreuz (†) gekennzeichnet; die Manifestation wird **Sekundärdiagnose** genannt und der Code mit einem Stern (*) versehen. Ein *-Code darf nicht alleine verwendet werden. Um Eindeutigkeit bei der Klassifikation zu erreichen, wurde die Regelung Ätiologie (†) vor Manifestation (*) getroffen. Dies wird als **Kreuz-Stern-Klassifikation** bezeichnet. Ein Beispiel: eine tuberkulöse Meningitis wird primär als Infektionskrankheit (Ätiologie) codiert und sekundär als entzündliche ZNS-Erkrankung (Lokalisation). **Zusatzcodes** in der ICD-10-GM, die eine Krankheit näher beschreiben, sind mit einem Ausrufezeichen (!) versehen. Diese !-Codes dürfen nicht alleine verwendet werden.

Ein **Symptom** wird nicht codiert, wenn es im Regelfall als eindeutige und unmittelbare Folge mit der zugrunde liegenden Krankheit vergesellschaftet ist, zum Beispiel Fieber bei einer Tonsillitis. Stellt ein Symptom jedoch ein eigenständiges, wichtiges Problem für die medizinische Betreuung dar, so wird es als Nebendiagnose kodiert, zum Beispiel Krampfanfälle bei einem Hirntumor, der operiert wird. Wenn nur ein Symptom bei bekannter Grunderkrankung gesondert behandelt wird, ist das Symptom als Hauptdiagnose und die Grunderkrankung als Nebendiagnose zu kodieren. Beispiel: Krampfanfälle bei inoperablem Hirntumor; in diesem Fall sind die Krampfanfälle die Hauptdiagnose.

Diagnosecodes können durch Zusätze näher beschrieben werden. Folgende **Diagnosezusätze** sind bei der ambulanten Behandlung von Patienten zu verwenden:

V – Verdachtsdiagnose bzw. auszuschließende Diagnose
A – ausgeschlossene Diagnose
Z – (symptomloser) Zustand nach der betreffenden Diagnose
G – Gesicherte Diagnose

Unter einer **gesicherten Diagnose** versteht man in diesem Zusammenhang, dass diese nach dem klinischen Gesamtbild so wahrscheinlich ist, dass unverzüglich mit einer krankheitsspezifischen Therapie begonnen werden muss. Diagnostik muss also nur durchgeführt werden, wenn sie medizinisch indiziert ist. Generell ist wichtig, dass bei Maßnahmen auch die zugrundeliegende Diagnose angegeben wird. Ein Beispiel dazu: „Zustand nach Amputation des linken Fußes". Amputation ist keine Diagnose, daher muss die Diagnose codiert werden, die zur Amputation des Fußes geführt hat, beispielsweise E14.5 LZ Zustand nach diabetischer Gangrän am linken Fuß.

Die Angabe der **Lokalisation** einer Diagnose (L links, R rechts, B beidseits) wird empfohlen, ist aber nicht verpflichtend. Sie kann bei paarigen Organen (z. B. Extremitäten) eingesetzt werden. Keine zusätzliche Kennzeichnung der Lokalisation erfolgt, wenn diese bereits im Code enthalten ist (z. B. K40.0 doppelseitige Hernia inguinalis mit Einklemmung, ohne Gangrän). Zusätze wie „drohend" müssen im Code enthalten sein, ansonsten darf dieser nicht verwendet werden, zum Beispiel darf eine drohende Gangrän nicht als Gangrän codiert werden. Abbildung 3.10 präsentiert einige Beispiele für Zusätze zu Diagnosen.

- Verdacht auf Koxarthrose links: M16.- LV
- Ausgeschlossene bds. Alterskatarakt: H25.- BA
- Z.n. zerebralem Insult: I64 Z
- Schnittwunde am linken Unterarm: S51.- L

Abb. 3.10 ICD-10 Beispiele mit Diagnosezusätzen

Unspezifische Diagnosen sollten nach Möglichkeit vermieden werden, weil sie zu medizinischen Unklarheiten und administrativen Rückfragen der Krankenkassen führen können. Hierzu gehören Codes mit den Endungen .8 „sonstige" (z. B. I20.8 Sonstige Formen der Angina pectoris) oder .9 „nicht näher bezeichnet" (z. B. I20.9 Angina pectoris, nicht näher bezeichnet).

Überleitungstabellen können eingesetzt werden, um Patienten, die nach älteren ICD-Versionen codiert wurden mit aktuellen Daten zu vergleichen. Hierbei tritt das Problem auf, dass die Zuordnung der Codes nicht immer eindeutig ist und häufig eine aufwändige manuelle Nachbearbeitung erforderlich ist.

3.2.4 TNM-Klassifikation

Zur klinischen Einteilung bösartiger Tumoren wird häufig die dreiachsige **TNM-Klassifikation** [TNM] verwendet. Die T(Topografie)-Achse kennzeichnet Größe und Ausbreitung des Primärtumors und wird angegeben als T0 bis T4; die N(Noduli)-Achse gibt den Befall der regionalen Lymphknoten an mit den Ausprägungen N0 bis N3; die M(Metastasen)-Achse beschreibt das Auftreten von Tumormetastasen mit den Kategorien M0 (= keine Metastasen) und M1 (= Metastasen vorhanden). Die genaue Bedeutung der T- und N-Stadien ist für jede Tumorart definiert; allgemein gilt: je größer die Zahl hinter T oder N, desto größer die Tumorausbreitung.

Häufig wird zusätzlich das histopathologische Grading G angegeben: G1 bedeutet gut differenziert, G4 bedeutet undifferenziert, was für einen besonders bösartigen Tumor steht. Zusätzlich gibt es Präfixe wie z. B. pT2N0M0; das „p" bedeutet, dass es sich um einen pathologisch gesicherten Befund handelt. Nach Tumoroperationen wird der Residualtumor, d. h. der noch im Patienten verbliebene Tumor, klassifiziert als R0 (= Tumor vollständig entfernt), R1 (= mikroskopisch nachweisbarer Residualtumor) bzw. R2 (= sichtbarer Residualtumor).

3.2.5 ICPM und OPS-Klassifikation

Die „International Classification of Procedures in Medicine" (**ICPM**) wurde von der WHO 1978 für Forschungszwecke publiziert und bietet eine relativ grobe Einteilung medizinischer Prozeduren. Die ICPM und deren nationale Erweiterungen waren eine wichtige Grundlage für die Entwicklung des Operationen- und Prozedurenschlüssels (**OPS**) [OPS] nach § 301 SGB V (Fünftes Buch des Sozialgesetzbuchs) durch das DIMDI. Wichtige Ziele dieser Klassifikation sind Leistungs- und Kostentransparenz im Gesundheitswesen sowie eine bessere Kommunikation zwischen Krankenhäusern und Krankenkassen.

Der OPS ist eine einachsige Klassifikation mit überwiegend fünfstelligen Operationscodes (Tab. 3.2), um in den Krankenhäusern durchgeführte medizinische Prozeduren zu verschlüsseln. Eine **signifikante Prozedur** ist eine chirurgische Prozedur, mit Eingriffsrisiko bzw. Anästhesierisiko verbunden oder erfordert Spezialeinrichtungen/Geräte mit spezieller Ausbildung. Der OPS-301 enthält ca. 29.750 Codes im systematischen Verzeichnis, etwa 37.400 Codes im alphabetischen Verzeichnis (mit Synonymen).

Prinzipiell wird im OPS eine Operation durch genau eine Schlüsselnummer abgebildet; für komplexe Operationen wurden Mehrfachcodierungen eingeführt, für die bestimmte Zusatzcodes vorliegen (z. B. für Mehrfachverletzungen, Mehrfachoperationen, Transplantationen). Die Notationen sind bis hin zur vierten Stelle rein numerisch, alphanumerische

Tab. 3.2 Beispiel aus dem Operationen- und Prozedurenschlüssel (OPS). 3-Steller: 5–35 Operationen an Klappen und Septen des Herzens; 4-Steller: 5–357 Operationen bei kongenitalen Gefäßanomalien; 5-Steller: 5–357.0 Ductus arteriosus apertus (Botalli)

Hierarchiestruktur des OPS-301					
1. Ebene: Kapitel					
	2. Ebene: Bereichsüberschriften				
		3. Ebene: Dreisteller			
			4. Ebene: Viersteller		
				5. Ebene: Fünfsteller	
5 OPERATIONEN					
	5-35...5-37 Operationen am Herzen				
		5-35 Operationen an Klappen und Septen des Herzens			
			5-357 Operationen bei kongenitalen Gefäßanomalien		
				5-357.0	Ductus arteriosus apertus (Botalli)
				5-357.1	Aortenisthmus(stenose)
				5-357.2	A. lusoria
				5-357.3	A. pulmonalis (Schlingen) Exkl.: Shuntoperationen zwischen großem und kleinem Kreislauf (5-390)
				5-357.4	V. cava
				5-357.5	V. pulmonalis
				5-357.6	Koronargefäße Inkl.: Inzision einer koronaren Muskelbrücke Korrektur von fehlmündenden Koronararterien
				5-357.7	Unterbrochener Aortenbogen
				5-357.8	Kollateralgefäße, Unifokalisierung
				5-357.x	Sonstige
				5-357.y	N. n. bez.

Codierungen beschränken sich auf die 5. bzw. 6. Stelle der Systematik. Für die Codierung nach OPS sind die Deutschen Kodierrichtlinien des InEK zu beachten. Bei einer **unvollendeten Prozedur** werden Teilleistungen codiert, sofern es hierfür einen Code gibt. Zum Beispiel kann beim vorzeitigen Abbruch einer Bauchoperation die Laparotomie dokumentiert werden. Wenn es keinen passenden Code gibt, wird die ursprünglich geplante Prozedur codiert und zusätzlich der Code für vorzeitigen Abbruch einer Operation (5–995).

3.2.6 DRG-Klassifikation

DRG (Diagnosis Related Groups; deutsch: diagnosebezogene Fallgruppen) bezeichnet ein Klassifikationssystem für ein pauschaliertes Abrechnungsverfahren, mit dem Krankenhausfälle (Patienten) anhand von medizinischen Daten Fallgruppen zugeordnet werden. Hierbei wird jeder Behandlungsfall nach Art der Erkrankung des Patienten und der erforderlichen Behandlung mit einer **Fallpauschale** vergütet, unabhängig von der **Verweildauer** (VWD) des Patienten im Krankenhaus. DRGs klassifizieren Patienten mit dem Ziel der systematischen Zuordnung aufwandsähnlicher Fälle zu möglichst kostenhomogenen Fallgruppen unter Beachtung von Kriterien der medizinischen Zusammengehörigkeit. Die Gruppierung erfolgt aufgrund der **Hauptdiagnose** (**HD**), der **Nebendiagnosen** (**ND**) und der durchgeführten **Prozeduren**. Die Behandlung der Patienten im Krankenhaus wird dabei insgesamt betrachtet und jeweils einer DRG eindeutig zugeordnet. Hauptdiagnose ist diejenige Diagnose, die **nach Analyse** (also retrospektiv) für die stationäre Aufnahme ausschlaggebend war. Wenn also beispielsweise eine Patientin wegen Cholezystolithiasis stationär aufgenommen wird und postoperativ eine Lungenembolie erleidet, dann ist trotzdem die Cholezystolithiasis die Hauptdiagnose. Bei Behandlung eines Patienten in mehreren Fachabteilungen eines Krankenhauses (z. B. Innere Medizin und Chirurgie) muss aus den Fachabteilungshauptdiagnosen eine Krankenhaushauptdiagnose abgeleitet werden. Nebendiagnose ist eine Krankheit oder Beschwerde, die entweder gleichzeitig mit der Hauptdiagnose besteht oder sich während des Krankenhausaufenthaltes entwickelt. Für die DRG-Klassifikation müssen Nebendiagnosen erfasst werden, die das Patientenmanagement beeinflussen, also therapeutische oder diagnostische Maßnahmen erfordern bzw. mit erhöhtem Betreuungs-, Pflege- oder Überwachungsaufwand verbunden sind.

3.2.6.1 Das deutsche G-DRG-System

Im Jahr 2003 wurde ein DRG-basiertes Abrechnungsverfahren als **G-DRG**-System (German Diagnosis Related Groups) im deutschen Gesundheitswesen eingeführt. G-DRG wurde entwickelt basierend auf dem australischen DRG-System. Hauptdiagnose und ggf. behandlungsrelevante Nebendiagnosen werden als ICD-Code verschlüsselt. Die wesentlichen, am Patienten durchgeführten Leistungen (Prozeduren) werden als OPS-Code erfasst. Durch die Deutschen Kodierrichtlinien (**DKR**) wird eine einheitliche Verschlüsselung unterstützt. Zusätzlich zu Diagnosen und Prozeduren werden Alter, Geschlecht,

Gewichtsangabe bei Neugeborenen, Zahl der Stunden maschineller Beatmung und Entlassungsart berücksichtigt.

Das Institut für das Entgeltsystem im Krankenhaus (**InEK** GmbH) erstellt und veröffentlicht einen Algorithmus, wie die Zuordnung der DRG erfolgt. **DRG-Grouper** sind Programme, die diesen Algorithmus implementieren (Abb. 3.11). Vergessene Diagnosen und Prozeduren können zu einer falschen Eingruppierung und damit zu einem Ressourcenverlust führen.

Es gibt etwa 1200 DRGs. Diese werden durch einen vierstelligen alphanumerischen Code bezeichnet, z. B. G24B für „Eingriffe bei Hernien, ohne plastische Rekonstruktion der Bauchwand". Der erste Buchstabe steht für eine der 23 Hauptdiagnosegruppen (Major Diagnostic Category, **MDC**), z. B. steht „G" für MDC 06, „Krankheiten und Störungen der Verdauungsorgane". Die zweistellige Nummer bezeichnet die Subkategorie innerhalb der MDC. Die ersten drei Stellen des DRG-Codes legen die **Basis-DRG** fest. Der Buchstabe an vierter Stelle kennzeichnet den Ressourcenverbrauch: A steht für höchsten Ressourcenverbrauch, B für zweithöchsten Verbrauch etc.; Z steht für eine nicht weiter differenzierte DRG. Das Vorhandensein von Komplikationen und/oder Komorbiditäten (Complication or Comorbidity; **CC**) kann die Behandlung von Krankheiten erschweren und verteuern. Abbildung 3.12 zeigt ein weiteres Beispiel für einen DRG-Code.

CC-Codes sind Nebendiagnosen, die in der Regel zu einem signifikant höheren Ressourcenverbrauch führen. Dies berücksichtigt das G-DRG-System durch den patientenbezogenen Gesamtschweregrad (Patient Clinical Complexity Level; **PCCL**), der aus den Schweregrad-Stufen (Complication or comorbidity level; **CCL**) errechnet wird, die für alle Nebendiagnosen vergeben werden. Für die Errechnung des PCCL werden nicht signifikante Diagnosen ausgeschlossen und ähnliche Diagnosen nur einmal gezählt. Neben den CCL-bedingten Fallgruppeneinteilungen sind weitere Faktoren für die Gruppenzuweisung und –definition von Bedeutung, zum Beispiel Alter, Verweildauer, Entlassungsart (Abb. 3.13).

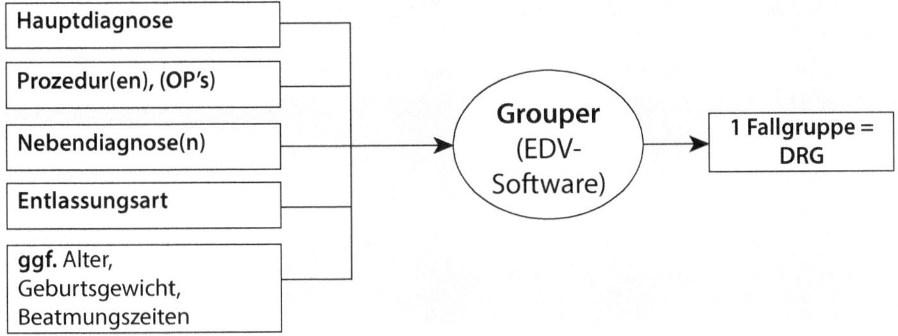

Abb. 3.11 Übersicht zum DRG-Grouper

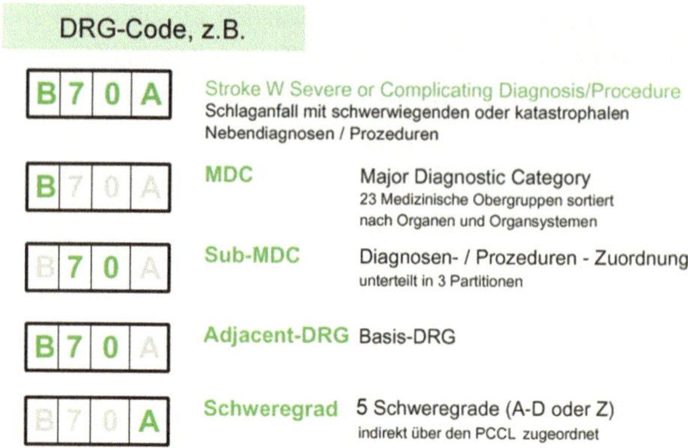

Abb. 3.12 Beispiel für DRG-Code

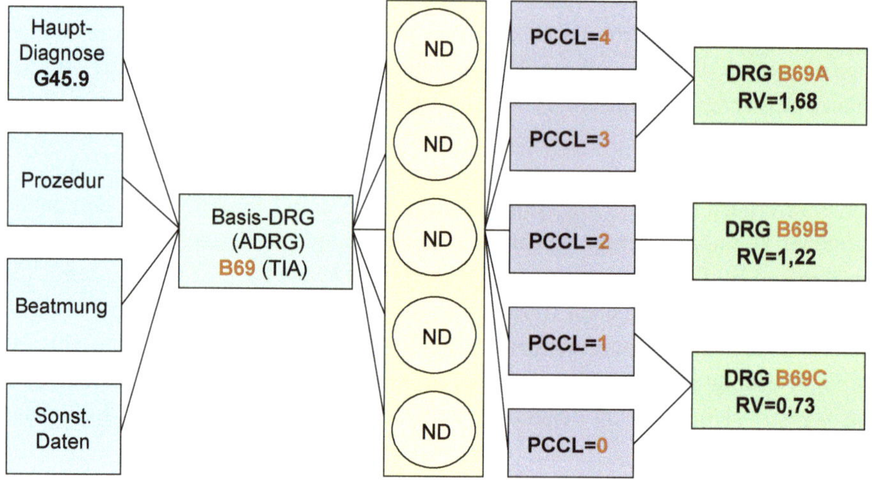

Abb. 3.13 Von der medizinischen Information zur ökonomischen Bewertung

Zu jeder DRG wird ein **Kostengewicht** (KG, synonym **Bewertungsrelation**, **Relativgewicht**) vom InEK kalkuliert, das den Kostenunterschied der verschiedenen DRGs untereinander abbildet. Das Entgelt ergibt sich aus dem Kostengewicht multipliziert mit einem sogenannten **Basisfallwert** (Baserate):

DRG Entgelt = relatives Kostengewicht * Basisfallwert

Dieser Basisfallwert wurde initial für jedes Krankenhaus individuell berechnet; es folgte eine schrittweise Anpassung an einen einheitlichen Landesbasisfallwert (bis zum Jahr 2005) und eine zunehmende Konvergenz in Richtung eines einheitlichen Bundesbasisfallwerts (Stand 2016).

Zur Berücksichtigung von Patienten, die sehr lange oder besonders kurz behandelt werden, ist für die meisten DRGs eine obere und eine untere **Grenzverweildauer** definiert. Bei Unterschreiten der unteren Grenzverweildauer wird das Entgelt reduziert, bei Überschreiten der oberen Grenzverweildauer gibt es einen Zuschlag.

Als **Casemix** (CM) wird die Summe der Kostengewichte aller erbrachten DRGs einer Versorgungseinheit (z. B. Abteilung, Krankenhaus) innerhalb einer bestimmten Zeiteinheit bezeichnet. Der **Casemix-Index** (**CMI**) berechnet sich aus dem Casemix geteilt durch die Zahl der Fälle. Ein hoher CMI bedeutet, dass in der jeweiligen Einrichtung Patienten behandelt werden, die im Durchschnitt einen hohen Behandlungsaufwand benötigen. Der CMI stellt ein Instrument zum Vergleich der Kostenstruktur verschiedener Versorgungseinheiten dar, der für die Beurteilung der Wirtschaftlichkeit von Bedeutung ist. Das Produkt aus CMI, Basisfallwert und Fallzahl ergibt das **Gesamtbudget** eines Krankenhauses, wobei darüber hinaus noch bestimmte Zuschläge vorgesehen sind.

Für besonders aufwändige Maßnahmen können **Zusatzentgelte** abgerechnet werden. Sonderregelungen gibt es für neue Untersuchungs- und Behandlungsmethoden (**NUB**), die mit Fallpauschalen und Zusatzentgelten nicht sachgerecht vergütet werden können.

3.2.7 ATC-Klassifikation

Die anatomisch-therapeutisch-chemische (**ATC**) [ATC] Klassifikation wird bei Arzneimitteln eingesetzt. Sie wurde ab 1976 in Skandinavien entwickelt. Seit 1982 wird sie vom WHO Collaborating Centre for Drugs Statistics Methodology in Oslo international koordiniert. Seit 2001 gibt es eine deutsche Version der ATC-Klassifikation, die vom Wissenschaftlichen Institut der AOK koordiniert wird. Es gibt etwa **6500 ATC-Codes**, die in 14 Hauptgruppen eingeteilt sind. Tabelle 3.3 zeigt ein Beispiel:

3.2.8 SNOMED CT

SNOMED CT [SNOMED CT] (Systematized Nomenclature of Human and Veterinary Medicine Clinical Terms) ist eine umfassende, mehrsprachige medizinische Nomenklatur, die von der **IHTSDO** (International Health Terminology Standards Developing

Tab. 3.3 Beispiel ATC-Klassifikation

Level	ATC-Code	Bedeutung
1 anatomische Hauptgruppe	A	ALIMENTÄRES SYSTEM UND STOFFWECHSEL
2 therapeutische Untergruppe	A10	ANTIDIABETIKA
3 pharmakologische Untergruppe	A10A	INSULINE UND ANALOGA
4 chemische Untergruppe	A10AB	Insuline und Analoga zur Injektion, schnell wirkend
5 chemische Substanz	A10AB01	Insulin (human)

Organisation) kontinuierlich weiterentwickelt wird. SNOMED CT enthält mehr als **300.000 Konzepte**, denen eindeutige IDs und textuelle Beschreibungen zugeordnet sind. Zum Beispiel ist „Myocardial Infarction" (Herzinfarkt) das SNOMED-Konzept 22298006 (Abb. 3.14). Für jedes Konzept gibt es einen „Fully Specified Name" (**FSN**), bevorzugte Begriffe („Preferred Terms", **PTs**) in mehreren Sprachen, aber auch **Synonyme** (z. B. „Cardiac infarction").

SNOMED CT-Konzepte sind in azyklischen **Hierarchien** (Abb. 3.15) geordnet, wobei zu einem Konzept auch mehrere übergeordnete Konzepte möglich sind: Beispielsweise ist „Infectious pneumonia" sowohl ein Unterbegriff von „Infectious Disease" als auch von „Pneumonia". Durch diese Beziehungen (Relationships) zwischen den SNOMED-Konzepten ist es möglich, diese auf verschiedenen Ebenen zu aggregieren (zum Beispiel alle Konzepte, die zu „Infectious Disease" gehören). Darüber hinaus gibt es sogenannte „**Reference Sets**", das heißt Sammlungen von SNOMED-Konzepten, die zum Beispiel zum Mapping zwischen anderen medizinischen Terminologien eingesetzt werden können.

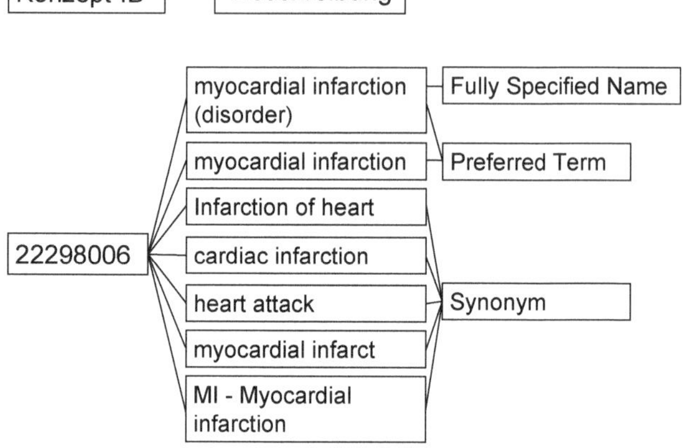

Abb. 3.14 Beispiel für SNOMED CT-Konzept

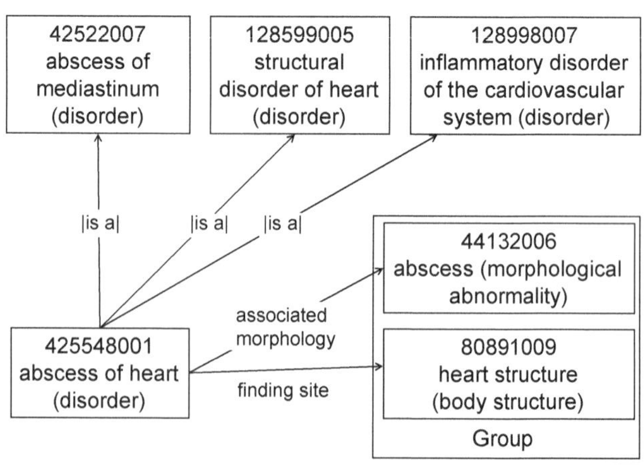

Abb. 3.15 Beispiel für SNOMED CT-Hierarchien und Beziehungen

SNOMED CT ermöglicht eine **semantische Annotation** von medizinischen Daten und Metadaten, d. h. die medizinisch-inhaltliche Bedeutung wird beschrieben. Wenn ein medizinischer Sachverhalt durch einen einzigen SNOMED-Code beschrieben werden kann, spricht man von **Präkoordination**, zum Beispiel steht der Code 398570005 für „Durchfall, ausgelöst durch Staphylokokken". Wenn mehrere SNOMED Codes kombiniert werden, um etwas zu beschreiben, bezeichnet man dies als **Postkoordination**. Den obigen Sachverhalt könnte man auch postkoordiniert darstellen als Krankheit (64572001) mit Lokalisation Darm (113276009), Manifestation Diarrhoe (62315008) und Ursache Staphylococcus (65119002).

SNOMED CT hat daher vielfältige Einsatzmöglichkeiten sowohl in der Patientenversorgung (zum Beispiel Unterstützung von Clinical Decision Support, Optimierung von Dokumentationsprozessen) als auch in der medizinischen Forschung (beispielsweise Extraktion von studienrelevanten Daten aus Patientenakten, Analysen von internationalen Patientenkohorten für Public Health-Fragestellungen). Ein besonderer Mehrwert von SNOMED CT besteht darin, dass medizinische Sachverhalte unabhängig von der Landessprache repräsentiert werden können, sodass Daten aus verschiedenen Ländern gemeinsam analysiert werden können.

Die Entwicklung von SNOMED begann 1965 as a Systematized Nomenclature of Pathology (SNOP). SNOMED CT entstand später aus einer Weiterentwicklung der SNOMED Reference Terminology (RT, College of American Pathologists) und der Read Codes (National Health Service, UK). Eine erste deutsche Version von SNOMED wurde von Prof. Friedrich Wingert 1984 erarbeitet. Seit 2007 hat IHTSDO die Weiterentwicklung von SNOMED CT übernommen. SNOMED CT wird in vielen Ländern eingesetzt, zum Beispiel USA, Kanada, UK, Australien, Schweden, Niederlande oder Dänemark.

3.2.9 LOINC-Nomenklatur

LOINC [LOINC] (Logical Observation Identifiers Names and Codes) ist eine Nomenklatur insbesondere für Laboruntersuchungen, die vom Regenstrief Institute (USA) entwickelt wird. Im Laufe der Entwicklung wurde LOINC auch auf klinische und medizinisch-technische Untersuchungen sowie medizinische Dokumententypen ausgeweitet. Es gibt etwa **80.000 LOINC-Codes** (Stand 2016), zum Beispiel steht der Code „2823-3" für Kalium in mmol/L im Serum oder Plasma.

Ziel von LOINC ist die Erleichterung des elektronischen Datenaustausch bei der Übermittlung medizinischer Untersuchungsergebnisse und Befunddaten. Folgende Angaben werden unter anderem bei einem LOINC-Code berücksichtigt: Analyt (z. B. Kalium), Messgröße (z. B. Stoff-Konzentration), Zeitangaben (z. B. Zeitpunkt oder Zeitspanne), Art der Probe (z. B. Plasma), Art der Skalierung (z. B. quantitative oder nominale Messung) sowie die Messmethode. Die Verwendung von LOINC wird von HL7 und DICOM empfohlen für den Austausch strukturierter Dokumente (CDA) und Nachrichten. Mit dem Programm **RELMA** (Regenstrief LOINC Mapping Assistant) wird die Codierung mit

LOINC unterstützt. Teile von LOINC sind auch ins Deutsche übersetzt worden und über das DIMDI verfügbar.

3.2.10 Medical Dictionary for Regulatory Activities

Das Medical Dictionary for Regulatory Activities (**MedDRA**), ist eine mehrsprachige Terminologie für medizinische Begriffe, die bei klinischen Studien für die Arzneimittelzulassung eingesetzt werden. MedDRA wurde im Rahmen der International Conference on Harmonisation (ICH) entwickelt und enthält unter anderem Codes für Symptome, anamnestische Angaben, Untersuchungsergebnisse, Indikationen, Diagnosen und Prozeduren. MedDRA ist für die **Pharmakovigilanz** von besonderer Bedeutung, weil man damit unerwünschte Arzneimittelereignisse und Nebenwirkungen codieren kann. Es gibt **über 70.000** MedDRA-Terme, die einen 8-stelligen numerischen Code erhalten und hierarchisch in fünf Ebenen geordnet sind:

- **System Organ Class (SOC):** 26 Organklassen, z. B. 10017947 Gastrointestinal Disorders
- **High Level Group Term** (HLGT)**,** z. B. 10018012 Gastrointestinal Signs and Symptoms
- **High Level Term** (**HLT**), z. B. 10028817 Nausea and Vomiting Symptoms
- **Preferred Term** (**PT**), z. B. 10028813 Nausea
- **Lowest Level Term** (**LLT**), z. B. 10016361 Feeling queasy

3.2.11 UMLS-Metathesaurus

Aufgrund der Vielfalt internationaler medizinischer Terminologiesysteme entstand der Bedarf, zwischen diesen verschiedenen Systemen Übersetzungen und Transformationen zu ermöglichen. Das **Unified Medical Language System** (**UMLS**) [UMLS] ist ein von der amerikanischen National Library of Medicine entwickelter Ansatz, die wichtigsten Terminologiesysteme der Medizin zu integrieren. Unter den insgesamt über 100 Klassifikationen, Nomenklaturen und Vokabularen befinden sich beispielsweise ICD, SNOMED CT und MeSH.

Kern des Systems ist der so genannte UMLS **Metathesaurus**, der aus mehr als 3 Millionen Konzepten (**Concepts**) besteht. Jedes Konzept steht für einen bestimmten medizinischen Sachverhalt (**Meaning**) und hat einen sogenannten **Concept Unique Identifier** (**CUI**), zum Beispiel hat das Konzept „Leukemia" den CUI C0023418. Einem Konzept ist eine Definition in Form eines kurzen beschreibenden Textes zugeordnet, zum Beispiel eine Erläuterung, was man unter Leukämie versteht. Da UMLS viele Quellvokabulare zugrundeliegen, kann ein Konzept mehrere Definitionen (aus den entsprechenden Quellvokabularen) haben. Einem Konzept ist eine – teilweise lange – Liste von „**Atomen**" zugeordnet. Diese Atome sind die Namen der jeweils passenden Konzepte aus den Quellvokabularen, also **Synonyme** für das jeweilige UMLS Konzept. Zu jedem Atom gehört ein Atom Unique Identifier (**AUI**), eine Root Source Abbreviation (**RSAB**, also eine Abkürzung für das Quellvokabular) sowie der Code des Atoms im jeweiligen Quellvokabular (Abb. 3.16). Um die verschiedenen Schreibweisen (inklusive Groß- und Kleinschreibung) der Begriffe in den verschiedenen Sprachen abbilden zu können, erhält jede Schreibweise einen sogenannten String Unique Identifier (**SUI**).

Die Beziehungen der UMLS-Konzepte werden in einem **semantischen Netzwerk** (**Semantic Network**) beschrieben. Jedes UMLS-Konzept wird mindestens einer **semantischen Kategorie** (**Semantic Type**) zugeordnet, die miteinander über **semantische Beziehungen** (**Semantic Relationships**) verknüpft sind. Zwischen den Kategorien existieren neben hierarchischen Beziehungen weitere medizin-inhaltliche Relationen (zum Beispiel A wird behandelt mit B). Es gibt über 130 semantische Kategorien, zum Beispiel „Anatomical structures", „Neoplastic Process" oder „Gene", und mehr als 50 semantische Beziehungen, beispielsweise „is a", „functionally related to" oder „may-cause".

Das UMLS **SPECIALIST Lexicon** wurde entwickelt, um die lexikalischen Informationen zur Verfügung zu stellen, die für die Verarbeitung von natürlicher Sprache (**Natural Language Processing**, **NLP**) benötigt werden. Das Vokabular des SPECIALIST Lexicons umfasst biomedizinisches Vokabular, aber auch allgemeine Begriffe.

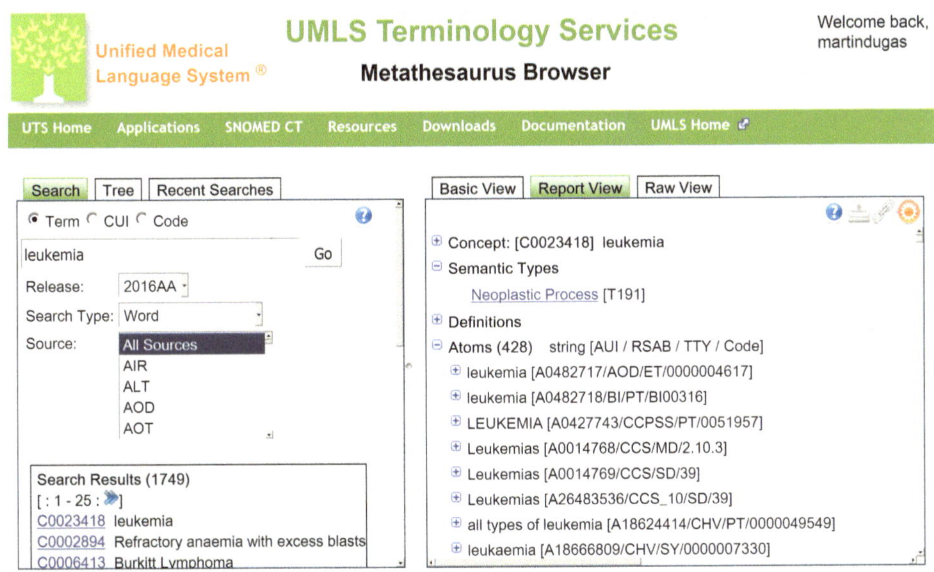

Abb. 3.16 Screenshot des UMLS Metathesaurus Browser. Die Suche nach dem Begriff „leukemia" liefert das Konzept C0023418. Diesem UMLS-Konzept sind 428 Atome zugeordnet, d. h. Begriffe und Codes aus anderen Vokabularen. Dem UMLS-Konzept C0023418 ist also zum Beispiel der AOD-Code 0000004617 zugeordnet

Der große Vorteil des UMLS liegt in der Verknüpfung unterschiedlicher Quellvokabulare: So ist es beispielsweise möglich, ausgehend von einer ICD-Bezeichnung alle zugehörigen MeSH-Terme zu erhalten und damit eine Literaturrecherche im PubMed-System durchzuführen. Durch die Integration von über 100 Terminologien hat UMLS eine deutlich größere Abdeckung von Codes als einzelne Vokabulare. Die Integration vieler Quellvokabulare führt allerdings zu einem hohen Maß an Komplexität, sodass bei der Recherche in UMLS relativ oft sehr ähnliche bzw. synonyme Konzepte gefunden werden.

3.2.12 Gene Ontology

Es gibt eine Vielzahl von Genen und zugeordneten Funktionen, die in verschiedenen Spezies ähnlich, aber im Detail unterschiedlich sind. Um hier einen Überblick zu schaffen und eine einheitliche Annotation von Genen zu unterstützen – unabhängig von der jeweiligen Spezies –, wurde die **Gene Ontology** (**GO**) [GO] entwickelt. GO ist eine biomedizinische Ontologie, die drei Bereiche umfasst: **biologischer Prozess** (zum Beispiel Apoptose, etwa 29.000 Einträge), **molekulare Funktion** (zum Beispiel DNA-Bindung, etwa 10.500 Einträge) und **zelluläre Komponente** (zum Beispiel Zellkern, etwa 4000 Einträge). Diese drei Bereiche werden in GO ebenfalls als Ontologien bezeichnet, eigentlich handelt es sich um kontrollierte Vokabulare. Jeder GO-Begriff besteht aus einem Namen (zum Beispiel apoptotic process), einer Nummer (zum Beispiel 0006915) und zugeordneten Daten. Die GO-Begriffe sind Knoten eines gerichteten azyklischen Graphen und können durchsucht und ausgewertet werden. Eine häufige Anwendung der Gene Ontology besteht darin, Listen von krankheitsbedingt veränderten Genen zu annotieren. Dabei wird analysiert, ob

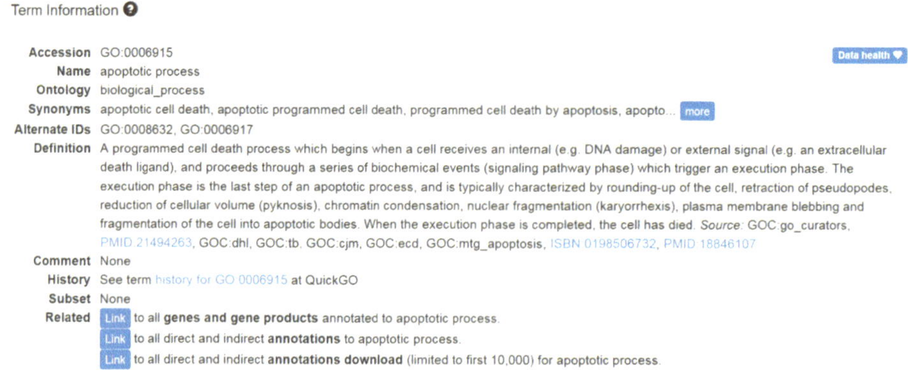

Abb. 3.17 Beispiel aus der Gene Ontology: Eintrag GO:0006915 apoptotic process. Dieser Eintrag gehört zur Ontologie für Biologische Prozesse. Synonyme und eine Definition sind verfügbar sowie multiple Querverweise. Quelle: http://amigo.geneontology.org/

bestimmte biologische Prozesse (zum Beispiel Apoptose bei Tumoren) gehäuft bei der Erkrankung verändert sind. Ein Beispiel für einen Eintrag in der Gene Ontologie zeigt Abb. 3.17.

3.3 Krankenhausinformationssystem

Ein wesentlicher Teil der **Informationssysteme im Gesundheitswesen (ISG)** betrifft die Patientenversorgung im stationären Bereich. Ein **Krankenhausinformationssystem** (**KIS**, englisch Hospital Information System **HIS**) kann wie folgt definiert werden:

> Ein Krankenhausinformationssystem ist das Teilsystem eines Krankenhauses, welches alle informationsverarbeitenden (und -speichernden) Prozesse und die an ihnen beteiligten menschlichen und maschinellen Handlungsträger in ihrer informationsverarbeitenden Rolle umfasst. (Reinhold Haux, 1995)

Ein KIS ist also nicht nur Hard- und Software, sondern ein **soziotechnisches System** (Abb. 3.18), das die menschlichen Anwender mit einschließt. Hauptziel des KIS ist die Erfassung, Verarbeitung und Bereitstellung patientenbezogener Informationen, die korrekt und aktuell sind, für berechtigte Personen am jeweils benötigten Ort. Analog zu anderen Informationssystemen kann man auch beim KIS zwischen **Datenmodell** (Beschreibung der klinischen Daten und deren Beziehungen untereinander), **Prozessmodell** (Modell der Geschäftsprozesse im Krankenhaus) und **Organisationsmodell** (Governance-Struktur, Rechte und Rollen) unterscheiden.

Allgemeine **Ziele eines KIS** sind die Bereitstellung patientenbezogener Informationen am richtigen Ort für berechtigte Personen (kontrolliert), die aktuell und korrekt sind. Mit einem KIS sollen Dokumentations- und Verwaltungsaufgaben effizient abgewickelt werden, die medizinische Qualitätssicherung soll unterstützt werden, eine wirtschaftliche

Abb. 3.18 KIS als soziotechnisches System: Zum KIS gehören IT-System und dessen Anwender im Krankenhaus

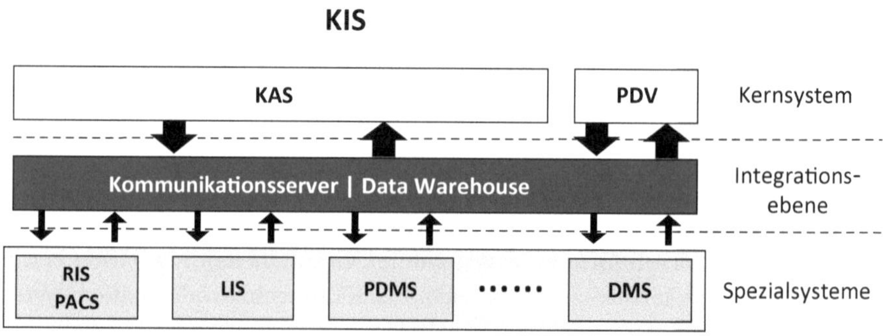

Abb. 3.19 Komponenten eines KIS: Zum Kernsystem gehören das Klinische Arbeitsplatzsystem (KAS) und das Patientendatenverwaltungssystem (PDV). Über einen Kommunikationsserver sind Spezialsysteme angeschlossen, insbesondere für Radiologie (RIS/PACS), Labor (LIS), Anästhesie/Intensivmedizin (PDMS) und die Patientenakte (DMS). Ein Data Warehouse integriert Daten aus verschiedenen Teilsystemen

Patientenversorgung soll ermöglicht werden und der Zugriff auf medizinisches Wissen soll bereitgestellt werden. Eine Übersicht zu den **Komponenten eines KIS** zeigt Abb. 3.19.

Wichtige Aspekte des Aufbaus eines KIS können mit einem Drei-Ebenen-Modell (**3-LGM**) beschrieben werden, das folgende Ebenen unterscheidet:

- Fachliche Ebene: Diese beschreibt die vom Krankenhausinformationssystem unterstützten Aufgaben des Krankenhauses, z. B. die Patientenaufnahme oder die klinisch-chemische Labordiagnostik.
- Logische Werkzeugebene: Hier wird angegeben, welche Softwaresysteme miteinander interagieren, z. B. der Transfer via Kommunikationsserver zwischen zwei Teilsystemen.
- Physische Werkzeugebene: Diese erläutert die Rechnersysteme und deren Komponenten, z. B. eine Verbindung zwischen Server 1 und Server 2 zum Datenabgleich.

3.3.1 Klinisches Arbeitsplatzsystem und PDV

Der Kernprozess im Krankenhaus ist die Versorgung der Patienten. Das KIS sollte diesen Prozess mit allen Teilschritten von der Aufnahme des Patienten über Anamnese, Diagnostik und Therapie bis zur Entlassung unterstützen.

Das **Patientendatenverwaltungssystem (PDV)** unterstützt administrative Aufgaben des KIS. Im Rahmen der **Patientenaufnahme** ist eine Verwaltung der Einbestelltermine erforderlich, um eine effiziente Nutzung der Behandlungsressourcen zu erreichen. Die Terminvergabe kann durch ein so genanntes **Einweiserportal** unterstützt werden, auf das niedergelassene Ärzte Zugriff haben. Bei der **Normalaufnahme** werden Patientenstammdaten und Versicherungsdaten erfasst. Dem Patienten wird eine eindeutige **Patienten- und Fallidentifikation** (in der Regel als **Patientennummer** und **Fallnummer**) zugeordnet, damit alle nachfolgend entstehenden Informationen richtig zugeordnet werden können. Man unterscheidet hierbei eine zentrale Patientenaufnahme an einem Ort für das gesamte Krankenhaus von einer dezentralen Aufnahme. Die korrekte Zuordnung des Patienten zu einem neuen Fall ist sehr wichtig, um **Wiederkehrer** zu erkennen und Daten aus früheren Aufenthalten (z. B. Vorbefunde) korrekt bereitzustellen. Dies kann aber mit Schwierigkeiten verbunden sein, wenn der Patientenname manuell erfasst wird oder der Name sehr häufig vorkommt. Im Rahmen der Aufnahme wird die **aufnehmende Station** im Krankenhaus festgelegt, der **Pflegesatz** ausgewählt und ein Bett zugewiesen. Mit diesen Daten werden typischerweise **Etiketten** mit Barcode erstellt, mit denen alle weiteren Unterlagen zu diesem Patienten eindeutig gekennzeichnet werden.

Bei der **Aufnahmeart** sind **ambulante** und **stationäre** Behandlung zu unterscheiden. Sonderfälle sind die **Notaufnahme**, bei der die Stammdaten des Patienten initial nicht bekannt sind, die **Kurzaufnahme** (nachts und am Wochenende, mit verkürzter Dokumentation der Patientenstammdaten) sowie die Dokumentation von **Neugeborenen**. Ein frühzeitiger Kontakt mit dem Kostenträger ist erforderlich, der binnen drei Arbeitstagen die **Aufnahmediagnose** erhalten muss und eine **Kostenübernahmeerklärung** abgibt; ausgenommen hiervon sind Selbstzahler.

Eine besondere Bedeutung kommt dem **klinischen Arbeitsplatzsystem (KAS)** zu, das als integriertes System den Zugriff auf alle KIS-Funktionen ermöglicht, die vom Behandlungsteam (v. a. ärztlich und pflegerisch) benötigt werden. Nach der administrativen Aufnahme erfolgt die **pflegerische und ärztliche Aufnahme**, bei der **Anamnese** und **klinische Befunde** erhoben und dokumentiert werden. Häufig erfolgt eine primäre Dokumentation auf Papier, aber auch eine primär elektronische Aufzeichnung im KAS ist möglich.

Nach der Aufnahme muss die weitere **Diagnostik** und **Therapie** geplant und organisiert werden. Um optimale Entscheidungen zu erreichen, ist es wichtig, dass Ärzte, Pflegekräfte und der Patient alle erforderlichen Informationen zeitnah und aktuell zur Verfügung haben. Vor der Durchführung von Maßnahmen ist eine **Aufklärung** und **Einwilligung** des Patienten mit entsprechender Dokumentation erforderlich. Relevantes Wissen – im Sinne von **Clinical Decision Support (CDS)** – soll effizient bereitgestellt werden. Ein KAS soll also nicht nur ein reines Dokumentationssystem sein, sondern es soll den Behandlungsprozess unterstützen, analog wie ein Navigationssystem den Autofahrer unterstützt. Sobald eine Entscheidung über das weitere Vorgehen gefallen ist, erfolgt über das KAS die **Behandlungsplanung** und **-organisation**.

3.3.2 CPOE-Zyklus

Bei der **Leistungsanforderung** (Abb. 3.20) wird zunächst die Maßnahme aus einem Leistungsverzeichnis im KIS ausgewählt. Typische Beispiele sind die Anforderung einer diagnostischen Untersuchung (z. B. Endoskopie, Ultraschall, Echokardiographie) oder eines ärztlichen Konsils. Hierbei ist auch die Auswahl von zusammengehörigen

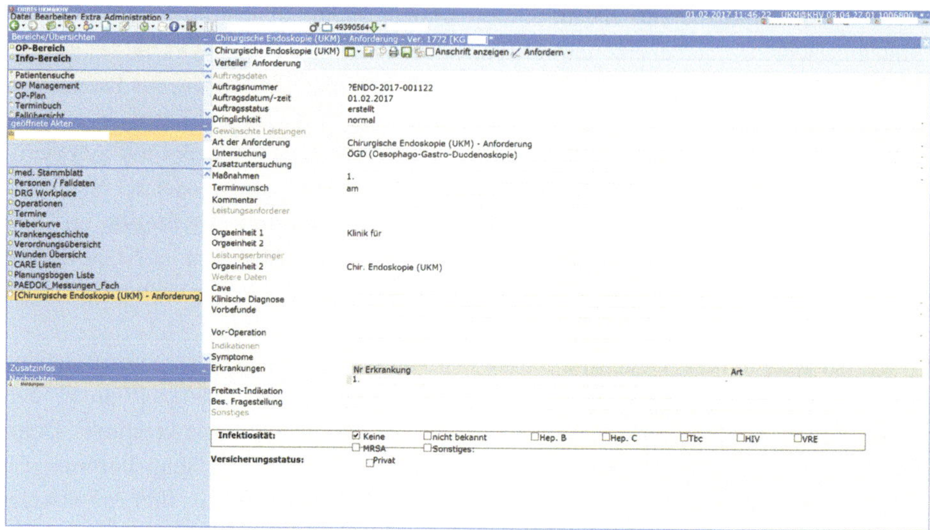

Abb. 3.20 Leistungsanforderung: Beispiel aus der Endoskopie. Quelle: Universitätsklinikum Münster

Sammelleistungen möglich. Die **Dringlichkeit** der Maßnahme (z. B. Notfall, dringlich, normal) sollte angegeben werden, damit die Leistungsstelle adäquat priorisieren kann. Die klinische Fragestellung wird dokumentiert und evtl. erforderliche Probenbehältnisse werden durch Etiketten gekennzeichnet. Die Anforderung wird **elektronisch signiert** (z. B. einfache Signatur durch Eingabe des Benutzer-Passworts) und an den **Leistungserbringer** übermittelt, wobei bei bestimmten Leistungen (z. B. Röntgenuntersuchung) eine Terminvereinbarung erforderlich ist.

Die Komponente eines KIS, die Leistungsanforderungen abbildet, wird als **Order-Entry-System** (Computerized Physician Order Entry System, **CPOE**) bezeichnet. Der gesamte Workflow von der Leistungsanforderung bis zur Befundübermittlung wird als **CPOE-Zyklus** bezeichnet (Abb. 3.21). Das KIS unterstützt die Durchführung von diagnostischen, therapeutischen oder pflegerischen Maßnahmen durch spezielle Dokumentationsmodule, **Arbeitslisten** (z. B. mit Sortierung nach Dringlichkeit der Maßnahmen) und Organisationshilfen.

Die **Leistungsdokumentation** ist erforderlich für die Erstellung der Befunde und die Abrechnung der erbrachten Leistungen. Hierzu gehören v. a. die **Dokumentation von Diagnosen und Prozeduren**. Eine möglichst vollständige und zeitnahe Erfassung der Daten für Abrechnungsverfahren wie DRGs erfordert eine möglichst integrierte, nicht redundante Dokumentation im KAS mit Sicherung der Datenqualität (z. B. Plausibilitätsprüfung, Mahnlisten für unvollständige Daten).

Wichtige Funktionalitäten der **Befunddokumentation** (Abb. 3.22) im KAS sind die Benachrichtigung des Empfängers über neue Befunde, die Hervorhebung von wichtigen Befunden, die Darstellung des Zeitverlaufs von Befunden (z. B. bei Laborparametern) sowie die Integration von Text- und Bilddaten (z. B. Fotografien, Röntgenbilder mit

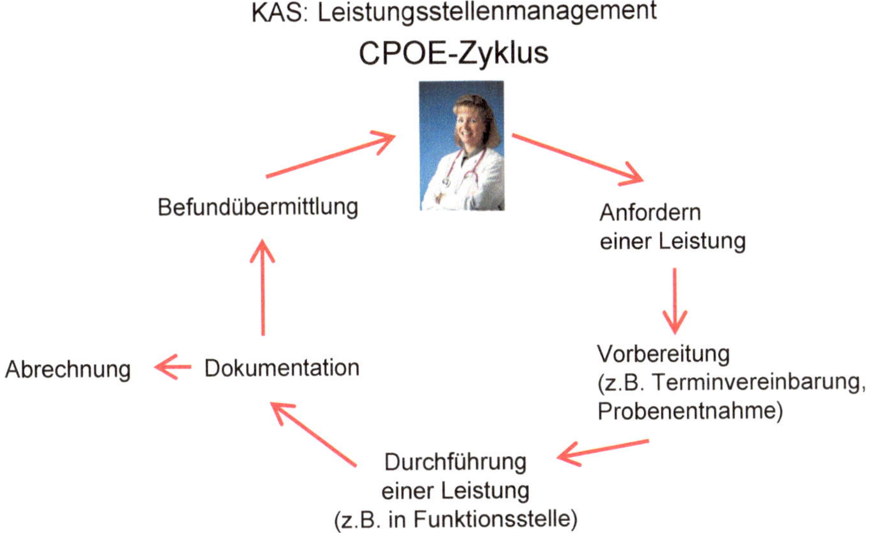

Abb. 3.21 Übersicht des CPOE-Zyklus

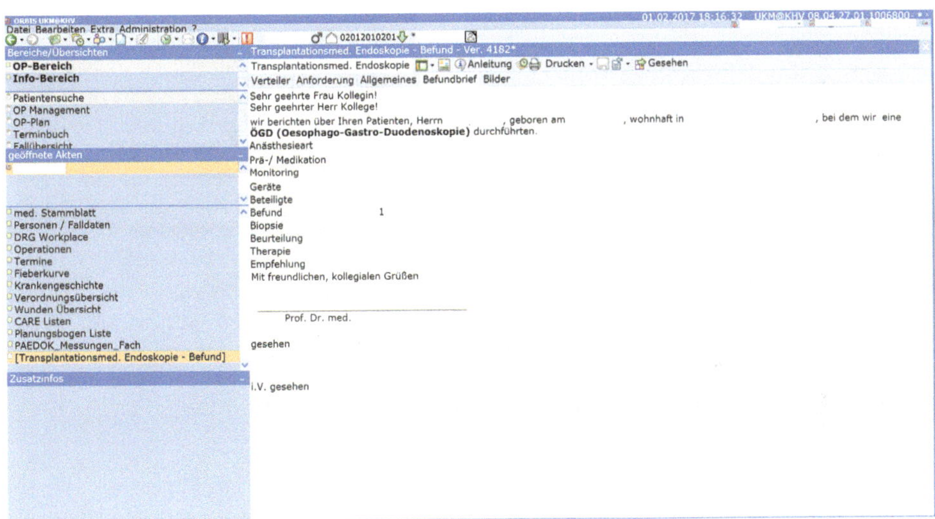

Abb. 3.22 Befunddokumentation am Beispiel eines Endoskopie-Kurzbefundes. Quelle: Universitätsklinikum Münster

Befundtext). Die Befunddokumentation kann direkt im KAS erfolgen oder mit Unterstützung durch elektronische Diktiersysteme. Dieser vorläufige Befund wird in der Regel an den zuständigen Oberarzt zur Qualitätskontrolle übermittelt. Nach ggf. erforderlichen Änderungen wird der Befund elektronisch signiert und an den anfordernden Arzt übermittelt. Damit ist der CPOE-Zyklus abgeschlossen.

3.3.3 Ärztliche Dokumentation

Die **ärztliche Dokumentation** umfasst alle relevanten klinischen Patientendaten, insbesondere **Anamnese**, **Befunde** (Abb. 3.23), **Diagnosen**, **Medikation**, **Maßnahmen**, **Therapien** (z. B. OP-Dokumentation) und **Konsile**.

Bei **Verlegung** und **Entlassung** des Patienten müssen die für die Weiterbehandlung erforderlichen Informationen (z. B. Medikation bei Entlassung) an den weiterbehandelnden Arzt zeitnah übermittelt werden. Hierzu unterstützt das KIS die **Arztbriefschreibung** durch Bereitstellung von Diagnosen, Adressdaten, Textbausteinen etc. Der Workflow der Freigabe des Arztbriefes wird unterstützt (Erstellung durch Assistenzarzt, Korrektur/Freigabe durch Oberarzt), genauso wie die Übermittlung an das Sekretariat zur Vervollständigung der Unterlagen und der zeitnahe Transfer des fertigen Arztbriefes an den weiterbehandelnden Arzt. Bei der Arztbriefschreibung

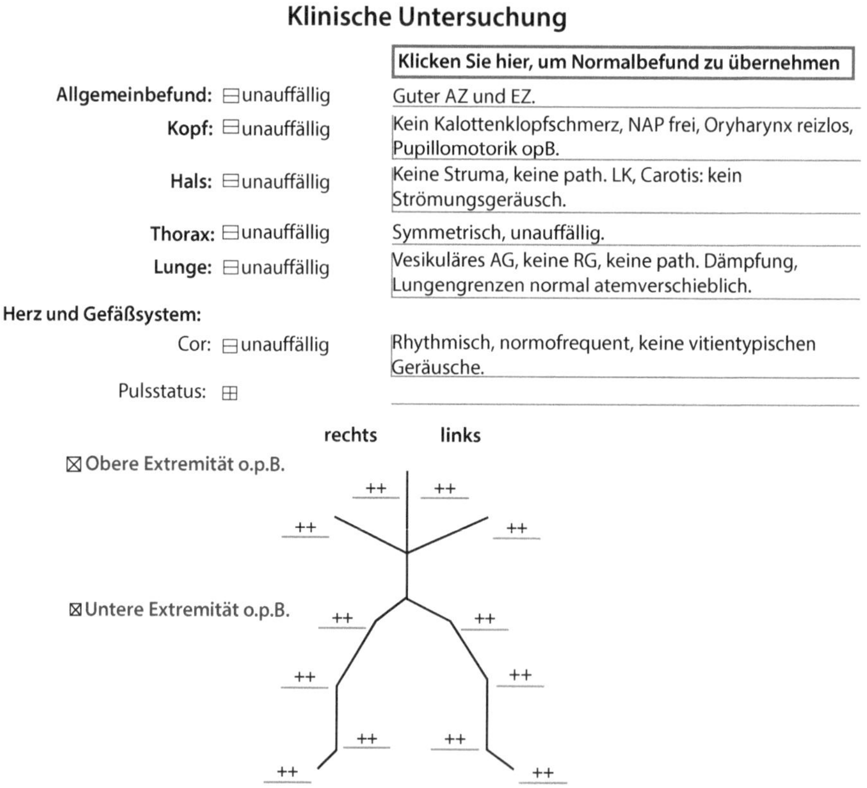

Klinische Untersuchung

Klicken Sie hier, um Normalbefund zu übernehmen

Allgemeinbefund:	⊟unauffällig	Guter AZ und EZ.
Kopf:	⊟unauffällig	Kein Kalottenklopfschmerz, NAP frei, Oryharynx reizlos, Pupillomotorik opB.
Hals:	⊟unauffällig	Keine Struma, keine path. LK, Carotis: kein Strömungsgeräusch.
Thorax:	⊟unauffällig	Symmetrisch, unauffällig.
Lunge:	⊟unauffällig	Vesikuläres AG, keine RG, keine path. Dämpfung, Lungengrenzen normal atemverschieblich.
Herz und Gefäßsystem:		
Cor:	⊟unauffällig	Rhythmisch, normofrequent, keine vitientypischen Geräusche.
Pulsstatus:	⊞	

rechts **links**

☒ Obere Extremität o.p.B.

++ ++
++ ++

☒ Untere Extremität o.p.B.

++ ++
++ ++
++ ++
++ ++

Abb. 3.23 Befundbogen zur klinischen Untersuchung inklusive grafischer Dokumentation. Konditionale Datenelemente werden nur angezeigt, wenn sie für den jeweiligen Patienten erfasst werden. Quelle: Universitätsklinikum Münster

wird häufig **elektronisches Diktieren** eingesetzt. Man unterscheidet dabei **Offline-Spracherkennung** (Arzt erzeugt ein Audiofile, das im Schreibbüro bearbeitet wird) und **Online-Spracherkennung** (computerbasierte Erstellung eines Textentwurfs beim Diktieren, der vom Arzt direkt korrigiert wird). Die administrativen Entlassdaten und die Rechnung an den Kostenträger werden in der PDV-Komponente des KIS bearbeitet.

Eine möglichst strukturierte Erfassung ist für die Auswertbarkeit der Daten vorteilhaft, bietet aber eingeschränkte Flexibilität bei der Eingabe. Fachspezifische Dokumentationserfordernisse sind zu berücksichtigen. Alle klinischen Daten eines Patienten sollen im KAS unter Berücksichtigung des Datenschutzes zusammengeführt werden, wobei auch gesetzliche Melde- und Dokumentationspflichten erfüllt werden müssen.

Die **Krankenakte** eines Patienten besteht aus einer großen Anzahl von Dokumententypen (>100). Aus diesem Grund sollte das KIS eine flexible Definition von Dokumententypen erlauben (z. B. Anamnese, Sonographie-Befund inklusive Bilddaten), deren Erstellung durch Textbausteine/Vorlagen sowie die Wiederverwendung von Daten aus anderen Dokumenten erleichtert wird. Für Speicherung und Aufruf der Krankenakten wird in der Regel ein sogenanntes **Dokumentenmanagementsystem (DMS)** eingesetzt.

Die **Basisdokumentation** im KIS ist einheitlich für das gesamte Krankenhaus. **Fachdokumentationen** sind angepasst an die jeweiligen Fachabteilungen. **Spezialdokumentationen** sind spezifisch für bestimmte Krankheiten oder definierte Krankheitsgruppen und werden z. B. für klinische Studien oder Register eingesetzt. Der Status eines Dokuments (erstellt, freigegeben, archiviert) und dessen Version sollte elektronisch im KIS verwaltet werden. Besonders wichtig ist die zeitnahe und vollständige **Dokumentation von Diagnosen und Maßnahmen**. Die Aufnahmediagnose muss spätestens drei Arbeitstage nach Aufnahme an die jeweilige Krankenkasse übermittelt werden. Arbeitslisten und Reports zu unvollständiger Dokumentation sind wertvolle Hilfsmittel für die Sicherung der Datenqualität, um Mängel in der Dokumentation frühzeitig zu identifizieren und zu korrigieren.

Beim Lesen und Auswerten der Krankenakten bietet das KIS einen gleichzeitigen **Zugriff an verschiedenen Orten** in der Klinik. Anordnungen und Befunde des aktuellen Aufenthalts werden übersichtlich dargestellt mit Statusangabe, Zugriff auf Vorbefunde für berechtigte Personen und der Möglichkeit zur Aggregation der Daten, sowohl patientenbezogen (z. B. Befundübersicht) als auch patientenübergreifend (z. B. Diagnosestatistik einer Klinik).

3.3.4 Pflegerische Dokumentation

Zur **pflegerischen Dokumentation** im KAS gehören **Pflegeanamnese**, **Pflegeplanung**, **Maßnahmendokumentation**, **Kurvenführung** und die Erstellung eines **Pflegeverlegungsberichts**. Für die Ermittlung des Pflegebedarfs spielen die **Aktivitäten des täglichen**

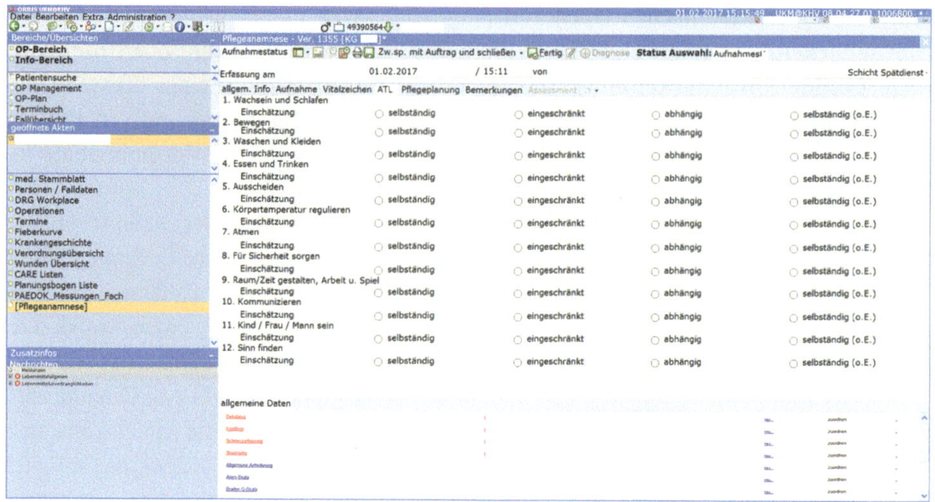

Abb. 3.24 ATL-Dokumentation. Quelle: Universitätsklinikum Münster

Lebens (**ATL**, Abb. 3.24) eine wichtige Rolle. Bei der Pflegeplanung können vordefinierte Pflegepläne zum Einsatz kommen. Die Dokumentation pflegerischer Leistungen kann sowohl mittels Freitext als auch strukturiert erfolgen. Hierfür steht beispielsweise die International Classification of Nursing Practice zur Verfügung (**ICNP**). Aus diesen Daten wird die **Pflegestufe** eines Patienten ermittelt, die für die Planung des erforderlichen Personals wichtig ist.

Dokumentation von **Dekubitus** (Abb. 3.25), **Schmerzerfassung** (Abb. 3.26) und **Bilanzierung** der Einfuhr und Ausfuhr von Flüssigkeiten (Abb. 3.27) sind wichtige pflegerische Aufgaben. Das Teilsystem des KIS, das die Arbeit der Pflegekräfte unterstützt, wird als **Pflegeinformationssystem** bezeichnet.

Als **Fieberkurve** (Abb. 3.28) bezeichnet man die Dokumentation von Vital- und Funktionswerten (insbesondere Temperatur, Puls, Blutdruck, Einfuhr, Ausscheidungen, Bilanz, Körpergewicht) in Kombination mit Medikation, Untersuchungen und Behandlungen. Die Fieberkurve wird gemeinsam von Ärzten und Pflegepersonal genutzt. Sie bietet eine Übersicht zum jeweiligen Patienten und kann in unterschiedlicher zeitlicher Auflösung (Stunden, Tag, Woche) dargestellt werden. Für die Dokumentation der **Medikation** ist die Fieberkurve von besonderer Bedeutung, damit die sog. „**5 Rechte**" bei der Medikamentengabe eingehalten werden: Richtiger Patient, richtiges Medikament, richtige Dosis, richtiger Zeitpunkt, richtiger Applikationsweg (englisch right patient, right drug, right dose, right time, right route).

Alle patientenbezogenen Dokumente müssen – schon aus rechtlichen Gründen – längerfristig aufbewahrt werden (z. T. bis 30 Jahre). Aus diesem Grund ist eine **Archivierung** der Daten in einem standardisierten Datenformat erforderlich, die eine rasche Verfügbarkeit

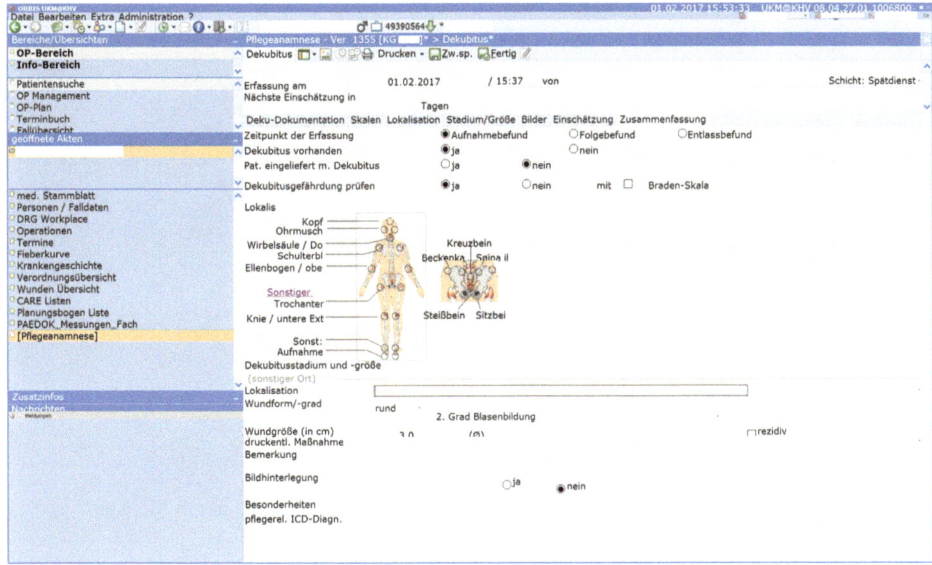

Abb. 3.25 Dekubitus-Dokumentation. Quelle: Universitätsklinikum Münster

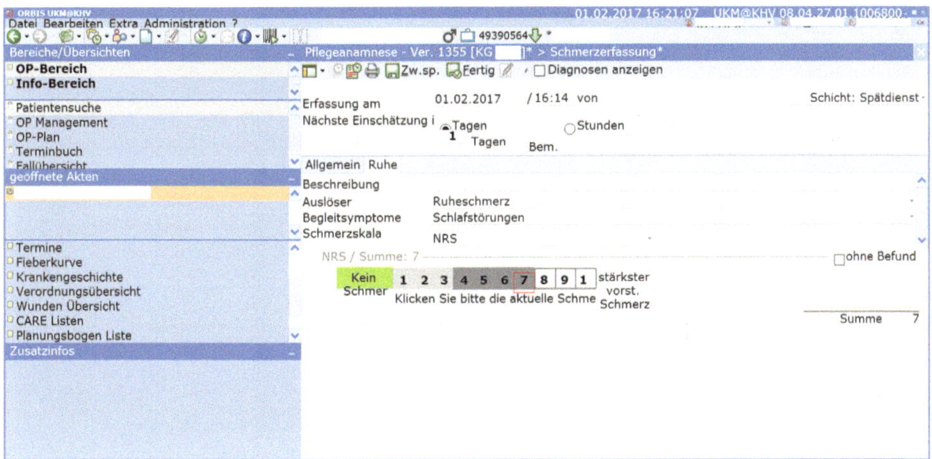

Abb. 3.26 Schmerzerfassung. Quelle: Universitätsklinikum Münster

der Daten zu einem Patienten für berechtigte Personen ermöglicht, wobei nachträgliche Veränderungen der Dokumente verhindert werden müssen.

Der zeitgerechte Ablauf von Prozessen im Krankenhaus kann durch sogenannte **Workflow-Systeme** unterstützt werden. Diese Systeme können auch für die Erstellung von vollständiger und inhaltlich plausibler Dokumentation eingesetzt werden, wie das

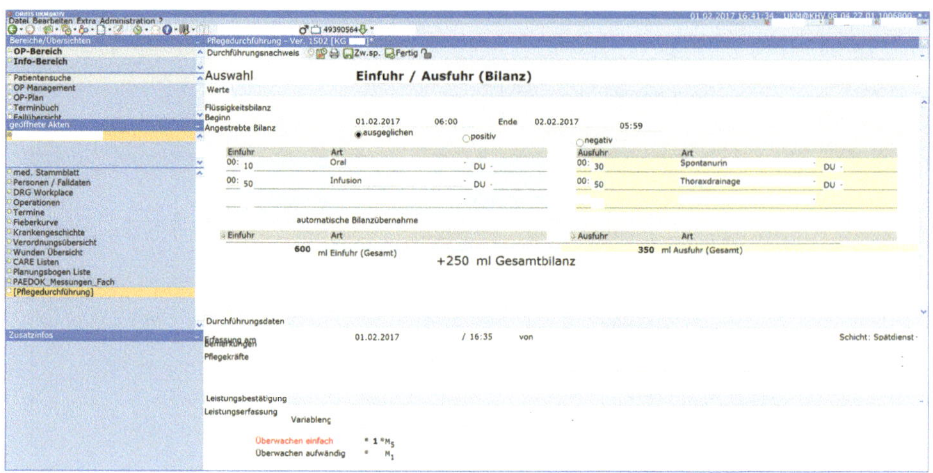

Abb. 3.27 Bilanzierung von Einfuhr und Ausfuhr. Quelle: Universitätsklinikum Münster

Abb. 3.28 Fieberkurve in der 7-Tage-Ansicht. Quelle: Universitätsklinikum Münster

folgende Beispiel zeigt. Wenn ein Dokumentationsformular nicht den Anforderungen genügt, dann wird nach einer bestimmten Zeit zunächst eine **Benachrichtigung** an den Dokumentationsverantwortlichen erzeugt. Wenn auch nach einer weiteren Zeitspanne die Dokumentation noch nicht fertig ist, dann kann in einer **Eskalationsschleife** der jeweilige Vorgesetzte automatisch benachrichtigt werden (Abb. 3.29). Dadurch kann man organisatorisch die zeitgerechte Fertigstellung dieser Dokumentation sicherstellen. Ein derartiges Vorgehen ist aber nur gerechtfertigt, wenn die Dokumentation für den Patienten notwendig ist, zum Beispiel um die Patientensicherheit zu gewährleisten.

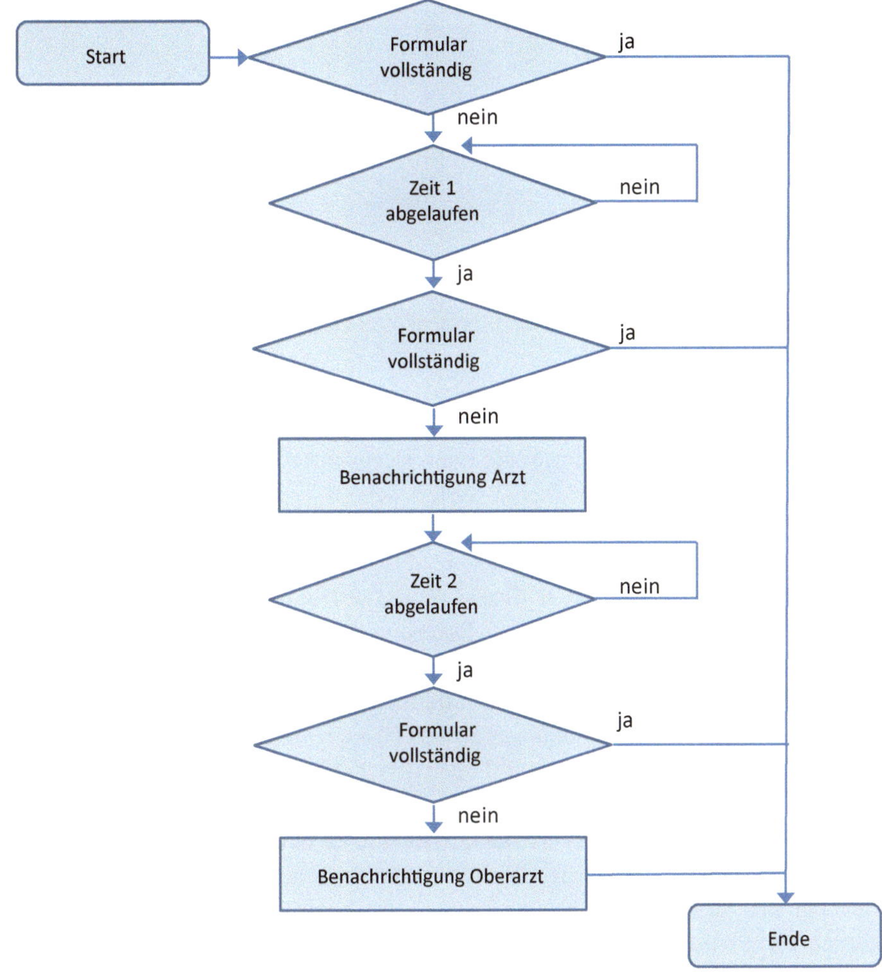

Abb. 3.29 Workflow-System zur klinischen Dokumentation mit Erinnerungsfunktion für den Dokumentationsverantworlichen sowie Eskalationsfunktion

3.3.5 Arbeitsorganisation und Ressourcenplanung

Ressourcen im Krankenhausbereich sind beispielsweise Mitarbeiter, Räume, OP-Säle, Betten oder Geräte. Zur effizienten **Ressourcenplanung** und **Terminplanung** ist ein IT-System (z. B. für Operationen oder Röntgenuntersuchungen) sinnvoll. Bei der Planung sind Funktionen wie Reservierung, Bestätigung, Einbestellung, Belegung, Verschiebung, Freigabe und Stornierung zweckmäßig, wobei auch klinische Zusatzinformationen übergeben werden sollen. Insbesondere für den OP-Bereich ist eine effektive **OP-Planung** (Abb. 3.30) von großer Bedeutung, um einerseits eine hohe **Auslastung** der teuren

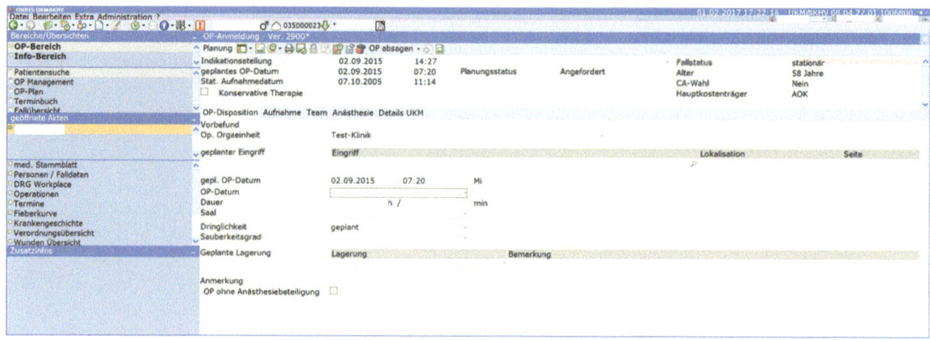

Abb. 3.30 OP-Planung: Eingabemaske zur Anmeldung einer Operation. Quelle: Universitätsklinikum Münster

Ressourcen und andererseits Flexibilität (zum Beispiel Änderungen des OP-Programms wegen Notfällen) zu erreichen. Das IT-System schafft Transparenz zum aktuellen Planungsstand und unterstützt hierbei, dass die jeweils benötigten Ressourcen am richtigen Ort zur richtigen Zeit zur Verfügung stehen. Zusätzlich können Daten aus der Planung (zum Beispiel Art des Eingriffs, OP-Team) in die **OP-Dokumentation** (Abb. 3.31) übernommen werden, sodass eine redundante Dateneingabe vermieden wird.

Für den Arbeitsablauf auf den Krankenstationen kommt der **Materialwirtschaft**, speziell der Material- und **Medikamentenbestellung**, eine besondere Bedeutung zu. Für die Materialwirtschaft und insbesondere die IT-Unterstützung der **Krankenhausapotheke** (Abwicklung von Bestellungen, Lagerwirtschaft) werden sogenannte **Enterprise Resource Planning** (**ERP**)-Systeme eingesetzt. Auch für die vielfältigen Aufgaben der **Personaladministration** (z. B. Personalabrechnung, Zeitwirtschaft, Dienstplanung; englischer Begriff Human Resources, abgekürzt **HR**) sind diese ERP-Systeme von großer Bedeutung. Im KIS soll sowohl eine kostenstellenbezogene wie auch eine patientenbezogene elektronische **Materialbestellung** (Abb. 3.32) möglich sein. Aufgrund des Mengengerüsts (mehr als 10.000 verschiedene Medikamente, etwa 1000 Einträge in der hauseigenen Medikamentenliste) sind elektronische Material- und Medikamentenkataloge zweckmäßig. Durch **Kommissionierungsautomaten** kann in der Apotheke die Zusammenstellung der angeforderten Medikamente aus dem Lager teilweise automatisiert werden. Die Materialverwaltung sollte bei Unterschreitung einer Mengenuntergrenze für ein Material im Lager eine Meldung in der Einkaufsabteilung auslösen bzw. eine automatische Bestellung durchführen. Bei Medikamenten ist teilweise eine patientenbezogene **Chargendokumentation** vorgeschrieben, um z. B. bei Blutprodukten nachvollziehen zu können, welcher Patient eine bestimmte Blutkonserve erhalten hat.

Die Medizinische Geräteverordnung (**MedGV**) schreibt regelmäßige Kontrollen von Medizinprodukten sowie eine Einweisung des Personals vor. Aus diesem Grund ist eine Geräteverwaltung erforderlich, in der alle Reparatur- und Wartungsarbeiten dokumentiert werden.

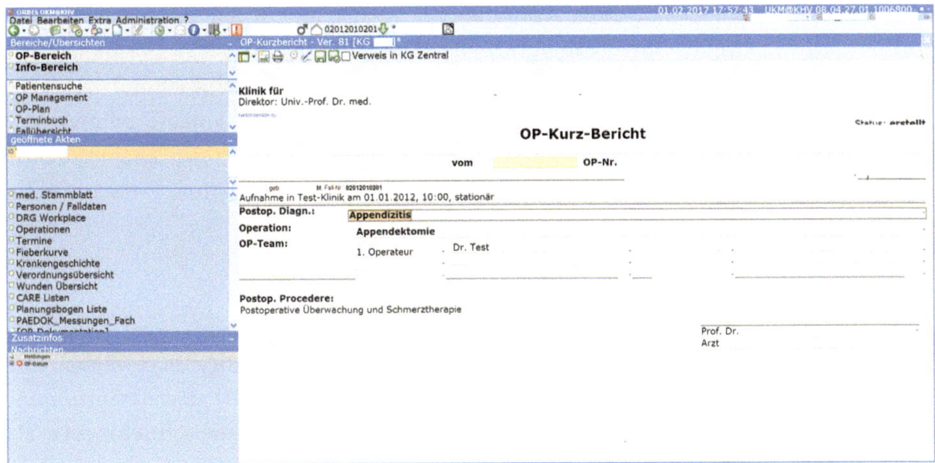

Abb. 3.31 OP-Dokumentation. Quelle: Universitätsklinikum Münster

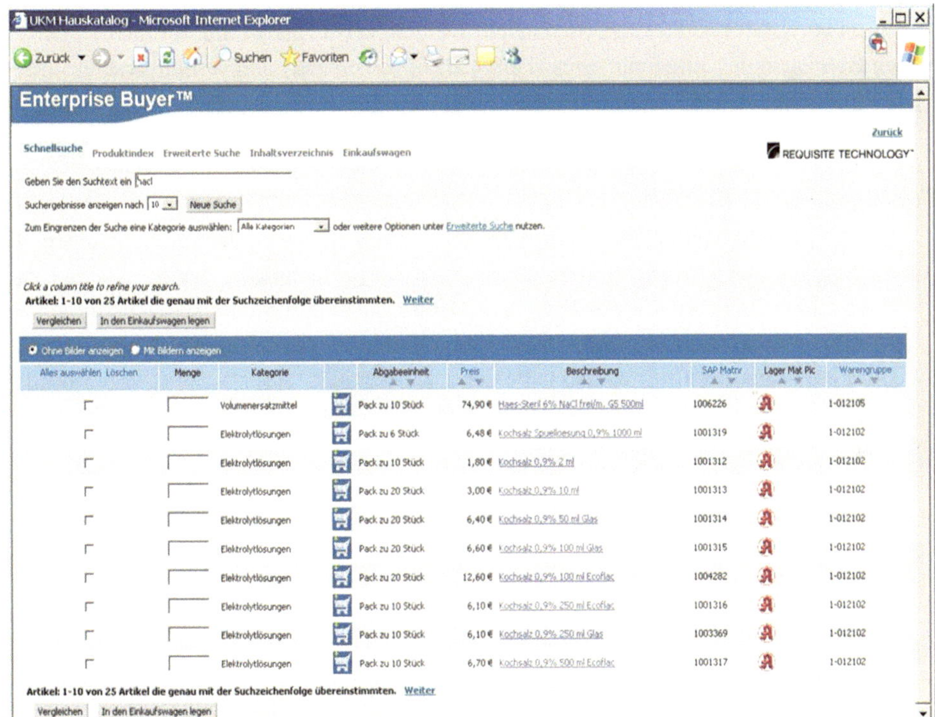

Abb. 3.32 ERP-System: Beispiel für Material-/Apothekenbestellung. Quelle: Universitätsklinikum Münster

Zu den weiteren **logistischen Aufgaben** im Krankenhaus gehören beispielsweise die Wäscheversorgung, Speisebestellsysteme und der Krankentransportdienst. Ein wichtiges Hilfsmittel in der Arbeitsorganisation sind **Arbeitslisten** mit Terminen und Zuständigkeiten, die auch eine Dokumentation der Arbeitsabläufe unterstützen. Die **betriebliche Kommunikation** kann synchron (Telefon, Funk) und asynchron (E-Mail) erfolgen und wird durch aktuelle Verzeichnisse (für Telefon, Funknummern, E-Mail) erleichtert.

3.3.5.1 Krankenhausmanagement

Das Management benötigt Kennzahlen zu Qualität und Quantität des Leistungsgeschehens, um den Krankenhausbetrieb zu steuern. Daher ist es notwendig, ausgewählte Daten aus den Teilsystemen eines KIS in einem **Data Warehouse (DWH)** zusammenzuführen. Mit diesem Datenbestand können im Rahmen der sogenannten **Business Intelligence (BI)** zum Beispiel **Indikatoren** ermittelt werden, die einen betriebsübergreifenden Vergleich ermöglichen und für die Erstellung des **Wirtschaftsplans** des Krankenhauses relevant sind. Statistiken und Berichte müssen durch das KIS auf verschiedenen Ebenen bereitgestellt werden, nämlich auf Krankenhaus-, Klinik-, Abteilungs- und Stationsebene. Steuerungsinstrumente sind z. B. Leitlinien (medizinisch, pflegerisch, administrativ), die elektronisch verwaltet und zugänglich gemacht werden. Das **Controlling** sammelt Daten aus allen Bereichen des Krankenhauses (Personal, Finanzen etc.) und wertet diese aus, z. B. ob die geplanten Budgets eingehalten werden.

Die **Kosten- und Leistungsrechnung** ordnet den erbrachten Leistungen die dazugehörigen Kosten zu. Kosten können betrachtet werden nach Kostenarten, Kostenstellen und Kostenträgern.

Bei der **innerbetrieblichen Leistungsverrechnung (ILV)** werden die Leistungen, die von einer Abteilung für eine andere erbracht werden, zahlenmäßig bewertet. Wenn man jede Abteilung als **Profit-Center** betrachtet, dann kann man auf diese Weise innerhalb des Krankenhausbetriebes analysieren, welche Abteilungen wirtschaftlich arbeiten.

Die **Finanzbuchhaltung** zeichnet alle Geschäftsvorgänge auf. Die **Hauptbuchhaltung** verwaltet die Kontenpläne und erstellt Periodenabschlüsse. Von besonderer Bedeutung sind die **Kreditorenbuchhaltung** (z. B. Erfassen von Lieferantenrechnungen, **Rechnungsprüfung**) und die **Debitorenbuchhaltung** (z. B. Mahnwesen). Die **Personalwirtschaft** führt nicht nur die Personalabrechnung durch, sondern ist zudem für Personal- und Stellenplanung zuständig. Zum **Facility-Management** gehört die Verwaltung und Instandhaltung der Gebäude des Krankenhauses.

3.3.5.2 Forschung und Lehre

Vor allem in den Universitätsklinika sollte das KIS auch in die Planung und Durchführung von klinischen Studien eingebunden werden. Mit Daten aus dem KIS kann die Rekrutierung von Patienten für Studien und das Datenmanagement (Export von KIS-Daten für Studienzwecke) unterstützt werden. Für die klinische Forschung ist ein elektronischer

Zugriff auf wissenschaftliche Literatur erforderlich. Auch für Aus-, Fort- und Weiterbildung werden elektronische Medien eingesetzt.

3.3.5.3 Aufgabenübergreifende Anforderungen

Das **Management des KIS** lässt sich aufteilen in strategische (langfristig orientierte) und taktische (kurzfristige) Aufgaben. Zur ersten Gruppe gehört die Erstellung und Fortschreibung der Rahmenkonzeption, zur zweiten das Projektmanagement. Der **Betrieb des Informationssystems** umfasst folgende Bereiche:

- Organisation und Pflege krankenhausweiter Datenbestände
- Betreuung der Systemkomponenten
- Netzmanagement
- Benutzerbetreuung
- Datenschutz
- Berichtswesen

Eine besondere Herausforderung im klinischen Bereich ist die **Integration** der äußerst vielfältigen Informationen. Durch den hohen Spezialisierungsgrad der Fachabteilungen gibt es eine Fülle von **Spezialsystemen** (auch **Subsysteme** genannt), die in kontrollierter Form Daten austauschen müssen. Von besonderer Bedeutung sind hierbei Radiologieinformationssystem (**RIS**), Bildarchiv (englisch Picture Archiving and Communication System, abgekürzt **PACS**), Laborinformationssystem (**LIS**) sowie Patientendatenmanagementsystem (**PDMS**) für Anästhesie/Intensivmedizin.

Durch einen **Kommunikationsserver** wird der Datenaustausch zwischen den verschiedenen Teilkomponenten eines KIS unterstützt und die Anzahl der erforderlichen Schnittstellen reduziert. Ärzte und Pflegekräfte müssen auf Informationen zugreifen, die von unterschiedlichen Fachabteilungen und Leistungsstellen erzeugt werden. Vorrangige Aufgabe für das KIS sind die Integration auf Prozessebene, aber auch auf Werkzeugebene (z. B. einheitlicher Zugang für verschiedene Systeme).

Bei der Systemarchitektur des KIS ist die Anpassbarkeit und Wartbarkeit des Datenmodells eine zentrale Anforderung. Das System sollte in der Lage sein, auf derselben Softwareplattform mehrere, voneinander unabhängige Datenbestände und Konfigurationen in Form von sog. **Mandanten** zu verwalten. Dadurch wird es möglich, bei laufendem Betrieb eine Systemumstellung vorzubereiten und zu testen. Sowohl auf organisatorischer wie auf technischer Ebene sind **Datenschutz** und **Datensicherheit** im KIS zu gewährleisten.

3.4 Arztpraxisinformationssystem

Arztpraxisinformationssysteme (APIS, synonym Praxisverwaltungssysteme, **PVS,** Arztinformationssysteme, **AIS)** werden bei niedergelassenen Ärzten eingesetzt. Viele

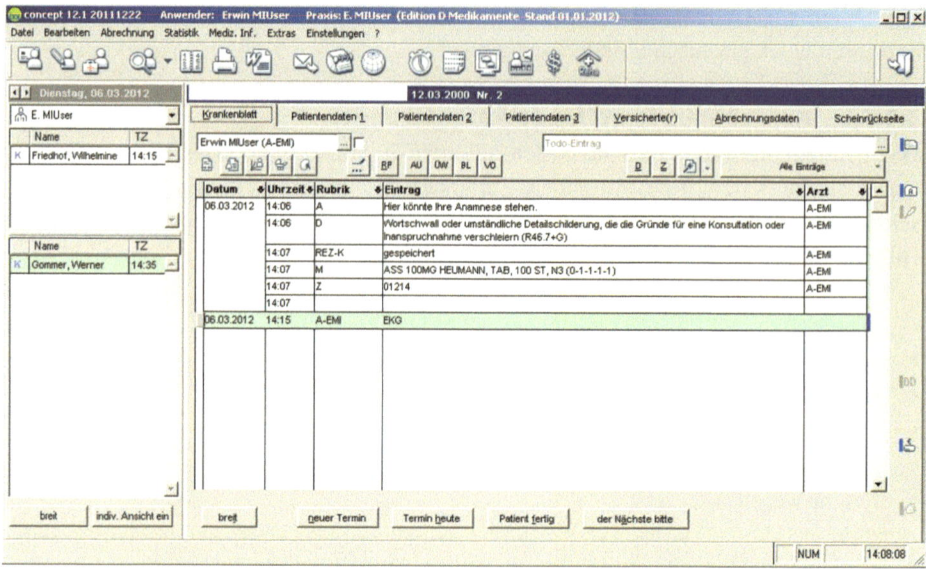

Abb. 3.33 APIS: Beispiel für elektronische Karteikarte. Quelle: Fa medatixx

Funktionen wie z. B. Arztbriefschreibung und Befunddokumentation sind ähnlich wie bei Krankenhausinformationssystemen, jedoch liegt der Schwerpunkt bei verlaufsorientierter Dokumentation. Analog zur elektronischen Patientenakte spricht man bei Praxissystemen von der **elektronischen Karteikarte** (Abb. 3.33). Typisch ist hierbei der Aufbau der Einträge mit Zeitstempel (Datum/Uhrzeit), Dokumentationskategorie (z. B. Anamnese, Diagnose) und Eintragsfeld als Text oder Code. Individuell parametrierbare Textbausteine können eingesetzt werden, um den Dokumentationsablauf zu beschleunigen.

Speziell für Arztpraxisinformationssysteme angepasst sind Funktionen zur **Praxisorganisation** (z. B. Terminplanung, To-do-Listen, Materialwirtschaft), Formularwesen, Abrechnung und Berichtswesen für den niedergelassenen Bereich. Leistungen für gesetzlich Versicherte (vertragsärztliche Versorung) werden anhand des **einheitlichen Bewertungsmaßstabs (EBM)** [EBM] vergütet. Die **Gebührenordnung für Ärzte (GOÄ)** [GOÄ] ist Grundlage der Abrechnung für Privatpatienten. **Individuelle Gesundheitsleistungen (IGeL)** sind von der Leistungspflicht der gesetzlichen Krankenversicherung ausgeschlossen und können gegen Selbstzahlung (Abrechnung nach der GOÄ) erbracht werden. Für die elektronische Quartalsabrechnung müssen APIS in der Regel von der Kassenärztlichen Bundesvereinigung (**KBV**) zertifiziert sein. Es gibt eine große Vielfalt von verschiedenen Softwarelösungen für APIS (>100 Systeme), die auch die Anforderungen der verschiedenen medizinischen Fachgebiete berücksichtigen.

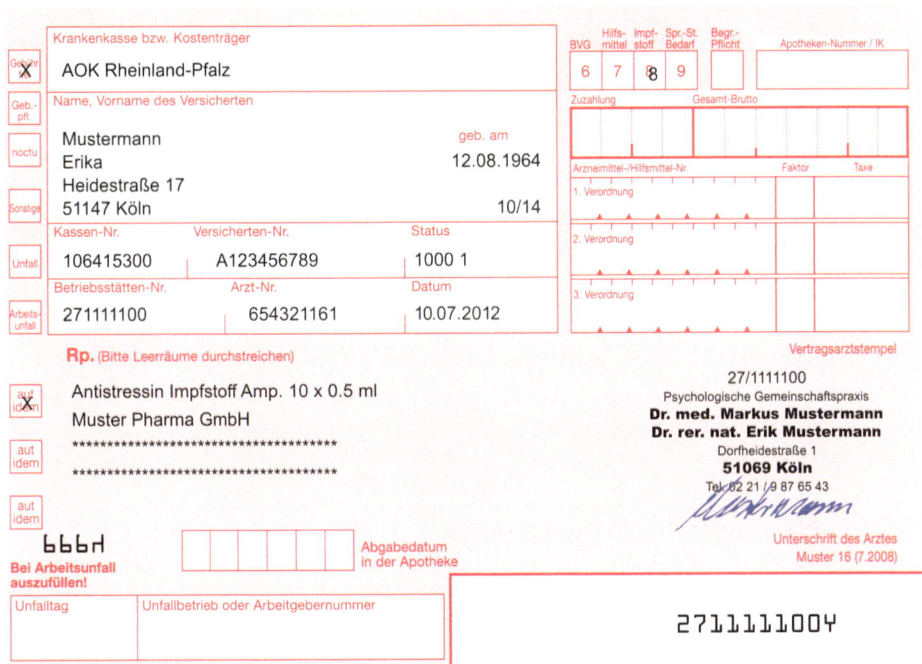

Gebühr X
Krankenkasse bzw. Kostenträger
AOK Rheinland-Pfalz
Geb.-pfl.
Name, Vorname des Versicherten
noctu
Mustermann
Erika
Heidestraße 17
51147 Köln
geb. am
12.08.1964
10/14
Sonstige
Unfall
Kassen-Nr. 106415300
Versicherten-Nr. A123456789
Status 1000 1
Arbeits-unfall
Betriebsstätten-Nr. 271111100
Arzt-Nr. 654321161
Datum 10.07.2012
BVG | Hilfs-mittel | Impf-stoff | Spr.-St. Bedarf | Begr.-Pflicht | Apotheken-Nummer / IK
6 7 8 9
Zuzahlung
Gesamt-Brutto
Arzneimittel-/Hilfsmittel-Nr. | Faktor | Taxe
1. Verordnung
2. Verordnung
3. Verordnung
Rp. (Bitte Leerräume durchstreichen)
aut idem X
Antistressin Impfstoff Amp. 10 x 0.5 ml
Muster Pharma GmbH
****
aut idem
****
aut idem
Vertragsarztstempel
27/1111100
Psychologische Gemeinschaftspraxis
Dr. med. Markus Mustermann
Dr. rer. nat. Erik Mustermann
Dorfheidestraße 1
51069 Köln
Tel. 02 21 / 9 87 65 43
6664
Bei Arbeitsunfall auszufüllen!
Abgabedatum in der Apotheke
Unterschrift des Arztes
Muster 16 (7.2008)
Unfalltag
Unfallbetrieb oder Arbeitgebernummer
2711111004

Abb. 3.34 Krankenkassenrezept (Muster 16 für Arzneiverordnungen). Quelle: https://de.wikipedia.org/wiki/Rezept_(Medizin)

Der Zugriff auf Arzneimittelinformationen und die damit zusammenhängenden Regelungen sind in der Arztpraxis von besonderer Bedeutung. Die Erstellung von **Medikamentenplan** und **Rezepten** (Abb. 3.34) ist eine Kernfunktionalität von Praxissystemen. Insbesondere die Versorgung von chronisch kranken Patienten soll durch das APIS effizient unterstützt werden.

Beim Datenschutz ist die genaue Organisationsform der jeweiligen Arztpraxis zu beachten. Bei einer **Einzelarztpraxis** haben nur ein Arzt und dessen Mitarbeiter Zugang zu den Patientendaten. In einer **Gemeinschaftspraxis** sind zwar mehrere Ärzte tätig, die aber alle gleichermaßen Zugang zu den Patientendaten haben. Die Revisionsfähigkeit der Dokumentation ist hier zu beachten. Im Gegensatz dazu werden bei einer **Praxisgemeinschaft** zwar Ressourcen gemeinsam genutzt (um Synergieeffekte zu nutzen), es gibt aber je Arzt eine getrennte Dokumentation ohne gegenseitiges Zugriffsrecht, weil im Verhältnis zum jeweiligen Patienten jeweils nur der einzelne Arzt auftritt. Bei **Praxisnetzen** arbeiten mehrere Ärzte zusammen und nutzen gemeinsame Dokumentation; dies setzt aber eine wirksame Zustimmung der jeweiligen Patienten voraus.

Für den elektronischen **Datenaustausch** bei niedergelassenen Ärzten stehen eine Reihe von **xDT-Standards** zur Verfügung (siehe Unterkapitel Schnittstellen), z. B. für die Labordatenübertragung oder die Integration von medizintechnischen Geräten. Im Rahmen der **Telematik-Infrastruktur** ist eine elektronische Übermittlung von Notfalldaten, Medikationsplänen und Arztbriefen vorgesehen. Eine Herausforderung ist es hierbei, Systeme bereitzustellen, die einfach und schnell zu bedienen sind und zugleich eine sichere Übermittlung von rechtsgültigen Dokumenten zwischen vielen verschiedenen Partnern ermöglichen.

Beim **Internet-Auftritt** einer Arztpraxis ist zu beachten, dass die Vorgaben der ärztlichen Berufsordnung, das Heilmittelwerbegesetz, Teledienstegesetz und das Gesetz gegen den unlauteren Wettbewerb beachtet werden. Ein ärztlicher Internet-Auftritt muss **sachlich informierend** sein; Werbung ist nicht zulässig, zum Beispiel mit Patientenfotos vor und nach der OP; auf ein korrektes **Impressum** mit Angabe der zuständigen Aufsichtsbehörde ist zu achten. Es empfiehlt sich daher, den Internet-Auftritt von der zuständigen Ärztekammer prüfen zu lassen.

3.5 Elektronische Patientenakte

Die **Patientenakte** umfasst alle medizinischen Daten und Dokumente eines Patienten. Dazu gehören Arztbriefe, Anamnesen, klinische Befunde, bildgebende Diagnostik (z. B. Röntgenbefunde), Labordiagnostik, Therapien und Verordnungen, Operationsberichte, Pflegedokumentation etc. Diese Akten sind sehr umfangreich: An einem Großklinikum entstehen typischerweise mehrere Millionen Patientendokumente pro Jahr, sodass eine elektronische Unterstützung erforderlich ist. Um die Übersicht zu behalten, existieren verschiedene Ordnungskriterien: **ablauforientierte** (chronologische Ordnung) und **problemorientierte Akten** (geordnet nach der Art der medizinischen Probleme); **ambulante und stationäre Akten; Fallakten** und **patientenbezogene Akten**. Man kann hierbei die Akte an einer bestimmten medizinischen Einrichtung und die „globale" Patientenakte als lebenslange, umfassende Datensammlung für einen Patienten unterscheiden.

Bei der **elektronischen Patientenakte** (**EPA,** englisch Electronic Patient Record, EPR) werden – je nach Datenbestand – unterschiedliche Bezeichnungen verwendet: die **elektronische Fallakte** (**EFA**) umfasst nur diejenigen Daten, die für einen bestimmten Behandlungsfall relevant sind. Beim Begriff „Fall" sind zu unterscheiden der **medizinische Fall**, der die Summe aller Behandlungen eines Patienten zum gleichen medizinischen Problemkreis zusammenfasst, und der **administrative Fall**, der sich in der Regel auf einen einzelnen stationären Krankenhausaufenthalt bezieht. Die **elektronische Krankenakte** (**EKA**) bezeichnet in der Regel diejenigen Daten, die in einem Krankenhaus über einen Patienten vorliegen und kann somit mehrere Behandlungsfälle umfassen. Die **elektronische Gesundheitsakte** (**EGA**), im internationalen Sprachgebrauch **Electronic Health Record** (**EHR,** Abb. 3.35) bezeichnet die Gesamtheit der medizinischen Daten eines Patienten von der Geburt bis zum Tod. Wie in der folgenden

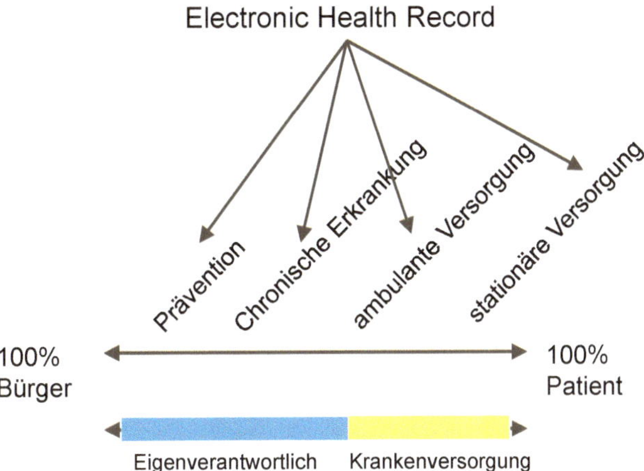

Abb. 3.35 Electronic Health Record: Gesamtheit aller medizinischen Daten, die sowohl im Rahmen der Krankenversorgung als auch eigenverantwortlich durch den Bürger erhoben werden

Abbildung dargestellt, gehören zur EGA sowohl Daten aus der stationären und ambulanten Behandlung eines Patienten als auch Daten, die der Patient bezüglich seiner Gesundheit selbst erhoben hat (z. B. Blutdruck-Messungen zuhause oder Fragebögen im Rahmen eines Patiententagebuchs). Sofern die EHR-Daten sich in der direkten Kontrolle des Bürgers befinden, ist im Englischen der Begriff **Personal Health Record** (**PHR**) gebräuchlich.

Die elektronische Patientenakte ist ein wichtiger Bestandteil der Informationsverarbeitung im Krankenhaus geworden. Wichtige Vorteile sind die verbesserte Verfügbarkeit der benötigten Informationen im Behandlungsprozess sowie eine **Effizienzsteigerung** durch **multiple Verwendbarkeit der Daten**. Da an der Behandlung von Patienten häufig verschiedene Einrichtungen des Gesundheitswesens beteiligt sind (zum Beispiel Hausarzt, Akutkrankenhaus, Rehabilitationsklinik), muss die Patientenakte von verschiedenen Personen an verschiedenen Orten eingesehen und rechtssicher bearbeitet werden können. Bei einer elektronischen Patientenakte sind daher die Anforderungen an **Datenschutz** und **Interoperabilität** (Kompatibilität der IT-Systeme) entsprechend hoch. Eine wichtige Anforderung besteht darin, dass bei medizinischen Notfällen ein schneller Zugang zu notfallrelevanten Daten (z. B. Medikation, Vorerkrankungen, Allergien) erforderlich ist. Der Patient hat grundsätzlich ein Recht auf Einsichtnahme in seine Patientenakte (Abb. 3.36).

Jeder Arzt muss durch seine Dokumentation nachweisen können, dass er seine Patienten entsprechend den medizinischen Standards („**lege artis**“) behandelt hat, daher benötigt er rechtssichere Patientenakten. Insbesondere muss auch die **Archivierung** von elektronischen Patientenakten revisionssicher und rechtssicher erfolgen. Hierbei können elektronische Signaturen und spezielle Speichersysteme eingesetzt werden, die keine nachträgliche Änderung der Daten zulassen. Mit einem entsprechenden **Dokumentenmanagementsystem** (**DMS**) ist auch ein ersetzendes Scannen von Papierakten möglich, d. h. Scannen und anschließende Vernichtung von Papierakten.

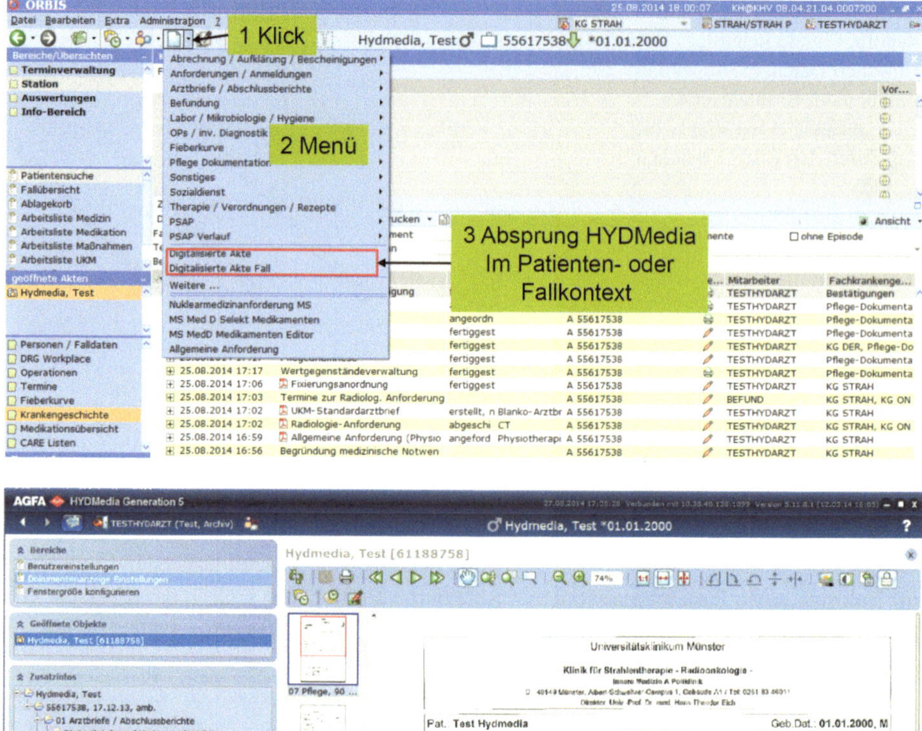

Abb. 3.36 Beispiel für elektronische Patientenakte. Vom klinischen Arbeitsplatzsystem (ORBIS) kann zum jeweiligen Patienten direkt die elektronische Akte (HYDMedia) aufgerufen werden. Quelle: Universitätsklinikum Münster

Es gibt eine Reihe von kommerziellen Softwareprodukten für elektronische Patientenakten sowohl in Krankenhäusern als auch Arztpraxen. Diese sollten mit den anderen Komponenten des Krankenhaus- bzw. Arztpraxisinformationssystems eng integriert sein (u. a. einheitliches Berechtigungskonzept für den Zugriff auf Patientendaten). Aufgrund der hohen Anforderungen und der Vielfalt von Softwaresystemen ist die effiziente und datenschutzgerechte Realisierung einer lebenslangen Gesundheitsakte eine große Herausforderung.

3.6 RIS und PACS

3.6.1 RIS

Ein Radiologie-Informationssystem (**RIS**) wird als Abteilungssystem einer radiologischen Einrichtung eingesetzt. Im RIS werden alphanumerische Daten der Radiologie verarbeitet, also vor allem Patientendaten, Daten zu geplanten und erbrachten radiologischen Untersuchungen und Befundberichte. Eine besondere Herausforderung ist die Einbindung der vielfältigen Untersuchungsmethoden der Radiologie in das RIS. Die bildgebenden Modalitäten sind Medizinprodukte und besitzen typischerweise eigene Computerkomponenten mit Spezialsoftware. Das RIS kommuniziert mit den Arbeitslisten (**Worklists**) der Modalitäten. Für den Datenaustausch der Modalitäten mit dem RIS kommen standardisierte und proprietäre, d. h. herstellerspezifische, Schnittstellen zum Einsatz. Der Arbeitsablauf (Workflow) der jeweiligen Modalität muss im RIS entsprechend abgebildet werden. Ein RIS unterstützt den Workflow der Befundung. Zunächst wird ein vorläufiger Befund erstellt, wobei auch elektronische Diktiersysteme zum Einsatz kommen können. Nach Qualitätssicherung des Befundes (zum Beispiel durch den Oberarzt) erfolgt die elektronische Freigabe.

Eine bidirektionale Anbindung des RIS an das KAS über entsprechende Schnittstellen ist erforderlich, um radiologische Leistungen vom KAS aus elektronisch anfordern zu können und Radiologiebefunde sowie Leistungsdaten an das KAS zu übertragen (CPOE-Zyklus). Abbildung 3.37 zeigt die untersuchungsbezogenen Arbeitsabläufe für radiologische Untersuchungen.

3.6.2 PACS

Ein Picture Archiving and Communication System (**PACS**) wird für Management und Archivierung großer Mengen von Bilddaten eingesetzt. PACS werden v. a. in der Radiologie verwendet („filmlose Radiologie“), aber zunehmend auch für andere Bildquellen wie zum Beispiel Fotografien und mikroskopische Bilder (Abb. 3.38). Wichtige Teilaufgaben von PACS sind **Bildkommunikation** und **Bildarchivierung**, vor allem die zeitnahe Bereitstellung der Bilder am jeweils benötigten Ort. Eine technische Herausforderung für die Speicher- und Netzwerkkapazität ist der enorme und weiterhin stark zunehmende **Speicherbedarf** der Bilder, der durch die Erhöhung der Bildauflösung bei gleichzeitiger Zunahme der Bildanzahl je Untersuchung begründet ist. Ein besonders hoher Speicherbedarf entsteht bei Videos durch die hohe Anzahl von Einzelbildern. Als **Prefetching** wird der zeitlich vorgezogene Transfer von Bilderserien auf einen Arbeitsplatzrechner bezeichnet, um Wartezeiten bei der Befundung zu vermeiden. **Softcopy**-Befunde nennt man die Ergebnisse einer reinen Monitorbefundung. Durch Ausdrucken eines PACS-Bildes erhält man eine **Hardcopy**, die jedoch durch die zunehmende Digitalisierung des Arbeitsablaufs an Bedeutung verliert.

Auf **Übersichtslisten** wird der Status von patientenbezogenen Untersuchungs- und Bilddaten dargestellt. Mit einem **PACS-Viewer** können die Bilderserien eingesehen und befundet werden. Durch **Thumbnail**-Bilder, d. h. kleine Übersichtsbilder, kann sich der

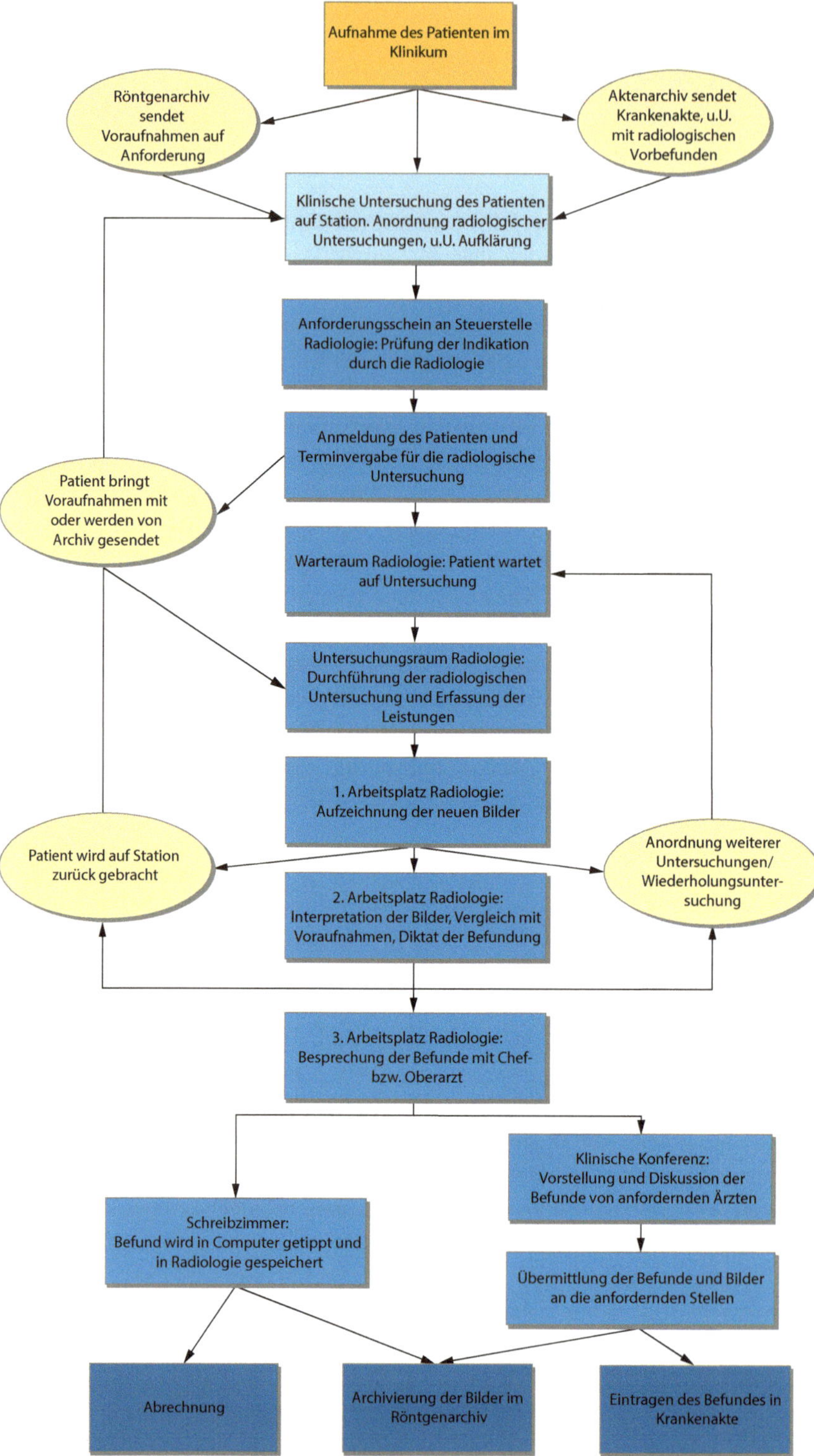

Abb. 3.37 Workflow für radiologische Untersuchungen von der Aufnahme des Patienten bis zur Archivierung von Röntgenbildern

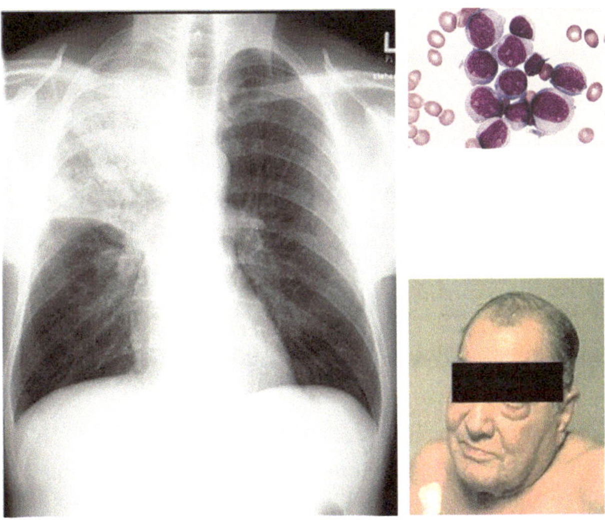

Abb. 3.38 Typische Beispiele für medizinische Bilddaten: Röntgenbild, mikroskopisches Bild und Fotografie. Quelle: Universitätsklinikum München

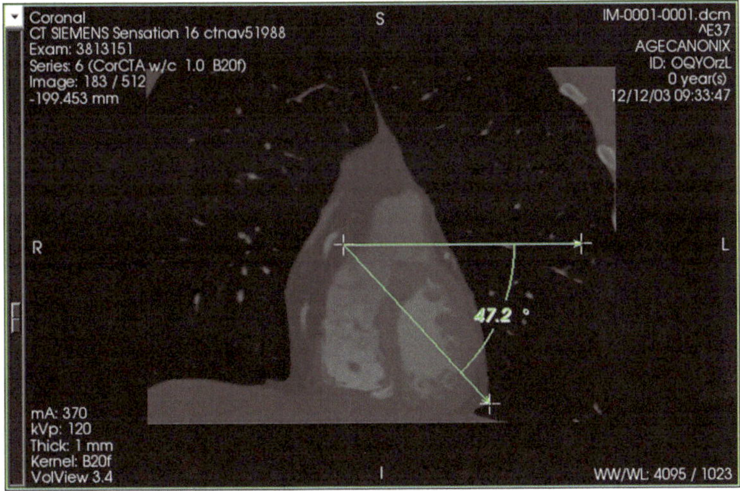

Abb. 3.39 PACS-Viewer mit Messfunktion für anatomische Strukturen. Quelle: Universitätsklinikum Münster

befundende Arzt einen Überblick über eine Bilderserie verschaffen. Eine Reihe von **Bildverarbeitungsfunktionen** sind im PACS-Viewer verfügbar, um die Befundung zu unterstützen, zum Beispiel Zoom, Helligkeit, Kontrast, Fensterung, Filterung, Segmentierung, 3D-Ansicht etc. (siehe Kapitel Bildverarbeitung). Das PACS bietet die Möglichkeit, Bilder zu annotieren, d. h. befundrelevante Bildausschnitte zu kennzeichnen und mit Kommentaren zu versehen, sowie anatomische Strukturen zu messen (Abb. 3.39).

Ein Transfer von Bilddaten zwischen den PACS-Knoten ist möglich, wobei ein versehentliches Löschen verhindert werden muss. Eine enge Integration zwischen PACS und RIS ist notwendig, um den Befundtext und die dazugehörigen Bilder zu verknüpfen. Auch eine enge Anbindung von PACS und KIS ist sinnvoll, um radiologische Bilder auf den Krankenstationen elektronisch bereitzustellen. Für die Vorbereitung von Röntgenbesprechungen (**Demonstrationen**) können im PACS **Fallserien** erstellt und verwaltet werden. Ein zentrales PACS-Bildarchiv sollte einen Datenbestand von mehreren Jahren aufnehmen können und einen möglichst schnellen Zugriff bieten.

3.6.3 DICOM

Die Abkürzung **DICOM** [DICOM] steht für Digital Imaging and Communications in Medicine. DICOM ist ein weit verbreiteter, internationaler Standard für elektronische Bildkommunikation in der Medizin.

Seit der Einführung der Computertomographie hat die Bedeutung digitaler medizinischer Bildverarbeitung ständig zugenommen. 1985 wurde von einer gemeinsamen Arbeitsgruppe des American College of Radiology (ACR) und der National Electrical Manufacturers Association (NEMA) der **ACR-NEMA**-Standard zum Austausch digitaler elektronischer Bilder mit zugehörigen Annotationen zwischen Systemen unterschiedlicher Hersteller publiziert. Dieser Standard wurde weiterentwickelt und 1993 in den DICOM-Standard überführt.

Ziel von DICOM ist es, einen möglichst reibungslosen Datenaustausch zwischen bildgebenden Modalitäten verschiedener Hersteller zu erreichen. DICOM beschreibt detailliert **Datenformate** für medizinische Bilderserien und vielfältige **Annotationen** wie z. B. Name des Patienten, Patientennummer, Art und Geräteparameter der Aufnahmemodalität. DICOM bietet Datenstrukturen sowohl für Online-Kommunikation als auch für Offline-Medien (Datenträgeraustausch). Zusätzlich werden in DICOM eine Fülle von netzwerkbasierten Diensten spezifiziert, beispielsweise die Abfrage eines Bildarchivs („Query/Retrieve Service Class") oder das Drucken von Bildern („Print Management Service Class").

Für jedes DICOM-konforme Gerät oder Programm muss eine **Konformitätserklärung** erstellt werden, in der detailliert dargelegt werden soll, welche Teile des DICOM-Standards unterstützt werden. In der Praxis ergeben sich bei der Integration der Systeme Probleme durch unvollständige Einhaltung des DICOM-Standards, die auf betriebswirtschaftliche Hintergründe (Alleinstellungsmerkmale von Produkten), aber auch auf die Komplexität von DICOM zurückzuführen sind.

3.7 Laborinformationssystem

Laborinformationssysteme (**LIS**), auch als Laborinformationsmanagementsysteme (**LIMS**) bezeichnet, sind von zentraler Bedeutung für die Labordiagnostik im

Gesundheitswesen. Laboruntersuchungen werden eingesetzt, um eine Diagnose zu stellen bzw. eine Verdachtsdiagnose zu bestätigen oder auszuschließen. Darüber hinaus kann der Erfolg einer Therapie überwacht oder der Krankheitsverlauf beurteilt werden. Im Rahmen der Anforderung und Erbringung von Laborleistungen werden folgende Schritte durchgeführt:

- **Anforderung eines Labortests** aufgrund einer klinischen Fragestellung
- **Probenentnahme**, -markierung und -transport
- Probenannahme und -identifizierung
- Probengutverteilung, Laboranalyse
- **Qualitätskontrolle** und Validierung
- **Befundübermittlung**, Interpretation, Abrechnung

Das Laborsystem als Teilsystem des Krankenhausinformationssystems sollte diesen Prozessablauf (sog. **Test-Request-Cycle** als eine Variante des **CPOE**-Zyklus) abbilden und unterstützen. Aufgrund der Fülle von Laborparametern wurden Computersysteme schon sehr frühzeitig im Bereich der Labordiagnostik eingesetzt. Ein erheblicher Teil der Analyseverfahren ist voll- oder teilautomatisiert und über spezielle Schnittstellen an das LIS angebunden.

3.7.1 Auftragskommunikation

Wenn KIS und Laborsystem gut aufeinander abgestimmt sind, dann können Laboranforderungen primär elektronisch durchgeführt werden (Abb. 3.40). Dadurch kann die Leistungsanforderung optimiert werden im Sinne von Clinical Decision Support (**CDS**). Es können beispielsweise anwenderspezifische Profile und Formulare eingesetzt werden; die Vollständigkeit der Angaben kann geprüft werden; eine Kosten-/Nutzen-Optimierung durch Unterstützung einer einsenderspezifisch optimierten Stufendiagnostik kann erfolgen.

3.7.2 Laboranalyse

Durch Etiketten mit **Barcode** können die Proben effizient identifiziert werden. Anschließend erfolgt die **Probengutverteilung** auf die verschiedenen Analysegeräte. Das Laborinformationssystem steuert diesen Prozess, wobei die Verfügbarkeit und Kapazität der vorhandenen Geräte berücksichtigt werden. Bei Bedarf können Arbeitslisten erstellt werden, die an den Analyseplätzen abrufbar sind. Der Arbeitsablauf im Labor ist hochgradig automatisiert, man spricht von sogenannten **Laborstraßen** (Abb. 3.41).

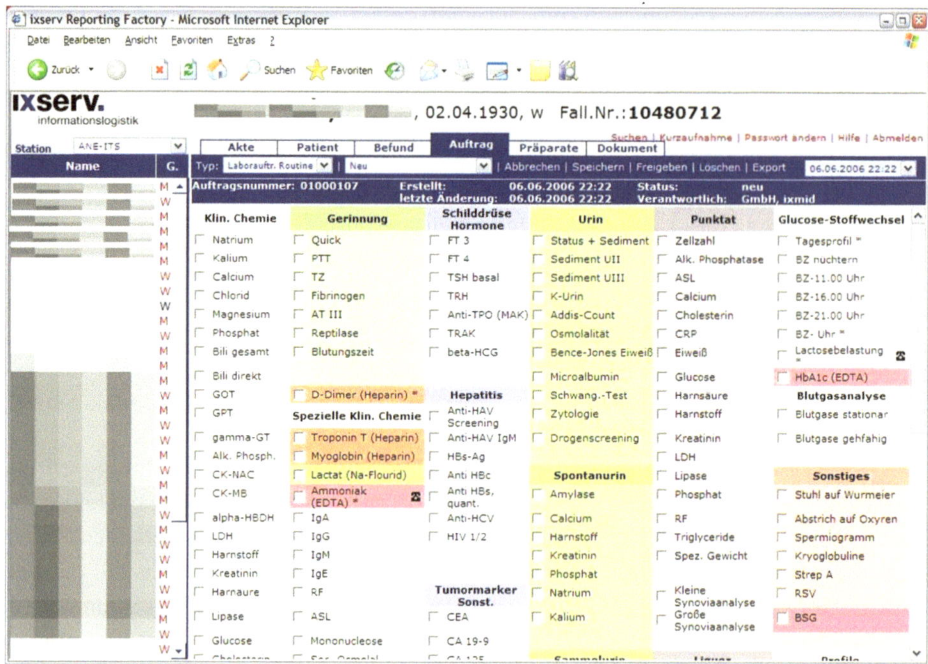

Abb. 3.40 Elektronisches Anforderungsformular für Laboruntersuchungen. Quelle: Universitätsklinikum Münster

3.7.3 Qualitätskontrolle

Ein LIS in einem Krankenhaus verarbeitet viele Tausende von Proben. Es handelt sich also um einen Produktionsbetrieb im kritischen Bereich mit **Massendatenverarbeitung**. Arbeitsabläufe und Labortechnik müssen sicher, schnell, fehlertolerant und zugleich kosteneffizient sein. Fehlerhafte Laborwerte können die Patientensicherheit massiv beeinträchtigen, daher sind Maßnahmen zur regelmäßigen Qualitätskontrolle notwendig, die vom LIS durch geeignete Auswertungs- und Reportfunktionen unterstützt werden. Die **Plausibilitätskontrolle** betrifft die Kontrolle des Musters der Analysenwerte eines Patienten. Man unterscheidet hierbei:

- **Extremwertkontrolle**: ggf. wird eine Messung wiederholt, wenn Extremwerte überschritten werden
- **Konstellationskontrolle/Befundmusterkontrolle**: Prüfung von physiologischen Zusammenhängen in derselben Probe, z. B. Hämoglobin [g/dl] × 3 ≈ Hämatokrit [%], sowie Berücksichtigung von Zusatzinformationen wie Diagnose oder Medikation des Patienten
- **Vorwertvergleich/Trendkontrolle**: Vergleich mit Vorbefunden beim selben Patienten, um unplausible Abweichungen zu identifizieren. Als Abweichungsmaß wird die absolute bzw. prozentuale Differenz der Werte verwendet (**D-Trend** bzw. **P-Trend**) oder

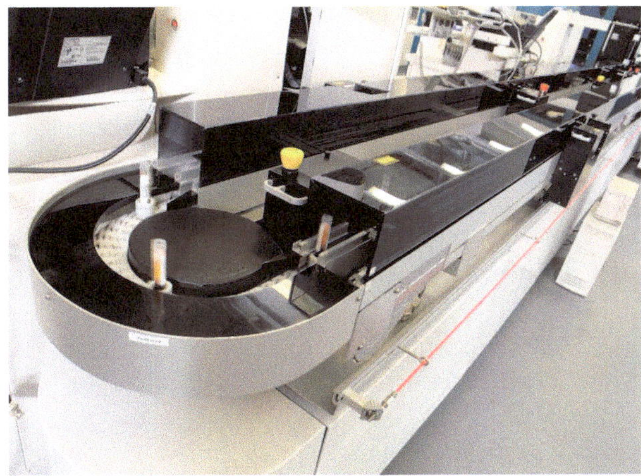

Abb. 3.41 Laborstraße zur automatisierten Messung von Laborproben. Quelle: Universitätsklinikum Münster

eine Kombination von beiden (**Beta-Check**). Bei auffälligen Werten erfolgt ggf. eine Wiederholung der Messung.
- **Tagesmittelwertvergleich**: Vergleich des Tagesmittelwerts eines Parameters mit anderen Untersuchungstagen als Hinweis auf systematische Abweichungen

Das Laborsystem enthält zunächst vorläufige Befunde, die durch den **Laborarzt** validiert und freigegeben werden. Im Rahmen der **internen Qualitätssicherung** werden regelmäßig **Kontrollproben** untersucht, wobei sowohl die zufällige wie auch die systematische Messabweichung (Präzision/Richtigkeit) bestimmt und dokumentiert werden. Bei der **externen Qualitätssicherung** durch **Ringversuche** werden definierte Proben verblindet an mehrere Labore verschickt, um die Qualität der Laboruntersuchungen zu prüfen.

3.7.4 Befundübermittlung

Bei der elektronischen Befundübermittlung ist die schnelle Information des Einsenders wichtig, u. a. bei kritischen Laborwerten. Die Kommunikation mit anderen Teilsystemen des KIS sollte über standardisierte Schnittstellen (insbesondere HL7) erfolgen. Aus Sicherheitsgründen sind zusätzlich zur elektronischen Übermittlung Möglichkeiten für telefonische und papierbasierte Befundübermittlung vorzusehen, um auch bei Ausfall oder Störung von IT-Systemen die Patientenversorgung zu sichern. Es gibt im Laborbereich verschiedene Arten von Befunden, insbesondere Normalbefunde, Notfall-/Eilbefunde, Tagesbefunde, kumulative Befunde und Spezialbefunde.

Die Laborbefunde sollen möglichst direkt in andere Dokumente integrierbar sein, zum Beispiel in Arztbriefe. Um eine übersichtliche Darstellung zu erreichen, sind verschiedene Sichten auf die Daten erforderlich, vor allem eine **grafische Verlaufsdarstellung** von Werten sowie **kumulierte Befunde**.

Durch den hohen Strukturierungsgrad der Labordaten eignen sich diese gut für Clinical Decision Support (**CDS**). Typische Beispiele sind das Monitoring der Nierenfunktion (Kreatinin, Kalium) oder Einstellung der Blutzuckerwerte. Bei Alarmfunktionen für auffällige Laborwerte ist eine sorgfältige Parametrierung erforderlich, um Fehlalarme zu vermeiden, die zu mangelnder Akzeptanz der Anwender führen („**Alert Fatigue**"). Für die Interpretation von Laborwerten muss der Behandlungskontext berücksichtigt werden; beispielsweise unterscheiden sind die Nierenfunktionsparameter der Patienten zwischen einer Dialysestation und einer allgemeinchirurgischen Station.

3.8 IT-System für Intensivmedizin und Anästhesie

Mit **Patientendatenmanagementsystem** (englisch **Patient Data Management System**, abgekürzt **PDMS**) werden die IT-Systeme bezeichnet, die in Anästhesie und Intensivmedizin eingesetzt werden. Die Systeme speziell für die Intensivmedizin werden auch als Intensiv-Informations-Management-System (**IMS**) bezeichnet; die Systeme für die Anästhesie entsprechend als Anästhesie-Informations-Management-System (**AMS**). In diesen Bereichen werden viele Medizinprodukte eingesetzt, wie zum Beispiel Vitaldatenmonitore oder Beatmungsgeräte, die an das PDMS angeschlossen werden können. Es bestehen entsprechend hohe Anforderungen an die Zuverlässigkeit von PDMS, um die Patientensicherheit zu gewährleisten. PDMS sind aufgrund der engmaschigen Überwachung der **Vitalfunktionen** (Abb. 3.42) und der hohen Anzahl von therapeutischen Maßnahmen (Abb. 3.43) gekennzeichnet durch eine hohe Dichte von Patientendaten, die möglichst übersichtlich dargestellt werden sollen. Es gibt eine Reihe von Prototypen für Clinical Decision Support (**CDS**) in PDMS, um das Behandlungsteam zu unterstützen, mit dieser Menge von Patientendaten sachgerecht umzugehen. Eine hohe Präzision der Alerts (hohe Sensitivität der Alarme, aber wenig Fehlalarme) ist bei PDMS von besonderer Bedeutung, weil im Intensivbereich generell viele Alarmsituationen auftreten.

3.9 Gesundheitstelematik und Telemedizin

Moderne Informations- und Telekommunikationstechnologien ermöglichen die Vernetzung von Krankenhäusern und Arztpraxen. **Gesundheitstelematik** ist ein zusammengesetztes Wort aus **Gesundheit**swesen, **Tele**kommunikation und Infor**matik**. Unter diesem Begriff werden alle Anwendungen des integrierten Einsatzes von Informations- und Kommunikationstechnologien im Gesundheitswesen zur **Überbrückung von Raum und Zeit** subsummiert. Eine effiziente Versorgung der Patienten soll erreicht werden, indem Ärzte verschiedener Einrichtungen an unterschiedlichen Orten über Netzwerke miteinander kommunizieren, Daten austauschen und auf verteilte Datenbanken zugreifen. Ziele der Gesundheitstelematik sind eine Qualitätssteigerung der Versorgung, Kosteneinsparung,

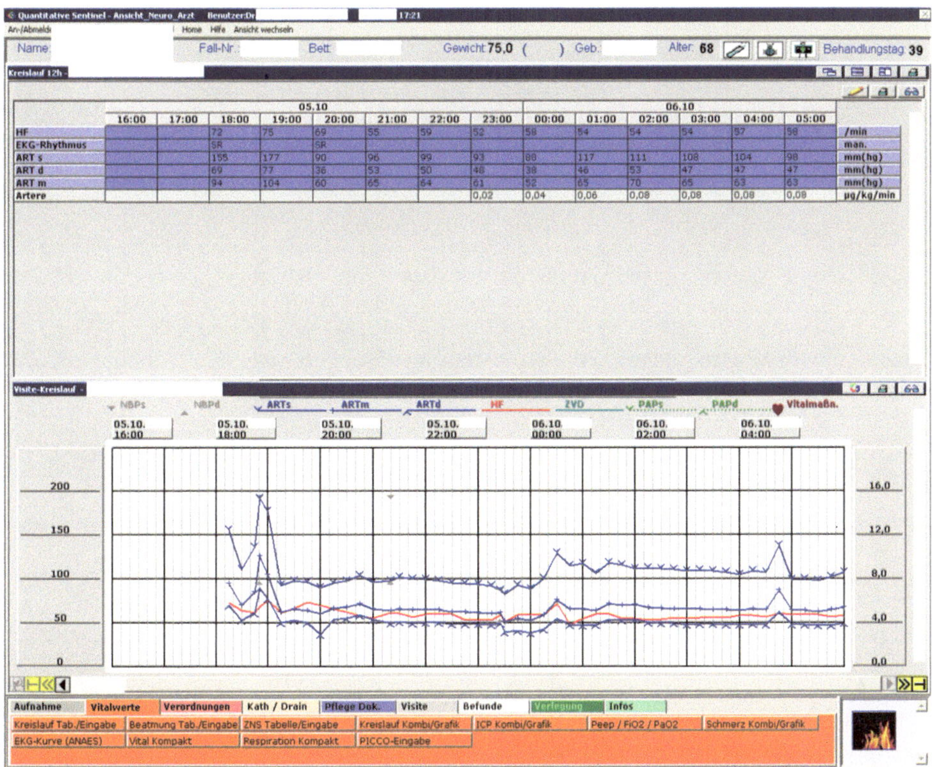

Abb. 3.42 Vitaldatenmonitoring in einem PDMS. Quelle: Universitätsklinikum Münster

Transparenz des Leistungs- und Behandlungsgeschehens sowie die Erschließung neuer Märkte für Dienstleistungen im Gesundheitsbereich.

Mit der **Telematikinfrastruktur** (Abb. 3.44) soll ein Informationsaustausch zwischen den IT-Systemen von Arztpraxen, Apotheken, Krankenhäusern und Krankenkassen ermöglicht werden. Es geht hier vor allem um Unterstützung der **Telekommunikation**: Übermittlung von **elektronischen Arztbriefen** (**eArztbrief**), **Rezepten** (**eRezept**) und **Überweisungen**. Es handelt sich bei der Telematikinfrastruktur um ein geschlossenes Netzwerk für Ärzte, Zahnärzte, Psychotherapeuten, Krankenhäuser und Apotheken, zu dem man nur mit Heilberufsausweis und Gesundheitskarte Zutritt erhält. Die intersektoralen Grenzen sollen mit der Telematikinfrastruktur überwunden werden unter Einhaltung der rechtlichen Vorschriften (insbesondere ärztliche Schweigepflicht und Recht auf informationelle Selbstbestimmung). Die Koordination der Telematikinfrastruktur wurde der **gematik** (Gesellschaft für Telematikanwendungen der Gesundheitskarte mbH) übertragen, die von den Spitzenorganisationen des deutschen Gesundheitswesens gegründet wurde.

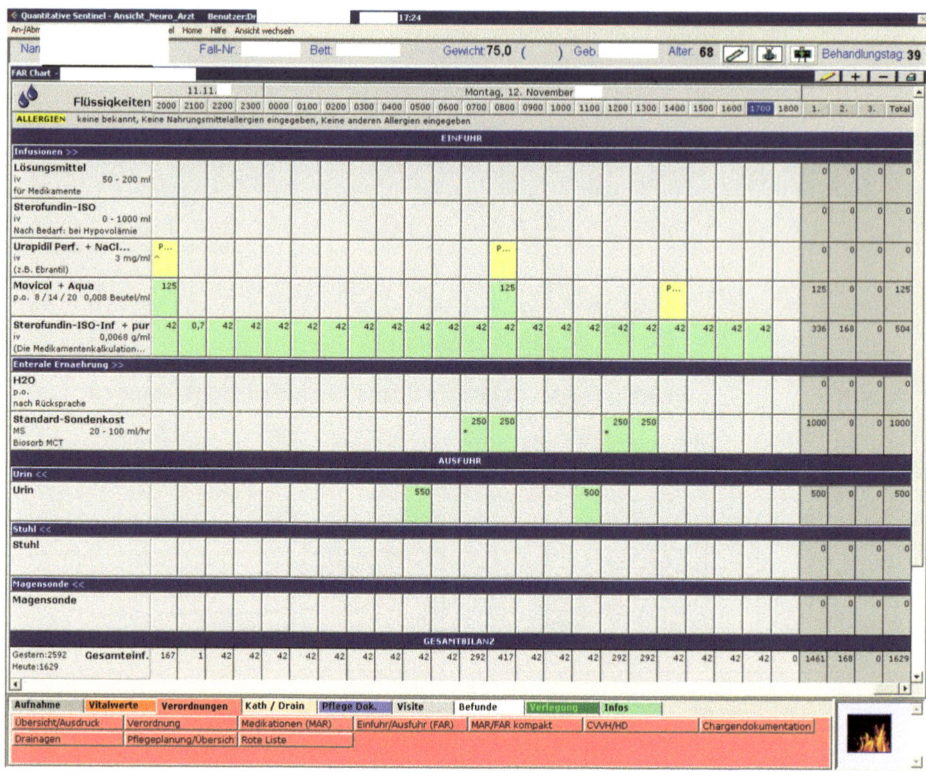

Abb. 3.43 Infusionen, Ernährung und Bilanzierung in einem PDMS
Quelle: Universitätsklinikum Münster

Unter **Telemedizin** versteht man medizinische Diagnostik und Therapie unter Überbrückung räumlicher oder zeitlicher Distanz mittels Telekommunikation. Dazu gehören beispielsweise interaktive Konsultationen und Telediagnostik.

Im Folgenden werden einige Anwendungsgebiete der Telemedizin exemplarisch vorgestellt. Die sicherheitstechnischen Aspekte der Telemedizin (Kryptographie, digitale Signatur etc.) werden im Kapitel Datenschutz und IT-Sicherheit vorgestellt. Die rechtlichen Grundlagen für die Übermittlung von Patientendaten sowie die Abrechenbarkeit von telemedizinischen Leistungen sind wichtige Rahmenbedingungen für den Einsatz von Telemedizin.

3.9.1 Telekonsultation

Telekonsultation ist die Befragung von lokal nicht verfügbaren Experten durch den lokal behandelnden Arzt über die Behandlung eines Patienten unter Verwendung von

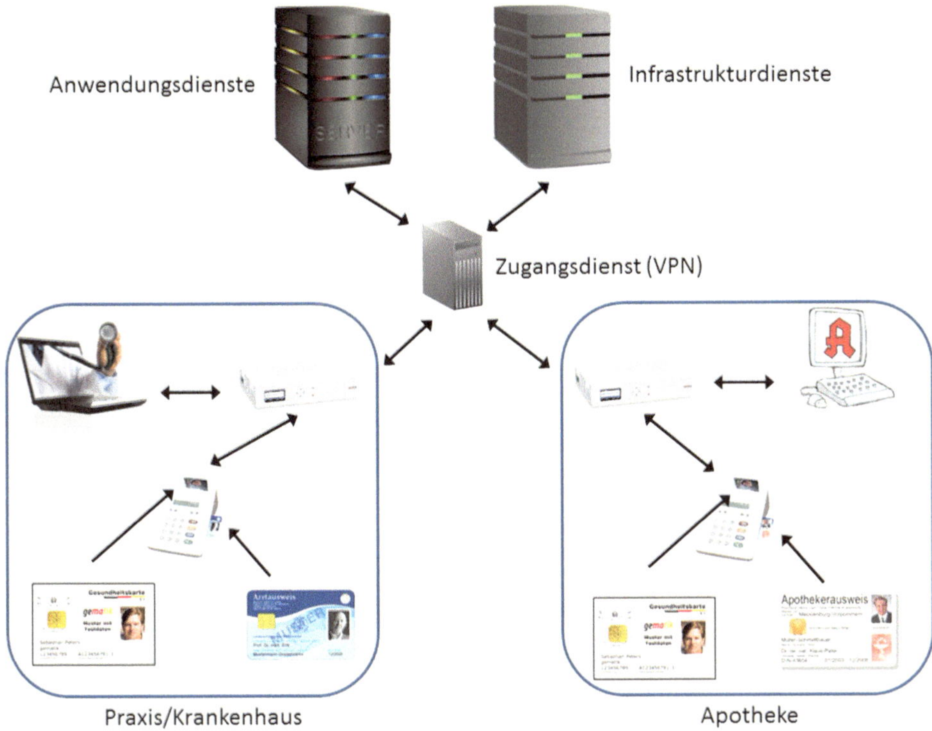

Abb. 3.44 Telematikinfrastruktur: Mit Heilberufsausweis und elektronischer Gesundheitskarte erhält man Zugang zu diesem Netzwerk und kann die Anwendungsdienste und Infrastrukturdienste nutzen

Telekommunikationsmitteln. Durch ein derartiges **Telekonsil** kann eine **Zweitmeinung** („**Second Opinion**") bei schwierigen Fällen eingeholt werden, ohne den Patienten durch einen Transport zu belasten und ohne Zeit zu verlieren. Im Gegensatz zur reinen Telediagnostik ist bei der Telekonsultation ein verantwortlicher Arzt vor Ort. Beispielsweise kann durch Übermittlung von Röntgenbildern eines Patienten an ein Traumazentrum geklärt werden, ob eine Verlegung des Patienten in ein spezialisiertes Zentrum notwendig ist. Weiterhin können **Telekonferenzen** (zum Beispiel als Videokonferenzen) durchgeführt werden, bei der Experten aktuelle Fälle mit Ihren Kollegen besprechen. Auf diese Weise ist es möglich, die medizinische Versorgung in weniger dicht besiedelten Gebieten zu unterstützen. Für die Versorgung von Schlaganfallpatienten konnte beispielsweise gezeigt werden, dass durch Telekonsultation die Behandlungsergebnisse der Patienten verbessert werden können [TEMPiS].

3.9.2 Telediagnostik, insbesondere Teleradiologie

Bei der Telediagnostik wird durch einen räumlich entfernten Experten eine Diagnose gestellt. Dies ist am weitesten entwickelt im Bereich der digitalen Radiologie in Form der

Teleradiologie, weil Röntgenbilder in diagnostischer Qualität über Kommunikationsnetze verlustfrei an ein spezialisiertes Zentrum übertragen und dort befundet werden können. Von technischer Seite unterscheidet man hierbei **Push-Verfahren** (Modalität sendet Bilderserie aktiv an entfernte Befundungsstation, beispielsweise über **DICOM E-Mail**) und **Pull-Verfahren** (Befundungsstation ruft Bilder aktiv von einem Bild-Server ab). Teleradiologie eignet sich für kleinere Krankenhäuser; ein verantwortlicher, fachkundiger Arzt muss nicht am Ort der Untersuchung sein. Die technischen Anforderungen sind deswegen deutlich höher als bei der Telekonsultation. **Teleradiologie nach Röntgenverordnung** ist genehmigungspflichtig: Eine geeignete apparative Ausstattung und eine ausgebildete Fachkraft muss vor Ort sein; auf der Empfängerseite muss ein qualifizierter Radiologe verfügbar ein.

Ähnliche Entwicklungen zur Telediagnostik gibt es auch in anderen Disziplinen, z. B. in der Pathologie als **Telepathologie**. Dynamische Telepathologie bezeichnet hierbei die Fernsteuerung eines Mikroskops mit Bildübertragung, die zur Diagnostik eingesetzt werden kann. Bei der statischen Telepathologie wird eine definierte Vorauswahl von digitalen Bildern durch den Experten beurteilt. Der Experte ist nur für die Befundung dieser Bilder verantwortlich; daher eignet sich dieses Vorgehen in der Regel nur für eine Konsultation.

3.9.2.1 Telemonitoring

Beim **Telemonitoring** (**mobile Patientenüberwachung**) werden Messwerte von Patienten elektronisch übertragen und aufgezeichnet, die sich zu diesem Zeitpunkt nicht in direktem Kontakt zum behandelnden Arzt befinden. Auf diese Weise können sich die Patienten in ihrem gewohnten häuslichen Umfeld aufhalten (Ambient Assisted Living, abgekürzt AAL) und gleichzeitig wichtige physiologische Parameter wie z. B. das EKG überwacht werden.

3.9.2.2 Telechirurgie

Eine Zukunftsperspektive der Telemedizin ist die Telechirurgie, bei der durch Kombination leistungsfähiger Übertragungssysteme und spezieller Robotertechnik ferngesteuerte Eingriffe durchgeführt werden sollen, z. B. in der Neurochirurgie oder Orthopädie.

3.9.3 e-Visit

Ein **virtueller Praxisbesuch** des Patienten wird als **e-Visit** bezeichnet. In Deutschland ist dies derzeit noch nicht etabliert, international gibt es bereits einige Anbieter (z. B. im angloamerikanischen Raum, Abb. 3.45). Anamnese und Untersuchung finden **via Internet** statt. Insbesondere bei der körperlichen Untersuchung gibt es hierbei deutliche Einschränkungen; daher sind e-Visits nur für bestimmte Krankheitsbilder geeignet.

Bei e-Visits können insbesondere Videokonferenz-Verfahren und strukturierte Anamnesebögen genutzt werden. Der behandelnde Arzt entscheidet, ob ein persönlicher Besuch des Patienten in der Praxis erforderlich ist oder ob die Datenlage ausreicht, um über weitere diagnostische und therapeutische Verfahren zu entscheiden. Qualitätssicherung ist bei e-Visits eine besondere Herausforderung; für die Patienten muss klar erkennbar

Abb. 3.45 e-visit. Vor allem in angloamerikanischen Staaten etablieren sich virtuelle Arztbesuche in der Routineversorgung

sein, dass es sich bei den „**Cyberdocs**“ um medizinisch qualifizierte und seriöse Anbieter handelt. Insbesondere in dünn besiedelten Regionen mit geringer Arztdichte könnte die Patientenversorgung durch e-Visits unterstützt werden. Vor allem im angloamerikanischen Raum gibt es hierzu zunehmend kommerzielle Angebote (zum Beispiel Zipnosis).

3.9.4 Consumer Health Informatics

Der „Consumer“ von medizinischen Leistungen, also der **Bürger**, kann durch Informationsdienste eine **aktive Rolle** in seiner Gesundheitsfürsorge (Prävention, Diagnostik und Therapie) einnehmen. Ein aufgeklärter und informierter Patient kann besser an seiner Behandlung mitwirken. Es ist jedoch zu beachten, dass die **Qualität medizinischer Inhalte** im Internet von der Quelle abhängt und Informationen für medizinische Laien speziell aufbereitet werden müssen.

Ärztinnen und Ärzte sollten diese Dienste kennen, um den Patienten kompetent beraten zu können. Ein hoher und wachsender Anteil der Patienten informiert sich über das jeweilige Krankheitsbild im Internet, insbesondere mit **Suchmaschinen** (z. B. Google, Abb. 3.46), elektronischen Nachschlagewerken (z. B. Wikipedia) und bei sozialen Netzwerken (z. B. **PatientsLikeMe**.com).

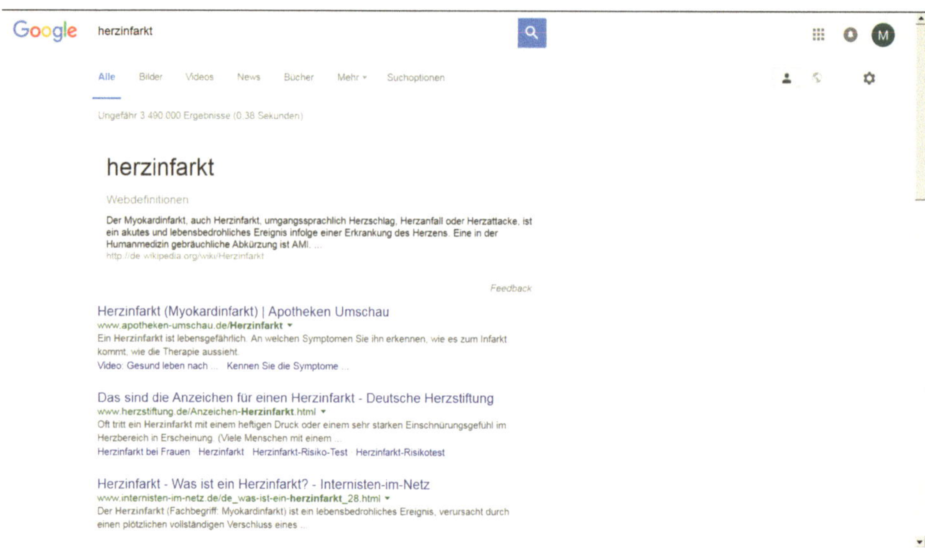

Abb. 3.46 Beispiel für eine Internet-Suche zum Thema „Herzinfarkt"

Durch das Internet ist es möglich, zu praktisch allen Krankheitsgebieten Informationen zu finden und Kontakt zu **Patientenorganisationen** und **Selbsthilfegruppen** aufzunehmen. Außerdem sind im Internet verschiedene **Rankings von Ärzten** oder Krankenhäusern verfügbar, die für bestimmte Krankheitsbilder Spezialisten empfehlen (zum Beispiel Focus Ärzteliste). Allerdings ist zu beachten: Suchmaschinen können Patienten nicht ärztlich beraten und es gibt viele Informationen im Internet mit kommerziellem Hintergrund, insbesondere **Werbung**.

Die Health on the Net Foundation hat eine Reihe von Qualitätskriterien erarbeitet (**HON** Code of Conduct for medical and health Web sites) [HON], die Informationsdienste im Internet erfüllen sollten. Die Verfasser der jeweiligen Informationen sollten **sachkundig** sein. Informationsdienste im Internet sind **komplementär** zur Unterstützung und nicht als Ersatz der Arzt-Patienten-Beziehung zu betrachten: Patienten sind in der Regel medizinische Laien und können daher bestimmte Fachinformationen nicht selbständig bewerten, sondern benötigen individuelle Beratung durch ausgebildetes Fachpersonal. Suchmaschinen können jedoch nicht beraten bzw. es besteht die Gefahr, dass Sachverhalte vom Patienten falsch eingeschätzt werden. Der **Datenschutz** ist einzuhalten, insbesondere die Vertraulichkeit persönlicher Daten des Patienten. **Quellenangaben** zu medizinische Fachinformationen sind notwendig, ebenso wie eine **Belegbarkeit** von Nutzen und Effizienz der vorgestellten Maßnahmen. **Transparenz** ist sehr wichtig sowohl im Hinblick auf den Autor der jeweiligen Information als auch die **Finanzierung** des Internet-Angebotes. **Werbeinhalte** sollten klar gekennzeichnet werden.

Mit elektronischen Informationsdiensten ist es möglich, dass der Patient seine Patientenakte selbst führt. Dies wird im internationalen Sprachgebrauch als **Personal Health Record** (**PHR**) bezeichnet. Der Patient kann hier seine medizinischen Daten selbst eintragen und dem jeweiligen Behandlungsteam Zugriffsrechte (Lese- bzw. Schreibrechte) auf seine Daten einräumen. IT-Dienstleister treten als Betreiber von PHR-Systemen auf, die mit Smartphone oder PC via Internet erreichbar sind. Die Speicherung von Patientendaten in der **Cloud** ist aus Datenschutzaspekten nicht unproblematisch, aber bei PHR-Systemen trägt diese Entscheidung und die damit verbundenen Risiken der Patient selbst. Schnittstellen zu Krankenhaus- und Arztpraxisinformationssystemen sowie Datenschutzaspekte sind Herausforderungen für PHR-Systeme.

Auf mobilen Endgeräten, insbesondere Smartphones, steht eine sehr große und wachsende Anzahl von **medizinischen Apps** zur Verfügung (>>50.000). Für fast alle Krankheitsgebiete gibt es mittlerweile Apps, die den Patienten unterstützen sollen, zum Beispiel bei der Dokumentation von Blutzuckerwerten, Kalorienaufnahme, Bewegungsprofil oder Medikation (verbesserte **Compliance** durch Erinnerungsfunktionen). Apps, die ein **gesundheitsbewußtes Verhalten** fördern (z. B. ausreichend Bewegung, gesunde Ernährung, Vermeidung von Übergewicht), könnten zur die **Prävention** von Erkrankungen einen Beitrag leisten. Die zunehmende Verbreitung von mobilen Endgeräten – und angeschlossenen Sensoren – dürfte mittel- und langfristig dazu führen, dass Daten aus medizinischen Apps neben Patientendaten der stationären und ambulanten Krankenversorgung zur dritten großen Quelle für Patientendaten werden, die sowohl für die Forschung als auch für die Routineversorgung relevant sind. Die Dokumentation durch den Patienten selbst wird also an Bedeutung gewinnen. Mit medizinischen Apps ist es möglich, **Patient Reported Outcomes** (**PRO**s) im Behandlungskontext zu erheben, insbesondere Daten zur **Lebensqualität** des Patienten (Quality of Life, abgekürzt QoL), zum Beispiel den DLQI oder den WHO-5-Fragebogen. Auch Symptome (z. B. Symptomenschwere mit der visuellen Analogskala, abgekürzt VAS) oder Angaben zur Funktion bzw. Behinderung des Patienten können mit medizinischen Apps dokumentiert werden. Abbildung 3.47 zeigt eine App für Diabetes-Patienten.

Der Großteil dieser Apps ist jedoch derzeit nicht geprüft oder zertifiziert. Daher liegt die Verantwortung der Nutzung beim Anwender bzw. Arzt. Apps können beispielsweise eine **CE-Kennzeichnung** erhalten. Mit diesem Kennzeichen erklärt der Hersteller, dass das Produkt den geltenden Anforderungen für Industrieerzeugnisse im Europäischen Binnenmarkt genügt. Die Übertragung von Patientendaten zwischen medizinischen Apps und Krankenhaus- oder Arztpraxisinformationssystemen ist derzeit noch nicht einheitlich geregelt. Diese Datenintegration ist wichtig, um Medienbrüche sowie Informationsverluste zu vermeiden und dadurch den klinischen Nutzen von medizinischen Apps deutlich zu erhöhen.

3.10 Schnittstellen und Interoperabilität

Bedingt durch die Vielfalt der medizinischen Disziplinen ist es außerordentlich schwierig, einheitliche Softwaresysteme zu entwickeln, die für alle Bereiche von Krankenhäusern oder Arztpraxen gleichermaßen gut geeignet sind. Stattdessen sind eine Fülle von hoch spezialisierten Teilsystemen entstanden, die an die Bedürfnisse der jeweiligen Einrichtungen angepasst sind.

In den Prozess der Patientenbehandlung sind in der Regel mehrere Funktionsbereiche involviert, sodass ein zeitnaher und kontrollierter Austausch von Daten über Schnittstellen erforderlich ist. Unter **Interoperabilität** versteht man die Fähigkeit unabhängiger

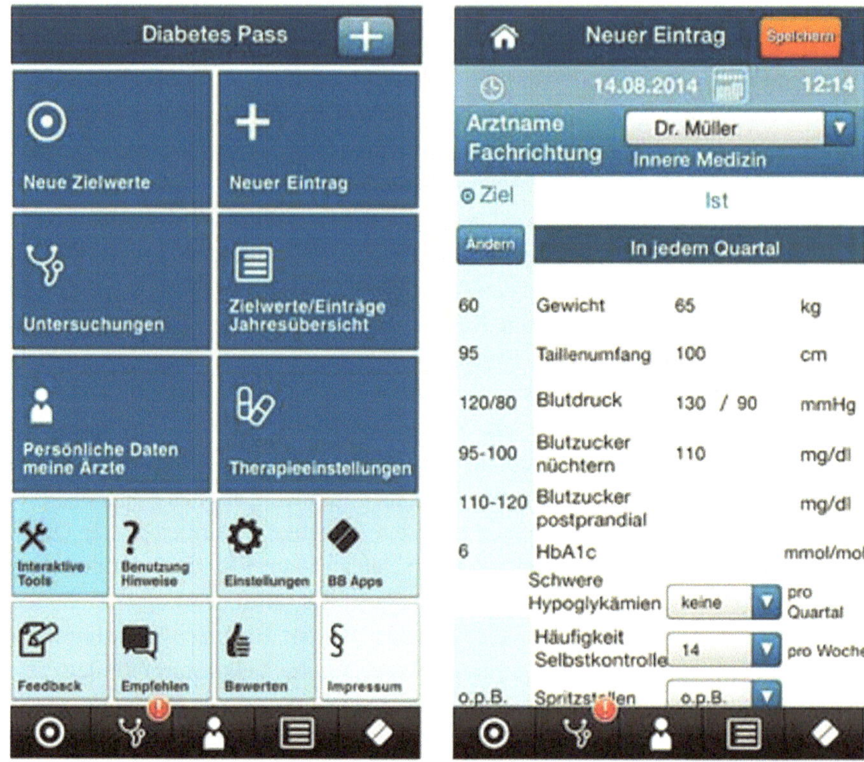

Abb. 3.47 Beispiel für eine medizinische App: Diabetes-Pass. Quelle: Deutsches Ärzteblatt vom 10.10.2014, A-1758

IT-Systeme, möglichst nahtlos zusammenzuarbeiten, um Informationen auf effiziente und verwertbare Art auszutauschen. Die Fähigkeit zur adäquaten Nutzung der ausgetauschten Informationen wird als **semantische Interoperabilität** bezeichnet. Bei einer größeren Anzahl von Teilsystemen ist es nicht praktikabel, individuelle **Schnittstellen** zwischen allen Systemen zu erstellen und zu warten (Beispiel: 20 Teilsysteme => 20*19/2 = 190 Schnittstellen), daher werden **Kommunikationsserver** eingesetzt, die Schnittstellen zu allen Teilsystemen aufweisen und den Datenaustausch vereinheitlichen (20 Teilsysteme mit Kommunikationsserver => 20 Schnittstellen).

Man unterscheidet **unidirektionale** (Datenfluss von System A nach System B) und **bidirektionale** (Datenfluss in beide Richtungen) Schnittstellen. Vor allem bei bidirektionalen Schnittstellen ist die Synchronisation der Daten zwischen den Systemen nicht unproblematisch, weil festgelegt werden muss, wo die Daten primär angelegt und geändert werden bzw. wo nur Kopien gehalten werden. Ein weiteres wichtiges Problem tritt dann auf, wenn ein Teilsystem zeitweise ausfällt und der Betrieb der anderen Systeme möglichst wenig beeinträchtigt werden soll. In diesem Fall kann der Kommunikationsserver als Zwischenspeicher für Nachrichten auftreten.

Neben den technischen Aspekten von Schnittstellen, die sowohl die Syntax (formaler Aufbau) als auch Semantik (inhaltliche Bedeutung) der übertragenen Nachrichten betreffen, spielen organisatorische und menschlich-kommunikative Aspekte in der Praxis eine erhebliche Rolle: Schnittstellen werden umgesetzt von Menschen aus verschiedenen Abteilungen mit unterschiedlichen Aufgaben und beruflichem Hintergrund, die über Abteilungsgrenzen hinweg zusammenarbeiten müssen.

3.10.1 HL7

Health Level Seven (**HL7**) [HL7] wurde 1987 gegründet und ist eine von der amerikanischen Normierungsbehörde ANSI und Normierungsbehörden anderer Länder, darunter das Deutsche Institut für Normung (DIN), anerkannte Non-Profit-Organisation, die Standards im Gesundheitswesen zum Austausch, Management und zur Integration von Daten entwickelt, die der Patientenversorgung dienen und das Management sowie die Verbreitung und Evaluation von Gesundheitsdienstleistungen betreffen.

Zu diesen **HL7 Standards** gehören insbesondere **Datenaustauschformate, Referenzmodelle** und **Dokumentenformate** im Gesundheitswesen; es geht also um die Kommunikation auf Applikationsebene (Schicht 7 des ISO/OSI-Referenzmodelles für die Kommunikation). HL7 Standards werden ständig weiterentwickelt. Nationale Benutzergruppen rund um die Welt adaptieren und verbreiten HL7 nicht nur im jeweils eigenen Land, sondern haben in den letzten Jahren die Internationalisierung von HL7 im Sinne eines weltweit nutzbaren Standards im Gesundheitswesen entscheidend mitbestimmt und vorangetrieben.

Ein einfaches Anwendungsbeispiel: Ein Patient wird im Krankenhaus stationär aufgenommen und soll eine Laboruntersuchung erhalten. Das reale Ereignis „Patientenaufnahme“ stößt die Versendung einer **HL7-Nachricht** vom administrativen System an das Laborsystem an. Auf diese Weise können die Stammdaten dieses Patienten in das Labor elektronisch übermittelt und dort weiter verwendet werden (Abb. 3.48).

HL7 bietet standardisierte Formate und Protokolle zum Austausch von Nachrichten zwischen Computersystemen im Gesundheitswesen und hilft dadurch, den Aufwand für Schnittstellen zu reduzieren. Die Nachrichten sind in Gruppen organisiert. Zur **Gruppe** „Administrative Patientendaten (**ADT**)“ gehören beispielsweise Nachrichten zur Patientenaufnahme,-verlegung und -entlassung.

Eine HL7-Nachricht, beispielsweise die **Nachricht A01** zur Übermittlung der Aufnahme eines Patienten, besteht aus **Segmenten**. Zu diesen gehören beispielsweise das Message Header Segment, das am Anfang jeder HL7-Nachricht steht, oder das Patient Information Segment (PID-Segment), das Stammdaten des zugehörigen Patienten enthält. Ein Segment ist wiederum in mehrere **Felder** aufgeteilt, so enthält das PID-Segment unter anderem die Felder Name und Geburtsdatum. Felder können aus Unterfeldern bestehen, um beispielsweise beim Namen den Bestandteil Vorname abzugrenzen (Tab. 3.4, Abb. 3.49). Neben den international standardisierten Segmenten gibt es zusätzlich herstellerspezifische **Z-Segmente**.

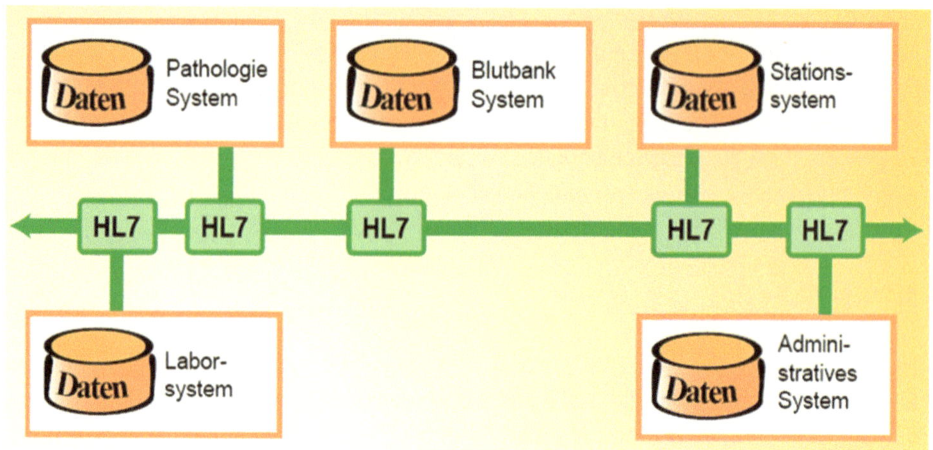

Abb. 3.48 HL7: Durch einheitliche Schnittstellen können Nachrichten zwischen den Komponenten eines Krankenhausinformationssystems ausgetauscht werden

Bei der Version 2 von HL7 steht der pragmatische Nachrichtenaustausch im Vordergrund. Ziel der HL7 Version 3 ist es, den Lebenszyklus der Standard-Spezifikation, nämlich Entwicklung, Anpassung, Verwendung und Befolgung des Standards, zu vereinheitlichen und zu automatisieren. Dazu wurden eine Serie von Modellen entwickelt, die dem ISO-Standard der Unified Modeling Language (UML) folgen. HL7 Version 3 setzt XML-basierte Nachrichten ein.

Die **Clinical Document Architecture** (**CDA**) von HL7 ist ein XML-Standard zur Strukturierung, zum Inhalt und zum Austausch medizinischer Dokumente, zum Beispiel Arztbriefe oder Krankenkassenrezepte. CDA-Dokumente sind auch für den Menschen lesbar (kein Binärformat), sie können signiert werden und sie sind **persistent** (d. h. nicht unkontrolliert veränderlich). Ein CDA-Dokument besteht aus einem **CDA-Header** und einem **CDA-Body**. Der CDA-Header enthält insbesondere deskriptive Angaben: Name, Adresse und Geburtsdatum des Patienten, Autor des Dokuments etc. Im CDA-Body sind die eigentlichen klinischen Inhalte verfügbar wie Diagnosen, Befunde, Medikation, Therapien etc. Man unterscheidet drei Stufen (Level) von CDA-Dokumenten:

- **CDA Level 1**: klinische Inhalte werden nur als Text mit Layout (formatierter Freitext) bereitgestellt. Diese Dokumente können nur angezeigt, aber nicht maschinell weiterverarbeitet werden.
- **CDA Level 2**: Die klinischen Inhalte werden als Freitext einheitlich gegliedert in definierte Abschnitte und Unterabschnitte, die mit standardisierten Codes versehen sind.
- **CDA Level 3**: Die einzelnen Datenelemente (zum Beispiel Laborwerte) werden maschinenlesbar gekennzeichnet.

Fast Healthcare Interoperable Resources (**FHIR** [FHIR], Aussprache wie „fire“) ist ein HL7 Standard für den Datenaustausch im Gesundheitswesen, der auf Web-Standards

Tab. 3.4 Ausschnitt aus den Feldern des PID-Segments

Feldnummer	Inhalt
1	interne Nummer dieses PID-Segments
2–4	Liste von Patientenidentifikationsnummern
5	Name des Patienten
6	Geburtsname
7	Geburtsdatum
8	Geschlecht
…	

PID|||34523451||Test^Werner|Test|19500101|M ...

Abb. 3.49 Ausschnitt aus dem PID-Segment der HL7-Nachricht A01 zur Übermittlung der Aufnahme eines Patienten. Die Felder sind durch „|" getrennt. Die Bestandteile des Namensfeldes (Name und Vorname) sind durch „^" separiert. Es folgt darauf der Geburtsname und das Geburtsdatum

beruht und mit dem offene Schnittstellen (Application Programming Interface, abgekürzt **API**) zu Krankenhausinformationssystemen realisiert werden können. Im Rahmen der sogenannten „**Meaningful Use**"-Anforderungen an IT-Systeme im Gesundheitswesen werden in den USA offene Schnittstellen zur Förderung der Interoperabilität gefordert, daher findet der FHIR-Standard zunehmend Verbreitung. Der Vorteil von FHIR besteht darin, dass Gesundheitsdaten auf mobilen Endgeräten wie Tablet und Smartphone verarbeitet und diese in existierende IT-Systeme eingebunden werden können (Substitutable Medical Applications, reusable technologies, abgekürzt **SMArt**). Es gibt Open Source Implementationen für viele Funktionalitäten von FHIR. Medizinische Daten können mit FHIR im XML- oder JSON-Format verarbeitet werden. Schnittstellen können mit dem etablierten Web-Standard HTTP-basiertes **RESTful Protokoll** programmiert werden.

3.10.2 xDT

xDT ist eine übergreifende Bezeichnung für eine Reihe von Kommunikationsstandards, die für elektronischen Datenaustausch und Abrechnungszwecke in der Arztpraxis eingesetzt werden.

3.10.2.1 ADT

1989 wurde der bundeseinheitliche **ADT** (AbrechnungsDatenTräger) zur elektronischen Übermittlung der Abrechnungsdaten von Arztpraxen an die Kassenärztliche Bundesvereinigung (**KBV**) eingeführt. Software für Arztpraxen benötigt seitdem eine ADT-Zulassung, bei der die Abrechnungstauglichkeit geprüft wird. Jedes **ADT-Feld** enthält die Elemente Länge, Feldkennung, Feldinhalt und Feldende. Die einzelnen Felder haben eine eindeutige

Bezeichnung in Form einer numerischen Feldkennung. Die meisten Feldinhalte haben eine variable Länge. Bei dieser Struktur kann ein neues Feld einfach hinzugefügt werden, sodass bei Änderungen der Abrechnungsmodalitäten flexible Anpassungen möglich sind. Zur Bildung von bestimmten Inhalten (z. B. Quartalsangaben) sowie für die Zusammenhänge zwischen den Feldern sind so genannte Regeltabellen definiert. Daneben gibt es noch Schlüsseltabellen, die den Wertevorrat von einzelnen Feldinhalten vorgeben.

3.10.2.2 BDT

Aufgrund des Erfolgs des ADT wurde auch der Transfer von medizinischen und administrativen Behandlungsdaten (z. B. Arztbriefübermittlung) in Form des **BDT** (Behandlungs-DatenTräger) definiert. Dadurch wurde es den Ärzten ermöglicht, beim Wechsel ihres Praxiscomputersystems die Behandlungsdaten auf das neue System zu übertragen. Die Syntax des BDT ist analog zum ADT, aber es sind deutlich mehr Felder definiert.

3.10.2.3 Weitere xDT-basierte Standards

Bei den weiteren xDT-basierten Standards werden bereits definierte Felder mit allen Merkmalen in den unterschiedlichen Satzbeschreibungen wieder verwendet. Analog zu ADT und BDT wurde 1997 der **LDT** (LaborDatenTräger) für die Übermittlung von Labordaten eingeführt. Wie beim ADT können nur zertifizierte Programme am LDT-Verfahren teilnehmen. Mit dem **GDT** (Gerätedaten-Träger) wurde eine Schnittstelle zur Übermittlung von Medizingerätedaten an die Praxissoftware erstellt. Der **SDKT** (StammDaten Kosten-Träger) enthält alle Krankenkassen und sonstigen Kostenträger.

3.10.2.4 IHE

Integrating the Healthcare Enterprise (**IHE**) [IHE] ist eine Initiative zur Standardisierung im Gesundheitswesen. IT-Anwender und Softwarehersteller arbeiten zusammen, um den **Datenaustausch** zwischen IT-Systemen zu standardisieren. Die **Anforderungen** der Anwender werden in **Use Cases** formuliert und hieraus werden technische Leitfäden (**IHE-Profile**) erarbeitet, mit denen die Softwarehersteller ihre Produkte implementieren und testen können. Der Test des Datenaustausches zwischen verschiedenen Systemen erfolgt bei einem regelmäßig stattfindenden „**Connectathon**“. Die IHE-Profile werden Rahmenwerken zugeordnet (z. B. Kardiologie, Radiologie). Mit einem **Integration Statement** erklärt eine Firma, dass ihr Produkt mit einem bestimmten IHE-Profil konform ist.

3.10.2.5 openEHR

openEHR [openEHR] ist ein offener, internationaler Standard für Speicherung und Austausch von elektronischen Patientenakten, der von einer gemeinnützigen Stiftung entwickelt wird. openEHR stellt ein Referenzmodell für grundlegende Datenstrukturen (z. B. demografische Patientendaten) und Datentypen bereit. Patientendaten werden als **Archetypen** modelliert, die meist 10–20 Attribute zu einem medizinischen Thema (z. B. Blutdruck) umfassen und die Wiederverwendung von Daten unterstützen. In einem **Template** können Attribute aus verschiedenen Archetypen genutzt werden, um z. B. einen Arztbrief zu beschreiben.

3.10.2.6 CDISC ODM

Für den Austausch von Studienformularen und Studiendaten wurde vom Clinical Data Interchange Standards Consortium (**CDISC**) [CDISC] das Operational Data Model (**ODM**) als Transportformat entwickelt. ODM ist im Bereich klinischer Studien von großer Bedeutung, weil es ein internationaler Standard ist, der durch die Zulassungsbehörden (FDA, EMA) anerkannt wird. Neben ODM entwickelt CDISC noch eine Reihe von weiteren Standards für Datenaustausch in klinischen Studien. Von besonderer Bedeutung ist das Study Data Tabulation Model (**SDTM**), mit dem Patientendaten aus CRFs zusammengefasst werden. SDTM beschreibt die inhaltliche Struktur von Tabellen, die für die Einreichung von Studienergebnissen bei der FDA benötigt werden.

3.11 Medizinische Register

Ziel und Aufgabe medizinischer Register ist es, Patienten mit einer speziellen Diagnose, einem bestimmten Verlaufsstatus oder einer definierten Behandlungsmodalität systematisch zu erfassen. Register sind im Rahmen der **Versorgungsforschung** von besonderer Bedeutung. Es handelt sich um standardisierte, längerfristig angelegte Dokumentationen von Daten eines definierten Untersuchungskollektivs. Diese Register sind in der Regel Krankheitsregister zur Status- und Verlaufsbeschreibung eines bestimmten Krankheitsbildes, die für verschiedene Krankheiten (z. B. Mukoviszidose) landes- oder sogar weltweit geführt werden. Es sollen patientenübergreifende quantitative und qualitative Aussagen zu Häufigkeit, Symptomatik, Diagnostik, Therapie und Verlauf von Krankheiten eines definierten Kollektivs gewonnen werden. Bei Registern wird eine hohe **Datenqualität** (Vollzähligkeit, Vollständigkeit, Plausibilität) angestrebt.

Bei einem **epidemiologischen Register** steht der **Bevölkerungsbezug** im Vordergrund. Es sollen alle Patienten einer Region dokumentiert und epidemiologische Kenngrößen wie **Inzidenz** (Anzahl Neuerkrankungen pro 100.000 Personen und Jahr) und **Prävalenz** (Anzahl Erkrankte pro 100.000 Personen und Jahr) einer Krankheit ermittelt werden.

Medizinische Daten unterliegen in Deutschland grundsätzlich einem strengen Datenschutz. Da personenbezogene Daten nicht nach außen weitergegeben werden dürfen, müssen Identifikationsdaten (Stammdaten) entsprechend den gesetzlichen Anforderungen und nach bestimmten Sicherungsverfahren verschlüsselt werden, wenn sie epidemiologisch zusammengeführt werden. Die so genannte **Vertrauensstelle** pseudonymisiert bzw. anonymisiert die Stammdaten mit speziellen IT-Tools. Anschließend werden die Daten in der so genannten **Registerstelle** ausgewertet und dauerhaft gespeichert. Diese beiden Stellen bevölkerungsbezogener Register arbeiten im Sinne des Datenschutzes räumlich, organisatorisch und personell voneinander getrennt.

Krebsregister sind besonders weit verbreitete medizinische Register, die in Deutschland gesetzlich geregelt sind. Sie bauen auf einer **Tumorbasisdokumentation** auf, die für die Ersterhebung der Tumorerkrankung, für die Folgeerhebungen während des Krankheitsverlaufs und für die Abschlusserhebung jeweils einen speziellen Datensatz bereitstellt.

Ein gemeinsamer einheitlicher **onkologischer Basisdatensatz** wurde von der Arbeitsgemeinschaft Deutscher Tumorzentren (**ADT**) und der Gesellschaft der epidemiologischen Krebsregister in Deutschland (**GEKID**) erarbeitet. Krebsregister sammeln, klassifizieren und verknüpfen Informationen von pathologischen Befunden, Arztbriefen aus Kliniken und dem ambulanten Bereich sowie Daten der Gesundheitsämter. Der **Lifestatus** des Patienten (Patient lebt/Patient verstorben) kann von den Einwohnermeldeämtern bereitgestellt werden. Daraus werden Daten zur Überwachung der Krebserkrankungen generiert und deren Trends in Bevölkerungsgruppen, räumlichen Verteilungen und im Zeitverlauf analysiert. Diese Daten erlaubt Schätzungen zu Inzidenz, Prävalenz, Überlebenszeit etc. und sollen sowohl Patientenversorgung als auch Krebsforschung unterstützen.

Der Wert eines solchen Registers steigt mit der Erfassung klinischer Details über Befundung, Therapie und Krankheitsverlauf, mit einer multizentrischen Erhebung und vor allem mit dem Bevölkerungsbezug. Die Rechtsgrundlage dieser Datenerhebung bilden spezielle **Krebsregistergesetze** sowie Krankenhausgesetze. Durch das Krebsfrüherkennungs- und -registergesetz (2013) wurden alle Bundesländer zur Einrichtung von **klinischen Krebsregistern** verpflichtet. Die gesetzlichen Krankenkassen fördern den Betrieb der klinischen Krebsregister durch eine Finanzierungspauschale für jede registrierte Neuerkrankung.

In einem **klinischen Register** werden bestimmte Patienten aus Krankenhäusern erfasst. Es erlaubt primär Aussagen über dieses klinische Patientenkollektiv. Klinische Register können für wissenschaftliche Fragestellungen (**Registerstudien**), zur **Qualitätssicherung** und für administrative Belange eingesetzt werden, wie z. B. Organisation der Nachsorge oder Fallkostenkalkulation. Registerstudien sind im Regelfall Beobachtungsstudien, d. h. **nicht-interventionelle Studien** (Non-Interventional Studies, abgekürzt **NIS**). Bei den nicht-interventionellen Studien unterscheidet man deskriptive Studien, **Kohortenstudien** (Längsschnittstudie, um Zusammenhang Exposition und Krankheit zu untersuchen), **Fall-Kontroll-Studien** (retrospektive Untersuchung von Fällen und gesunden Kontrollen) und **Querschnittsstudien**. Registerstudien unterliegen nicht den hohen regulatorischen Anforderungen des Arzneimittelgesetzes, weil die Patienten nach dem „Standard of Care" behandelt werden, und weisen daher typischerweise einen deutlich kleineren Dokumentationsaufwand je Patient auf. Aus diesem Grund gibt es Bestrebungen, auch interventionelle Studien mit Unterstützung von Registern durchzuführen, um die Vorteile von beiden Studienarten zu kombinieren (Registry-based Randomized Clinical Trial, abgekürzt RRCT).

3.12 Datenschutz und IT-Sicherheit

Das Recht der Einzelperson auf **informationelle Selbstbestimmung** ist eine wesentliche Grundlage des Datenschutzes. Durch die Einführung von Informationstechnologie im Gesundheitswesen mit dem dadurch ermöglichten Zugriff auf Patientendaten ergeben sich Datenschutzprobleme, die durch organisatorische Regelungen und Sicherheitstechnik gelöst werden müssen. Die beim Umgang mit Patientenakten auf Papier üblichen Einsichtsnahme- und Weitergabeverfahren können nicht ohne weiteres auf das rechnergestützte Krankenhausinformationssystem und die elektronische Patientenakte übertragen werden. Organisationen, die personenbezogene Daten automatisiert verarbeiten – somit auch Krankenhäuser –, müssen generell einen **Datenschutzbeauftragten** (DSB) bestellen (§ 4f BDSG). Dieser wirkt auf die Einhaltung des Datenschutzes hin, indem er die ordnungsgemäße Anwendung von Datenverarbeitungsprogrammen überwacht.

Allgemeine Ziele des Datenschutzes sind **Vertraulichkeit** (Kenntnisnahme nur für Befugte), **Integrität** (Daten vollständig und unverfälscht), **Verfügbarkeit**, **Authentizität** (Ersteller korrekt angegeben), **Revisionsfähigkeit** (wer hat wann welche Daten wie verarbeitet?) sowie **Transparenz** (dokumentierte Verfahrensweisen der Datenverarbeitung). **Anonymisierung** und **Pseudonymisierung** sind möglichst frühzeitig einzusetzen, um ein hohes Maß an Datenschutz zu gewährleisten.

Grundsätze des Datenschutzes in Deutschland sind insbesondere das **Berufsgeheimnis (Schweigepflicht)**, die **informationelle Selbstbestimmung**, die **Zweckbindung**, die **Erforderlichkeit** der Datenverarbeitung und die Datenvermeidung (**Datensparsamkeit**). Beim Berufsgeheimnis gibt es jedoch auch Situationen mit ärztlichem Entscheidungsspielraum: Beispielsweise hat der behandelnde Arzt bei einem uneinsichtigen fahruntüchtigem Autofahrer ein Offenbarungsrecht (rechtfertigender Notstand § 34 StGB), jedoch nach Aufklärung des Patienten keine Offenbarungspflicht. Die in der Datenverarbeitung beschäftigten Personen unterliegen dem **Datengeheimnis** (BDSG § 5). Ihnen ist es untersagt, personenbezogene Daten unbefugt zu erheben, zu verarbeiten oder zu nutzen. Das Datengeheimnis besteht auch nach Beendigung der Tätigkeit fort.

Aus dem Datenschutzrecht (Bundesdatenschutzgesetz **BDSG**, Datenschutzgesetze der Länder, EU-Datenschutz-Grundverordnung **EU-DSGVO**, Informations- und Kommunikationsdienstegesetz u. a.) ergeben sich für die Zugriffsrechte auf Patientendaten im Krankenhaus folgende Grundsätze: Patientendaten dürfen nur im Rahmen der Zweckbestimmung des Behandlungsvertrages (**Behandlungszusammenhang**) und den damit verbundenen gesetzlichen Regelungen erhoben und verarbeitet, nicht aber uneingeschränkt ausgetauscht und verwendet werden, auch nicht innerhalb des Krankenhauses. Ausnahme: Der Patient willigt ein oder es gibt eine gesetzliche Grundlage für die jeweilige Verarbeitung der Daten. Wichtige Beispiele für zulässige **Datenübermittlungen mit gesetzlicher Grundlage**[1] sind:

- an gesetzliche Krankenkassen zum Zweck der Abrechnung
- an den Medizinischen Dienst der Krankenkassen (MDK)
- an das Gesundheitsamt für bestimmte übertragbare Krankheiten (Meldepflicht nach dem Infektionsschutzgesetz)
- an das Landeskrebsregister
- an das Standesamt für Geburten und Todesfälle
- an die Berufsgenossenschaft bei Berufskrankheiten
- an Staatsanwaltschaft und Polizei bei Kenntnis einer geplanten besonders schweren Straftat
- an Polizei und Staatsanwaltschaft Meldedaten, falls zur Gefahrenabwehr, Strafverfolgung oder Aufklärung des Schicksals von Vermissten oder Unfallopfern erforderlich

[1]Quelle: Datenschutz, Universitätsklinikum Münster.

Typische Beispiele für **nur mit Einwilligung des Patienten zulässige Datenübermittlungen**[2] sind:

- an private Versicherungen (Kranken-, Lebens-, Haftpflichtversicherung)
- an privatärztliche Verrechnungsstelle
- an externe Labor- und Konsiliarärzte
- an externe Dienstleister
- an Krankenhausseelsorger
- an Arbeitgeber
- an Krankenhaus-Sozialdienst
- an Angehörige
- an Staatsanwaltschaft und Polizei zum Zweck der Gefahrenabwehr (Ausnahme: Verdacht einer besonders schweren Straftat)
- an Staatsanwaltschaft und Polizei zum Zweck der Strafverfolgung (es sei denn, es besteht eine Pflicht zur Auskunftserteilung nach dem Meldegesetz)
- Veröffentlichung (Publikation in jeglichen Medien oder Verwendung in der Lehre); ausgenommen sind wirkungsvoll anonymisierte Daten
- an andere Ärzte als den nachbehandelnden Arzt (Übermittlung der erforderlichen Daten an nachbehandelnden Arzt ist auch ohne Einwilligung des Patienten zulässig)

Im deutschen Recht gilt also der Grundsatz: Die Datenverarbeitung ist verboten, außer es gibt eine explizite Erlaubnis (**Verbot mit Erlaubnisvorbehalt**). In anderen Ländern, insbesondere in den USA ist die Rechtslage hier anders. Dies ist zu beachten, wenn Patientendaten in anderen Ländern verarbeitet und gespeichert werden, wie dies zum Beispiel in der klinischen Forschung bei internationalen Studien häufig der Fall ist.

Das medizinische Fachpersonal als Produzent personenbezogener Informationen trägt die Verantwortung für die korrekte Verwendung der Daten. Folglich kann nur der Arzt, der die Daten erhebt, die Rechte für den Zugriff auf die medizinischen Daten des Patienten und deren definierte Verwendung erteilen. Nichtärztliche Mitarbeiter sind als **Erfüllungsgehilfen** des Arztes in die **Ärztliche Schweigepflicht** eingebunden (§ 203 StGB). Verstöße gegen diese Schweigepflicht können strafrechtlich geahndet werden. Darüber hinaus verpflichten standesrechtliche Vorschriften der Ärzteschaft und der Behandlungsvertrag zwischen Patient und dem Träger einer medizinischen Versorgungseinrichtung zur Verschwiegenheit. Ärzte haben ein **Zeugnisverweigerungsrecht** aus beruflichen Gründen (§ 53 StPO) und es gibt ein **Beschlagnahmeverbot** (§ 97 StPO) u. a. für ärztliche Untersuchungsbefunde. Der Patient kann seinen Arzt von der Schweigepflicht entbinden. Bei gemeinsamer Behandlung des Patienten durch mehrere Ärzte kann im Allgemeinen von einer stillschweigenden Einwilligung des Patienten ausgegangen werden. Besondere Regelungen zum Datenschutz gibt es bei genetischen Untersuchungen (Gendiagnostikgesetz); beispielsweise dürfen weder Versicherer noch Arbeitgeber die Vornahme genetischer Untersuchungen verlangen und der Patient hat ein **Recht auf Nichtwissen**.

[2]Quelle: Datenschutz, Universitätsklinikum Münster.

Die Leistungserbringer im Gesundheitswesen sind gesetzlich zur **Qualitätssicherung** der von ihnen erbrachten Leistungen verpflichtet (§ 135a SGB V). Hieraus kann man ableiten, dass Ärzte berechtigt und sogar verpflichtet sind, Daten ihrer Patienten auszuwerten, um die Qualität der Behandlung zu analysieren. Die Übergänge zwischen Qualitätssicherung und Versorgungsforschung können fließend sein, daher ist die Frage der Notwendigkeit einer expliziten Einwilligung des Patienten projektbezogen mit dem zuständigen Datenschutzbeauftragten zu klären.

Die Anforderungen des Datenschutzes sind auch in der **klinischen Forschung** zu beachten, von **medizinischen Doktorarbeiten** bis hin zu multinationalen **klinischen Studien**. Im Forschungskontext sollten medizinische Daten generell pseudonymisiert werden. In einigen Bundesländern Deutschlands ist durch Landesgesetze geregelt, dass Ärzte an Universitätsklinika die Daten ihrer eigenen Patienten auch ohne deren Einwilligung wissenschaftlich auswerten dürfen. In jedem Fall ist eine Einwilligung (**Informed Consent**) des Patienten bei interventionellen Studien erforderlich. Die Frage der Einwilligung ist komplex, weil diese bei bestimmten Studienfragen nicht möglich ist (zum Beispiel retrospektiv bei verstorbenen Patienten) und sehr aufwändig sein kann (zum Beispiel individuelle ärztliche Aufklärung als Voraussetzung einer Einwilligung). Datenschutzaspekte (Rechtsgrundlage der Datenverarbeitung, Kreis der Betroffenen, Fristen für Sperrung und Löschung der Daten, Zweckbestimmung) sind im jeweiligen Studienprotokoll darzulegen, das von der Ethikkommission geprüft wird.

Die Speicherung von **Patientendaten im Internet** („**Cloud**"), die bei vielen internationalen klinischen Studien praktiziert wird, ist wegen des Risikos einer Verletzung der Schweigepflicht problematisch, insbesondere wenn die Speicherung außerhalb des deutschen Rechtsraumes stattfindet. Mit dem **Safe-Harbor-Abkommen** wurde die Speicherung von personenbezogenen Daten in den USA im Jahr 2000 von der EU-Kommission genehmigt. Dieses Abkommen wurde 2015 vom Europäischen Gerichtshof für ungültig erklärt. 2016 wurde **EU-US Privacy Shield** als Nachfolgeregelung vereinbart, die Zusicherungen der US-Regierung enthält, insbesondere zum Datenzugriff durch US-Behörden. Diese Regelung ist weiterhin umstritten: Von Seiten des Datenschutzes wird kritisiert, dass damit eine flächendeckende und anlasslose Überwachung von EU-Bürgern durch US-Behörden möglich ist (Stand 2016). Anders ist die Situation, wenn der Patient selbst frei entscheidet, seine Patientendaten weiterzugeben bzw. öffentlich zugänglich zu machen. Das Portal **PatientsLikeMe**.com veröffentlicht beispielsweise umfassende klinische Daten von Patienten, die diese freiwillig bereitstellen, um die Forschung an bisher unheilbaren Krankheiten zu fördern.

Der Patient hat grundsätzlich das Recht, **Einsicht in die Patientenakte** zu nehmen und **elektronische Abschriften** zu verlangen (§ 630 g BGB). Eine Ausnahme ist nur gegeben bei „erheblichen therapeutischen Gründen" oder „erheblichen Rechten Dritter". Subjektive Eindrücke des Arztes in der Patientenakte können von der Einsichtnahme durch den Patienten ausgenommen sein, weil dadurch das Persönlichkeitsrecht des Arztes verletzt werden könnte. Der Patient kann Daten für bestimmte Zugriffe sperren lassen; er hat ein Anrecht darauf, dass seine Daten zur richtigen Zeit am richtigen Ort verfügbar sind, insbesondere nicht gegen seinen Willen oder seine Interessen zurückgehalten oder außerhalb der gesetzlichen Pflichten vernichtet werden. Nach dem Tod des Patienten können Erben und Angehörige Einsichtnahme in die Patientenakte verlangen, wobei der ausdrückliche oder mutmaßliche Wille des Verstorbenen beachtet werden muss.

3.12.1 Anonymisierung und Pseudonymisierung

Anonymisierung bedeutet das Verändern personenbezogener Daten, sodass diese nicht mehr einer Person zugeordnet werden können. Die Daten müssen typischerweise verändert werden, um eine wirksame, irreversible Anonymisierung zu erreichen. Wirksam anonymisierte Daten fallen nicht unter den Datenschutz und können veröffentlicht werden. Datumswerte können beispielsweise verändert werden (Geburtsjahr statt volles Geburtsdatum, zeitliche Verschiebung aller Datumswerte, die zum selben Patienten gehören) oder Laborwerte können verändert werden (zum Beispiel Addition/Subtraktion von Zufallszahlen, die den Mittelwert der Laborwerte nicht verändern).

Cave: Es reicht für eine wirksame Anonymisierung nicht aus, nur den Patientennamen zu entfernen: Je aussagekräftiger die Datensammlung, desto größer ist das **Re-Identifikationsrisiko**, d. h. das Risiko, dass Daten doch konkreten Personen zugeordnet werden können. Bereits wenige Merkmale sind bei besonderen Ausprägungen potenziell identifizierend, zum Beispiel legt die Kombination „Alter=105 Jahre" und „Beruf=Schauspieler" die Vermutung nahe, dass es sich um die Person „Johannes Heesters" handelt. Zudem können externe Datenquellen genutzt werden, um Personen zu identifizieren. Beispielsweise kann man bei Angabe einer Telefonnummer häufig über das Telefonbuch die jeweilige Person zuordnen.

k-Anonymität von anonymisierten Datensätzen bedeutet, dass die identifizierenden Informationen jedes einzelnen Individuums von mindestens k-1 anderen Individuen nicht unterschieden werden können. Ein größeres k entspricht hierbei einer größeren Anonymität. k-Anonymität hat eine wesentliche Schwäche: wenn zum Beispiel alle k Personen dieselbe Diagnose aufweisen, dann ist es trotzdem möglich, einer Person eine Diagnose zuzuordnen. **l-Diversität** verfeinert daher die k-Anonymität: Zusätzlich wird verlangt, dass in jeder k-Gruppe von Datensätzen in den nichtidentifizierenden Merkmalen mindestens l verschiedene Merkmalsausprägungen vorkommen. Darüber hinaus gibt es eine Vielzahl von Verfahren zur Anonymisierung von Daten.

Es ist umstritten, ob medizinische Daten überhaupt wirksam anonymisiert werden können und zugleich noch für wissenschaftliche Auswertungen geeignet sind. Insbesondere bei genomischen Daten ist dies sehr schwierig. Ein generelles Problem besteht darin, dass bei der wissenschaftlichen Auswertung von Datensätzen häufig Rückfragen zu den Daten entstehen, insbesondere bei unvollständigen oder unplausiblen Daten. Dies ist bei anonymisierten Daten per definitionem nicht möglich.

Pseudonymisierung bedeutet, dass Identifikationsmerkmale (insbesondere der Name des Patienten) durch ein Pseudonym ersetzt werden, um die Identifizierung des Betroffenen wesentlich zu erschweren. Beispiel: Dem Patienten „Werner Test, geb. 1.1.1950"

(**Identitätsdaten** oder **Identifikationsmerkmale**, abgekürzt **IDAT**), wird das **Pseudonym (PSN)** „UKM-0123“ zugeordnet. Nur der behandelnde Arzt bzw. ein Treuhänder kann die Pseudonyme den echten Personen zuordnen.

Die medizinischen Daten der Patienten (auch Beschreibungsmerkmale genannt) können als **MDAT** abgekürzt werden. Die Grundidee der Pseudonymisierung besteht also darin, IDAT und MDAT zu trennen, d. h. eine **Patientenliste** und eine **Behandlungsdatenbank** technisch und organisatorisch getrennt zu implementieren. Die Sicherheit der Pseudonymisierung kann weiter erhöht werden durch ein zweistufiges Vorgehen. In diesem Fall werden Patientenliste und Behandlungsdatenbank nicht direkt über ein Pseudonym verknüpft, sondern über einen **Patientenidentifikator** (**PID**), der seinerseits mit dem Pseudonym verknüpft ist. Durch dieses Vorgehen ist das Pseudonym nicht in allen beteiligten Teilsystemen einsehbar, was einen Gewinn an Sicherheit bedeutet.

Im Gegensatz zur Anonymisierung bleiben bei der Pseudonymisierung Bezüge verschiedener Datensätze untereinander erhalten. Man kann erkennen, ob zwei Datensätze (beispielsweise Erstuntersuchung und Kontrolluntersuchung) zum selben Patienten gehören. Eine Verbesserung der Datenqualität ist durch Queries möglich, die an den behandelnden Arzt übermittelt werden. Dieser kann einem Pseudonym den echten Patienten zuordnen und dadurch unplausible oder unvollständige Daten korrigieren bzw. aktualisieren. Pseudonymisierung wird daher in klinischen Studien und Registern sehr häufig eingesetzt.

3.12.2 Daten und Zugriffsrechte

Um die unterschiedlichen Zugriffsanforderungen und -befugnisse berücksichtigen zu können, sind folgende Arten von Patientendaten zu unterscheiden, die alle dem Datenschutz und dem Arztgeheimnis unterliegen:

1. Identifikationsdaten (z. B. Name, Geburtsdatum, Adresse, krankenhausinterne Identifikatoren),
2. administrative Daten (z. B. Versicherungsdaten, Wahlleistungen)
3. medizinische Daten (z. B. Notfalldaten, anamnestische Daten, Diagnosen und Therapien, Befunde, Laborwerte)

Die Identifikationsdaten und administrativen Personendaten einschließlich Versicherungsdaten werden oft auch als **Stammdaten** bezeichnet. Diese Daten werden in der Verantwortung der erhebenden Fachabteilung des Krankenhauses gespeichert und verarbeitet und sind vor dem Zugriff durch nicht autorisierte Mitarbeiter zu schützen. Zugriffsrechte werden in Form von klinikweiten sowie abteilungsspezifischen Regelungen festgelegt, die mit den Datenschutzbeauftragten abzustimmen sind.

Unter **Authentifizierung** versteht man die Überprüfung der Identität an Hand eines bestimmten Merkmals. Die Authentifizierung gegenüber Computersystemen erfolgt typischerweise durch **Benutzerkennung** und **Passwort** bzw. persönliche

Identifikationsnummer (**PIN**). Passwörter müssen ausreichend komplex sein („**starkes Passwort**": ausreichende Länge, enthält Groß- und Kleinbuchstaben sowie Sonderzeichen und Ziffern), ansonsten können sie durch systematisches Ausprobieren geknackt werden (**Wörterbuchangriff**, **Brute-Force-Methode**). Passwörter müssen regelmäßig geändert werden und dürfen nicht weitergegeben werden. Durch einen zusätzlichen **Benutzertoken** (Hardware) oder durch die Prüfung **biometrischer Merkmale** (zum Beispiel **Fingerabdrucksensor**) kann die Sicherheit erhöht werden.

Autorisierung bezeichnet die Zuweisung und Überprüfung von Zugriffsrechten auf Daten und Dienste an den jeweilgen Systemnutzer. In einem klinischen Arbeitsplatzsystem wird beispielsweise dem angemeldeten Arzt Zugriff auf die Daten seiner Patienten gewährt und Dienste wie die Arztbriefschreibung werden zur Verfügung gestellt. Die konsequente **Ab-** und **Ummeldung** an IT-Systemen ist wichtig, damit nicht unbefugte Personen Zugang zu vertraulichen Daten erhalten. Eine automatische Sperrung des angemeldeten Benutzers nach einer bestimmten Inaktivitätszeit ist aus Datenschutzgründen sinnvoll.

3.12.3 IT-Sicherheit

IT-Systeme sind generell auch mit **IT-Risiken** verbunden. Durch die zunehmende Vernetzung von IT-Systemen im Gesundheitswesen kommt der IT-Sicherheit eine zunehmende Bedeutung zu. Grundsätzlich gilt, dass Patientendaten nach dem jeweiligen **Stand der Technik** zu schützen sind. Durch technische und organisatorische Maßnahmen muss gewährleistet sein, dass genau die in der entsprechenden Rechteliste definierten Zugriffe auf eine Patientenakte stattfinden können. Die vom **Sicherheitskonzept** geforderten Beschränkungen müssen durch geeignete Implementation und durch Sicherheitstechnik garantiert werden.

Die Möglichkeiten zum Datenzugriff unter Umgehung der Anwendungsprogramme müssen einbezogen werden, z. B. mithilfe von direktem Dateizugriff oder durch Netzüberwachung. Die Sicherheitsanforderungen sind daher nur durch **kryptographische Techniken**, wie verschlüsselte Speicherung und Übertragung, bzw. **Authentisierung** (Sicherstellung der Identität des Nutzers) zu erfüllen. Eine verschlüsselte Übertragung soll die Daten zwischen Ursprungs- und Zielsystem vor der Einsicht durch Unberechtigte, auch durch IT-Personal, schützen. Verschlüsselt werden meist nur die Nutzdaten der Übertragung, nicht jedoch die Verbindungsdaten. Eine im Internet gebräuchliche Verschlüsselung auf der Protokollebene ist das Secure Socket Layer-Protokoll (**SSL**), das von gängigen Internet-Servern und Browsern unterstützt wird.

IT-Systeme im Gesundheitswesen werden zunehmend zu einer **kritischen IT-Infrastruktur**, bei deren (Teil-)Ausfall durch technische Defekte oder **Cyberattacken** eine wesentliche, potenziell die Patientensicherheit bedrohende Störung der Krankenversorgung auftreten kann. Aus diesem Grund müssen IT-Systeme im Gesundheitswesen durch **Firewalls** und andere technische wie organisatorische Maßnahmen geschützt werden. Neben dem illegalen Zugang zu medizinischen Daten sowie Manipulation von Daten bestehen Risiken durch die gezielte Störung von IT-Systemen. Bei den so genannten **Denial-of-Service** (**DoS**)-Attacken werden bestimmte IT-Komponenten oder Teilsysteme durch Angreifer gezielt überlastet, um das gesamte IT-System lahmzulegen. Wenn eine große Anzahl von Rechnern für eine DoS-Attacke eingesetzt werden, spricht man von einer Distributed DoS (**DDoS**)-Attacke. Typischerweise werden hierbei infizierte Rechner ohne Kenntnis der jeweiligen Benutzer ferngesteuert im Rahmen von sogenannten **Botnetzen**. Durch die stark steigende Anzahl von Geräten mit Internet-Anschluss, insbesondere auch in der Medizin, entstehen durch das sogenannte **Internet of Things** (**IoT**) zwar viele neue Möglichkeiten, aber auch neue IT-Risiken.

Es gibt sehr vielfältige Arten von **Schadprogrammen** (englisch **Malware**):

- Ein **Computervirus** verbreitet sich über infizierte Programme oder Dokumente;
- ein **Computerwurm** versucht über Netze in andere Computer einzudringen;
- ein Trojanisches Pferd („**Trojaner**") ist ein Programm, das als nützliche Anwendung getarnt ist, aber im Hintergrund ohne Wissen des Anwenders bösartige Funktionen hat wie zum Beispiel die Fernsteuerbarkeit des Rechners im Rahmen eines Botnetzes;
- eine **Backdoor** ermöglicht Dritten einen unbefugten Zugang zum Computer;
- **Spyware** (z. B. ein **Keylogger**) spioniert den Benutzer aus und leitet Benutzerdaten (wie Passwörter, Kontodaten etc.) an Dritte weiter;
- **Adware** zeigt unerwünschte Werbung;
- **Ransomware** verschlüsselt wichtige Dateien und fordert den Benutzer zur Zahlung von Lösegeld auf;
- **Dialer** wählen unbemerkt teure Datenmehrwertdienste an und verursachen dadurch finanziellen Schaden.

Täglich entstehen viele Tausend neue Schadprogramme Die Verbreitungswege für Malware sind vielfältig, insbesondere über **manipulierte Websiten** (**Drive-by-Downloads**), E-Mails oder **infizierte Datenträger** (v. a. USB-Sticks). **Antivirenprogramme** (**AV**) helfen, um sich gegen derartige Schadprogramme zu schützen. Betriebssysteme und Programme sollten regelmäßig aktualisiert werden, um neu bekannt werdende **Sicherheitslücken** (sogenante **Exploits**) schnell zu schließen. Programme sollten generell nur von sicheren Quellen installiert werden. Mit **Phishing** bezeichnet man Versuche, über manipulierte Webseiten oder E-Mails an Kennungen und Passwörter des jeweiligen Benutzers zu gelangen, um **Identitätsdiebstahl** zu begehen. Es gibt auch gezielte Falschmeldungen (**Hoax**) über angebliche Computerviren, die Benutzer verunsichern und zu Störungen führen sollen (zum Beispiel die Aufforderung, bestimmte wichtige Systemdateien des Computers zu löschen).

Aus der Vielfalt der Schadprogramme und Störungsmöglichkeiten einerseits und der wachsenden Bedeutung von IT-Systemen für die Patientenversorgung andererseits ergibt sich ein wachsender Bedarf für **IT-Schutzmaßnahmen**. Hierbei geht es sowohl um organisatorische als auch technische Aspekte. Bei den Ärztinnen und Ärzten muss das Bewußtsein für **IT-Risiken** geschärft werden und die Anwender müssen im verantwortungsbewussten

Umgang mit den IT-Systemen geschult werden (Verhaltensmaßregeln im **Internet**; **Verschlüsselung**; **Virenschutz**, welche Programme für welche Endgeräte einsetzbar).

Sensible Patientendaten dürfen nicht ungesichert auf privaten Endgeräten (z. B. Smartphone, PC) gespeichert werden; es besteht das Risiko von **Datenverlust** oder **Datendiebstahl** mit Verletzung der ärztlichen Schweigepflicht. Mobile Endgeräte und Datenträger (z. B. USB-Stick) müssen für den Umgang mit sensiblen Daten speziell gesichert werden (Verschlüsselung; bei Smartphones Möglichkeit zur zentralen Sperrung/Löschung). Beim Einsatz des privaten PCs für den Zugang zu Patientendaten (zum Beispiel im Hintergrunddienst für Oberärzte) werden spezielle Sicherheitstechnologien eingesetzt, insbesondere Virtual Private Networks (**VPN**) und **Terminaldienste**, sodass die Netzwerkverbindung verschlüsselt ist und keine Patientendaten auf dem privaten Endgerät gespeichert werden.

Rechner müssen nach dem Stand der Technik geschützt werden, was teilweise auch mit einem reduzierten Benutzerkomfort verbunden ist. Die Rechte zur Installation von Software müssen strikt kontrolliert und organisiert werden (zentrale **Softwareverteilung**), um aktuelle Programmversionen bereitzustellen und die Installation von Schadsoftware zu erschweren. Daten müssen regelmäßig gesichert werden (**Backup**) und sollten – wo immer möglich – durch eine **Firewall** geschützt sein. Hardware für zentrale IT-Systeme muss in gesicherten **Serverräumen** untergebracht und mit **unterbrechungsfreier Stromversorgung** (**USV**) sowie leistungsfähigen Speichersystemen (**Storage Area Network**, abgekürzt **SAN; RAID-**Technologie) ausgestattet sein, um eine hohe **Verfügbarkeit** der Systeme zu erreichen. Kritische IT-Systeme werden typischerweise redundant ausgelegt (sogenannte „**Spiegelung**“), um bei Störung einer Komponente sofort auf ein Ersatzsystem umschalten zu können (Vermeidung eines **Single Point of Failure**).

Das Bundesamt für Sicherheit in der Informationstechnik (**BSI**) [BSI] stellt Informationen zum sogenannten **IT-Grundschutz** bereit. Damit ist es möglich, notwendige Sicherheitsmaßnahmen zu identifizieren und umzusetzen. **Cyber-Attacken** auf kritische IT-Infrastrukturen – zu denen auch IT-Systeme im Gesundheitswesen gehören – sind meldepflichtig (**IT-Sicherheitsgesetz**, EU-Richtlinie über Netz- und Informationssicherheit). Die internationale Norm **ISO/IEC 27001** (Information Security Management Systems) spezifiziert die Anforderungen für Herstellung, Einführung, Betrieb, Überwachung, Wartung und Verbesserung eines Informationssicherheits-Managementsystems unter Berücksichtigung der IT-Risiken innerhalb der gesamten Organisation.

3.12.4 Verschlüsselung und digitale Signatur

Sensible Patientendaten können durch **Verschlüsselung** (**Kryptographie**) geschützt werden, und zwar sowohl die Daten selbst als auch deren Übertragungswege. Bei der **symmetrischen Verschlüsselung** (Abb. 3.50) wird für die Verschlüsselung und die Entschlüsselung derselbe **Schlüssel** eingesetzt. Sender und Empfänger der Daten müssen also denselben Schlüssel kennen, aber sonst niemand (**geheimer Schlüssel**). Das Verschlüsselungsverfahren soll möglichst sicher sein, d. h. ohne Kenntnis des Schlüssels soll es

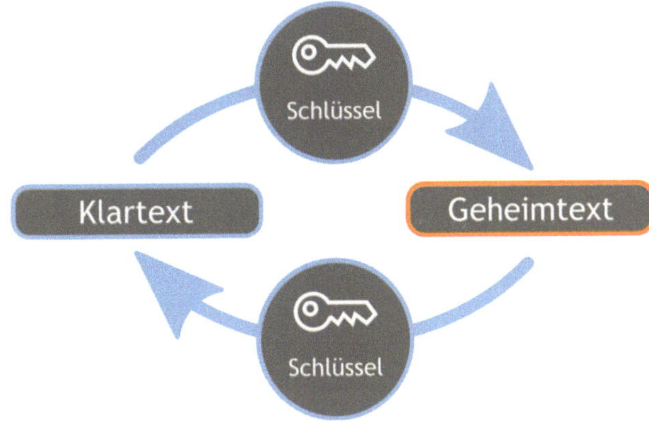

Abb. 3.50 Symmetrische Verschlüsselung: Für Verschlüsselung und Entschlüsselung wird derselbe Schlüssel eingesetzt. Quelle: https://de.wikipedia.org/wiki/Verschlüsselung

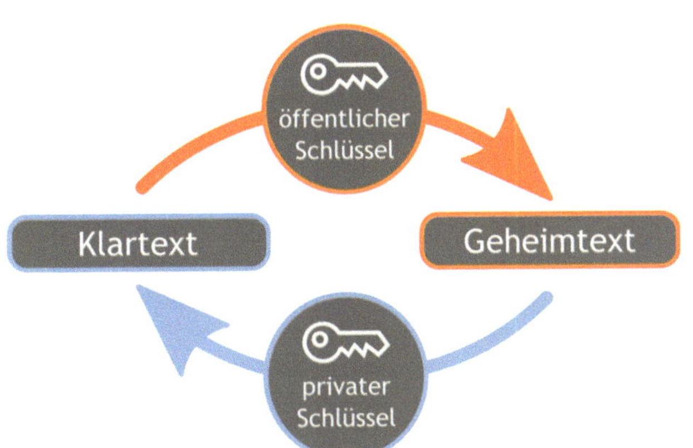

Abb. 3.51 Asymmetrische Verschlüsselung: Für Verschlüsselung und Entschlüsselung werden unterschiedliche Schlüssel eingesetzt. Quelle: https://de.wikipedia.org/wiki/Verschlüsselung

praktisch unmöglich sein, die Daten zu entschlüsseln. Der Schlüssel muss also hinreichend kompliziert sein, sodass er nicht durch einfaches Ausprobieren („Brute-Force-Attacke“) ermittelt werden kann. Ein Grundproblem der symmetrischen Kryptographie besteht darin, dass der gemeinsame Schlüssel für Sender und Empfänger vereinbart werden muss und trotzdem geheim bleiben muss.

Bei der **asymmetrischen Verschlüsselung** (Abb. 3.51) werden für Verschlüsselung und Entschlüsselung der Daten unterschiedliche Schlüssel eingesetzt. Dies ermöglicht eine sichere Übertragung von Daten über ein unsicheres Medium wie das Internet. Bei der asymmetrischen Verschlüsselung wird ein so genanntes **Schlüsselpaar** aus einem **öffentlichen Schlüssel** (**Public Key**) und einem **privaten Schlüssel** (**Private Key**) eingesetzt. Der öffentliche Schlüssel eines Empfängers ist allgemein zugänglich (daher die Bezeichnung „öffentlich“), der private Schlüssel ist allein dem Empfänger bekannt. Der Sender verschlüsselt die Daten mit dem öffentlichen Schlüssel des Empfängers. Dieser kann die Daten dann mit seinem privaten Schlüssel entschlüsseln. Das Schlüsselpaar ist so gewählt, dass es nahezu unmöglich ist, aus dem jeweiligen öffentlichen Schlüssel den privaten Schlüssel zu berechnen. „Nahezu unmöglich“ steht in diesem Kontext für einen astronomisch hohen Rechenaufwand. Aufgrund der wachsenden Rechenleistungen von Computern musste in den letzten Jahren die Länge von als sicher zu betrachtenden Schlüsseln immer wieder erhöht werden. Der Vorteil der asymmetrischen Verschlüsselung besteht darin, dass kein Schlüssel zwischen Sender und Empfänger ausgetauscht werden muss.

Bei der **elektronischen Signatur** nach dem Signaturgesetz kann man verschiedene Sicherheitsstufen unterscheiden: die **einfache elektronische Signatur**, bei der der Benutzer lediglich sein Passwort eingibt; die **fortgeschrittene elektronische Signatur**, bei der die Authentizität und Unverfälschtheit der signierten Daten geprüft werden kann; schließlich die **qualifizierte elektronische Signatur**, die zusätzlich zur fortgeschrittenen Signatur auf einem qualifizierten Zertifikat beruht und mit einer sicheren Signaturerstellungseinheit erstellt wurde (typischerweise unter Einsatz spezieller Hardware wie einer Chipkarte).

Um eine weitgehend manipulationssichere Kommunikation über offene Computernetze zu ermöglichen, wird im Rahmen der **digitalen Signatur** (Abb. 3.52; **digitale Unterschrift**; technische Umsetzung für fortgeschrittene und qualifizierte elektronische

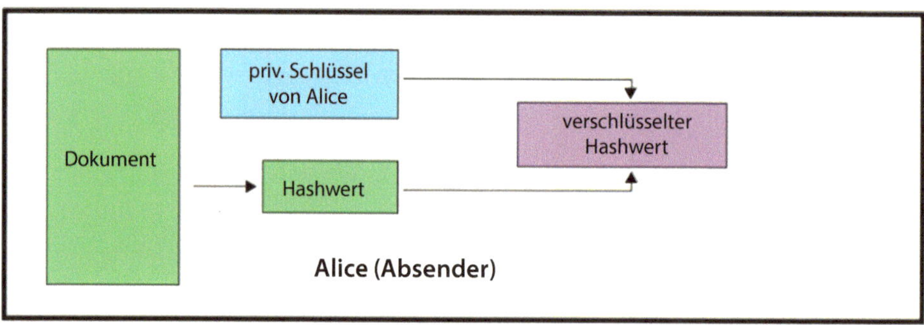

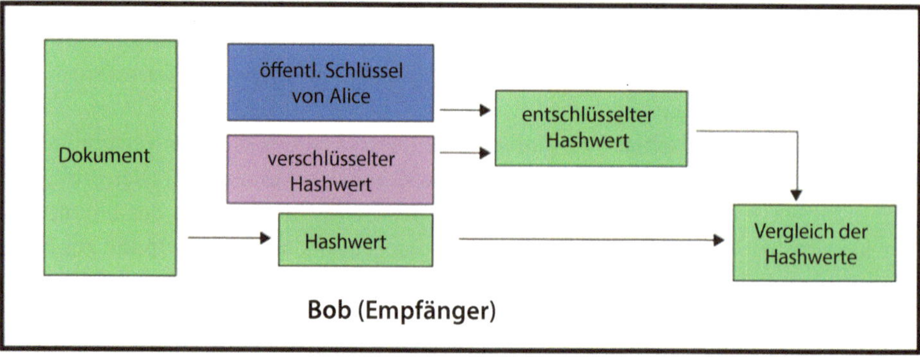

Abb. 3.52 Digitale Signatur: Schematische Darstellung der elektronischen Signierung eines Dokuments. Quelle: https://de.wikipedia.org/wiki/Elektronische_Signatur

Signatur) asymmetrische Verschlüsselung eingesetzt: Mit Verwendung seines privaten Schlüssels erzeugt der Sender mit einem Computeralgorithmus eine digitale Signatur zu einer digitalen Nachricht (zum Beispiel E-Mail). Diese Signatur ist typischerweise ein verschlüsselter **Hash-Wert**. **Hash-Funktionen** sind Algorithmen, die aus einer großen Eingabemenge (in diesem Beispiel die zu unterschreibende Nachricht) einen relativ kurzen Hash-Wert (auch **Fingerprint** genannt; in diesem Beispiel die Signatur der Nachricht) erzeugen. Für Verschlüsselungszwecke werden spezielle Hash-Funktionen eingesetzt, die nur in eine Richtung ausgeführt werden können (Einwegfunktion), beispielsweise der Message-Digest Algorithm 5 (**MD5**). Mit dem öffentlichen Schlüssel des Senders können nun die Empfänger überprüfen, ob die Nachricht korrekt signiert wurde und ob der Inhalt unverändert ist (**Integrität**).

Für die digitale Signatur ist es wichtig, dass der öffentliche Schlüssel des jeweiligen Senders korrekt ist: Nur wenn der öffentliche Schlüssel eines Senders unverfälscht ist und tatsächlich zum jeweiligen Sender gehört, kann man auch der digitalen Signatur vertrauen. Zu diesem Zweck werden bei der qualifizierten elektronischen Signatur zusätzlich **Zertifikate** eingesetzt. Eine **Zertifizierungsinstanz** (englisch Certificate Authority, abgekürzt CA) stellt hierbei für einzelne Personen Zertifikate aus. Die Zertifizierungsinstanz garantiert, dass der Besitzer eines Zertifikats sich bei dessen Beantragung ausgewiesen hat (z. B. mit Personalausweis). Der Ablauf des Verfahrens ist:

1. Der Antragsteller erstellt einen privaten und einen dazu passenden öffentlichen Schlüssel.
2. Der öffentliche Schlüssel wird an die Zertifizierungsinstanz gesendet, der private Schlüssel bleibt geheim.
3. Die Zertifizierungsinstanz prüft anhand des Ausweises des Antragstellers die Echtheit des öffentlichen Schlüssels und unterschreibt diesen digital mit ihrem privaten Schlüssel.
4. Die Person verschmelzt ihren auf diese Weise signierten öffentlichen Schlüssel mit ihrem privaten Schlüssel und schaltet somit das Zertifikat frei.

Da im öffentlichen Schlüssel die Signatur des privaten Schlüssels der Zertifizierungsinstanz enthalten ist, kann jeder, der den öffentlichen Schlüssel des Antragstellers erhält, anhand der Signatur überprüfen, dass dieser öffentliche Schlüssel echt ist. Er prüft hierbei den öffentlichen Schlüssel des Antragstellers mit dem öffentlichen Schlüssel der Zertifizierungsinstanz. Im Erfolgsfall kann er davon ausgehen, dass die im öffentlichen Schlüssel des Antragstellers hinterlegte Person auch diejenige ist, als die sie sich ausgibt. Bei der qualifizierten elektronischen Signatur muss der Signaturschlüssel zudem durch spezielle Hard- und Software gegen Manipulation geschützt werden (in der Regel über eine Chipkarte).

Aufgabe der Zertifizierungsinstanz ist es – als zentrale Stelle für alle an einer verschlüsselten Datenübertragung beteiligten Personen –, die Echtheit jeder Person anhand ihres signierten öffentlichen Schlüssels zu bestätigen, ohne dass sich diese Personen persönlich kennen müssen. Um digitale Signatur und kryptographische Verfahren in breitem

Umfang einsetzen zu können, benötigt man eine sog. **Public-Key-Infrastruktur** (**PKI**). Zu dieser gehören neben den technischen Gesichtspunkten der Verschlüsselungsverfahren auch entsprechende organisatorische Strukturen wie zum Beispiel **Trustcenter**, die die Vergabe und Kontrolle der digitalen Schlüssel und Zertifikate sowie die Ausgabe und Verwaltung der Chipkarten (beispielsweise als elektronischer Heilberufsausweis) organisieren.

3.12.5 Elektronische Gesundheitskarte und Heilberufsausweis

Die **elektronische Gesundheitskarte** (**eGK**) ist eine Versichertenkarte mit Lichtbild (Abb. 3.53). Die gesetzlichen Grundlagen für die eGK wurden schon 1988 geschaffen (§ 291 SGB V), die Einführung verzögerte sich jedoch viele Jahre. Auf der eGK befinden sich folgende **gespeicherte Daten**: Krankenkasse, Name des Versicherten, Geburtsdatum, Geschlecht, Anschrift, Krankenversichertennummer, Versichertenstatus sowie Gültigkeitszeitraum des Versicherungsschutzes. Die eGK ist ein **kombinierter Sicht- und Elektronikausweis**. Sie enthält eine **multifunktionale Mikroprozessorkarte** mit Daten- und Verweisspeicher sowie Speicher für Zugriffberechtigungen.

Es ist geplant, sie zum Signieren und Verschlüsseln elektronischer Dokumente einzusetzen. In zukünftigen Ausbaustufen der eGK sollen wichtige Dokumente wie Arztbriefe, Befunde, Notfalldaten und Medikation des Patienten abgelegt bzw. abrufbar werden können. Hierdurch soll eine höhere Effizienz (beispielsweise Vermeidung von Doppeluntersuchungen) erreicht werden, die Kommunikation im Rahmen der Behandlung soll verbessert werden und die Rechte der Patienten sollen gestärkt werden (Datenhoheit des Patienten). Kritik an der eGK wird geäußert im Hinblick auf die Kosten, die Praktikabilität (zum Beispiel Zeitbedarf für elektronische Signatur, gesperrte eGKs durch Vergessen der PIN) sowie datenschutzrechtliche Bedenken gegen die zentrale Speicherung der Patienteninformationen.

Abb. 3.53 eGK. Quelle: https://de.wikipedia.org/wiki/Elektronische_Gesundheitskarte

Abb. 3.54 Heilberufsausweis. Die Details der flächendeckenden Einführung sind noch in Klärung (Stand 2016). Quelle: Bundesministerium für Gesundheit

Für die Einführung und Weiterentwicklung der eGK und ihrer Infrastruktur ist in Deutschland die **gematik** GmbH [gematik] zuständig. Gesellschafter der gematik sind die Spitzenverbände der Leistungserbringer und Kostenträger im deutschen Gesundheitswesen (zu 50 % die Krankenkassen, die weiteren 50 % entfallen auf Vertreter der Ärzteschaft und der Krankenhäuser). Die Einführung der eGK ist ein komplexes Projekt, das über 70 Mio. Versicherte, mehr als 200.000 Ärzte bzw. Zahnärzte und über 2000 Krankenhäuser betrifft.

Der Elektronische **Heilberufsausweis** (**eHBA**, englisch Health Professional Card, **HPC**) ist ein elektronischer Ausweis für die Gesundheitsberufe, insbesondere Ärzte, Apotheker, Zahnärzte und Psychotherapeuten (Abb. 3.54). Der elektronische Arztausweis soll ermöglichen:

- Authentifizierung (Identitätsprüfung): sowohl elektronisch als auch Sichtausweis
- Zugriff auf Patientendaten der eGK: insbesondere Notfalldaten und Medikationsplan
- Ver- und Entschlüsselung medizinischer Daten
- Elektronische Unterschrift: qualifizierte elektronische Signatur für Arztbriefe

3.13 Medizinische Signalverarbeitung

Die Medizinische Signalverarbeitung (Biosignalverarbeitung) befasst sich mit der computergestützten Erfassung und Verarbeitung von biologischen Signalen („Biosignalen“) zur

Tab. 3.5 Beispiele für Biosignale

Atemfrequenz	Atemzüge pro Minute
Atemzugvolumen	Wird angegeben in [ml]
Blutdruck (RR)	Langzeit-Blutdruckmessung Invasive Blutdruckmessung
CO_2-Partialdruck	Messung des Kohlendioxid-Gehalts (im Blut oder in der Atemluft)
Elektrokardiogramm EKG	Elektrische Aktivität des Herzens
Elektroenzephalogramm EEG	Messung der Hirnströme
Elektroneurogramm ENG	Leitgeschwindigkeit in Nerven
Elektromyogramm EMG	Elektrische Aktivität von Muskeln
Evozierte Potenziale (EP)	Messung der Hirnströme in Abhängigkeit von visuellen oder akustischen Reizen zur Überprüfung von Nervenbahnen im Zentralnervensystem
Temperatur	Wird gemessen in °C

Unterstützung von Diagnostik und Therapie (Tab. 3.5). Wichtige klinische Anwendungsfelder sind z. B. **Monitoringsysteme** für Intensivpatienten (speziell die computergestützte EKG-Verarbeitung), Systeme zur EEG-Auswertung oder Spracherkennung.

Grundsätzlich werden periodische, transiente und stochastische Signale unterschieden:

Periodische Signale sind durch eine sich mit bestimmter Frequenz wiederholende Signalform gekennzeichnet, wie z. B. das EKG.

Transiente Signale zeigen ein zeitlich begrenztes Signalmuster. Sie charakterisieren im Allgemeinen den Übergang eines Systems in einen anderen Zustand. Häufig findet man dabei ein abklingendes Zeitverhalten, z. B. die Strahlungsintensität beim radioaktiven Zerfall.

Bei **stochastischen Signalen** kann der zeitliche Verlauf der Werte nicht anhand einer Gesetzmäßigkeit vorherbestimmt werden, z. B. bei Rauschsignalen. Derartige Signale werden durch statistische Größen wie z. B. die Verteilung und Varianz der Signalwerte beschrieben.

Ein Signal ist **stationär**, wenn sich seine beschreibenden Maßzahlen nicht über die Zeit ändern; diese Eigenschaft ist bei den meisten Biosignalen allerdings nur eingeschränkt gegeben.

3.13.1 Signalerfassung und Vorverarbeitung

Biosignale können elektrischer, mechanischer, magnetischer oder chemischer Natur sein. Durch einen **Signalwandler** (**Transducer**) wird in der Regel ein elektrisches Signal erzeugt. Unter einem **Biosensor** versteht man einen Aufbau, in dem eine biologische Komponente (z. B. ein Enzym, ein Antikörper oder ein Mikroorganismus) mit einem **Signalwandler** verbunden ist. Als Messverfahren werden Kalorimetrie (Temperatureffekte),

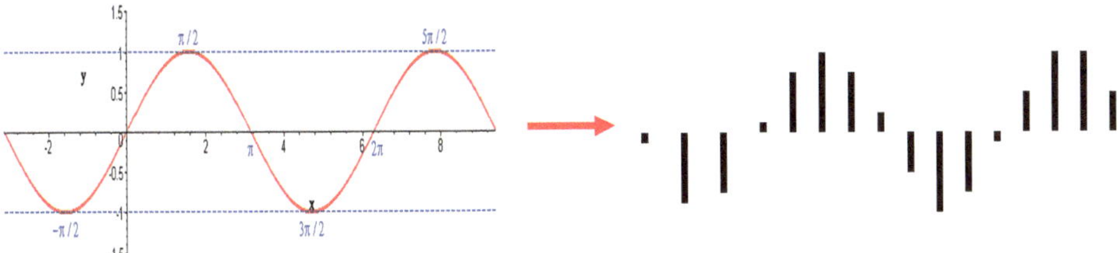

Abb. 3.55 Analog/Digital Wandlung

mikrogravimetrische Detektion mithilfe von piezoelektrischen Sensoren, optische oder elektrochemische Detektion angewandt. In der Medizin können Biosensoren z. B. zur Blutzuckermessung eingesetzt werden. Ein häufiges Problem für Biosensoren in der Medizin besteht darin, dass viele Sensoren nur relativ kurze Zeit im Körper korrekt arbeiten.

Elektrische Signale werden durch einen Analog/Digital-Wandler (**A/D-Wandler**, Abb. 3.55) digitalisiert, wodurch eine Weiterverarbeitung im Computer ermöglicht wird. Dadurch erfolgt eine Diskretisierung des Biosignals sowohl im Zeitbereich wie im Wertebereich, indem der A/D-Wandler den Wert in bestimmten Zeitabständen (**Abtastfrequenz**, z. B. 100 Hz) und mit einer bestimmten Genauigkeit erfasst (**Quantisierung**, z. B. 12 Bit entsprechen $2^{12} = 4096$ Stufen).

Durch einen **Multiplexer** ist es möglich, mit einem A/D-Wandler mehrere Signale praktisch gleichzeitig zu registrieren. Dies erfolgt dadurch, dass die verschiedenen Kanäle in schneller Abfolge hintereinander abgefragt werden. Wenn die Abtastfrequenz im Verhältnis zur Signalfrequenz zu niedrig ist, können Artefakte auftreten. Dies wird als **Aliasing** bezeichnet. Aus diesem Grund muss die Abtastfrequenz f_a mehr als doppelt so groß sein wie die höchste im Signal enthaltene Frequenz f_{max} ($f_a > 2f_{max}$). Dieser Zusammenhang wird als Theorem von **Shannon** bezeichnet. Zur Vermeidung von Aliasing wird vor die Signalabtastung ein **Anti-Aliasing-Filter** geschaltet, der zu hohe Frequenzen herausfiltert.

Mit **Filterung** bezeichnet man die Veränderung von Signalen, um unerwünschte Signalanteile abzuschwächen oder zu unterdrücken. Typische Beispiele für Filterung sind Tiefpassfilter, die tiefe Frequenzen bevorzugt durchlassen, Hochpassfilter und Bandpassfilter sowie Bandsperren. Nulllinienschwankungen aufgrund von Elektrodenpotenzialen zwischen Haut bzw. Gewebe und Sensor erschweren häufig die Bestimmung korrekter Signalamplituden. Zur **Nulllinienkorrektur** kann deshalb vom tatsächlichen Signal eine approximierte Nulllinie subtrahiert werden.

3.13.2 Signaldetektion

Das Erkennen eines Signalmusters erfolgt meist durch Schwellwertüberschreitung eines spezifischen Signalparameters. Das gesuchte Signalmuster ist typischerweise von einem Rauschsignal überlagert. Je größer der **Signalstörabstand** ist, desto einfacher und zuverlässiger kann das Muster erkannt werden.

Abb. 3.56 Beispiel für ein verrauschtes Biosignal: Strom durch einen Natriumkanal

Im einfachsten Fall genügt es, einen absoluten Schwellenwert festzulegen, um ein bestimmtes Signalmuster zu erkennen. Abbildung 3.56 zeigt eine Stromregistrierung durch einen Natriumkanal in einer Herzzelle. Eine hohe Amplitude bedeutet, dass der Kanal geöffnet ist, eine niedrige Amplitude, dass der Kanal geschlossen ist. Auch im offenen Zustand kommt es zu kurzzeitigen Schließungen des Kanals (Bursts). Ein absoluter Schwellenwert genügt hier nicht, um die Zustände „offen" und „geschlossen" voneinander abzugrenzen. Durch eine gleitende **Mittelwertbildung**, bei der der Mittelwert der Signalamplitude in einem bestimmten Zeitintervall um den jeweiligen Messpunkt herum bestimmt wird, kann in diesem Beispiel ein besseres Ergebnis erzielt werden.

Bei einem periodischen Signal kann man durch Mittelwertbildung aus den periodischen Signalabschnitten den Anteil des Rauschens reduzieren, weil bei stochastischem Rauschen die mittlere Signalamplitude den Wert null hat und die Rauschsignale sich bei der Mittelwertbildung somit „gegenseitig auslöschen". Dieses Vorgehen wird z. B. in der EEG-Auswertung zur Ermittlung der evozierten Potenziale (EP) eingesetzt.

3.13.2.1 Ähnlichkeit von Signalen

Zur Bewertung der Ähnlichkeit von Signalen oder der Übereinstimmung mit bestimmten Signalmustern können Korrelationsfunktionen eingesetzt werden. Bei der **Autokorrelation** wird der Korrelationskoeffizient von zwei verschiedenen Abschnitten desselben Signals berechnet. Die Autokorrelationsfunktion berechnet diesen Koeffizienten in Abhängigkeit des Abstandes zwischen den Abschnitten des Signals. Bei periodischen Signalen, die stark verrauscht sind, kann durch die Autokorrelationsfunktion die Periodendauer des Signals bestimmt werden.

Bei der **Kreuzkorrelation** werden Abschnitte verschiedener Signale miteinander korreliert. Ein hoher Wert in der Kreuzkorrelation bedeutet, dass die beiden Signalabschnitte ähnlich sind. Bei der gleitenden Kreuzkorrelation werden sukzessive alle Abschnitte des zu analysierenden Signals mit dem Muster korreliert und auf diese Weise zur Erkennung von Signalmustern eingesetzt.

3.13.2.2 Fourier-Transformation

Die **Fourier-Transformation** ermittelt zu einem Signal x(t) die Frequenzen, aus denen es zusammengesetzt ist, das **Frequenzspektrum** X(f). Diese Transformation ist umkehrbar: Die inverse Fourier-Transformation liefert zum Frequenzspektrum wieder das Ausgangssignal. Die Bedeutung der Fourier-Transformation in der Biosignalverarbeitung liegt u. a. darin, dass sie ermöglicht, bestimmte Frequenzen im Spektrum eines Signals

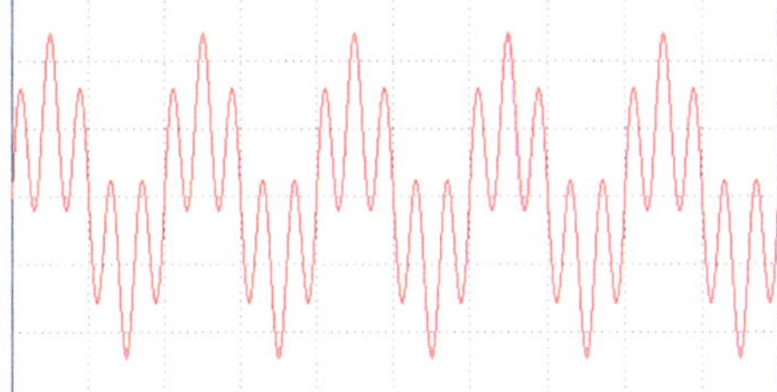
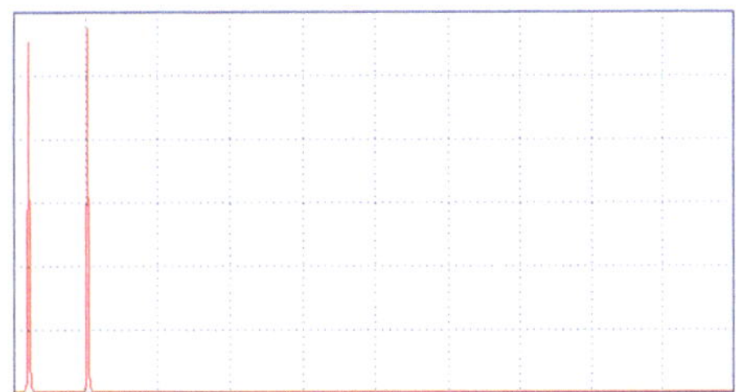

Abb. 3.57 Das Signal auf der linken Seite besteht aus zwei unterschiedlichen Frequenzen (100 Hz und 500 Hz). Das Frequenzspektrum, das durch die Fourier-Transformation ermittelt wurde, zeigt zwei Spitzen, die diesen Frequenzen entsprechen. Durch inverse Fourier-Transformation kann aus dem Spektrum wieder das Signal ermittelt werden

selektiv zu unterdrücken oder zu verstärken (Abb. 3.57). Für Signale, die aus 2^n Abtastpunkten bestehen, gibt es ein besonders effizientes Berechnungsverfahren, die **Fast-Fourier-Transformation** (**FFT**).

3.13.2.3 Wavelet-Transformation

Bei der **Wavelet-Transformation** wird aus einem Signal mithilfe eines so genannten Mother-Wavelets ein zweidimensionales Zeit-Frequenz-Diagramm erzeugt. Ein Wavelet (engl. kleine Welle) ist eine Wellenform, die nicht gleichförmig ist und im Allgemeinen nach wenigen Schwingungen endet. Gebräuchliche Mother-Wavelets sind z. B. Morlet-Wavelet, Mexican-Hat-Wavelet, Shannon-Wavelet und Haar-Wavelet.

Im Gegensatz zur Fourier-Transformation wird nicht pauschal angegeben, wie stark eine bestimmte Frequenz in einem Signal enthalten ist, sondern es wird berücksichtigt, wie sich die Frequenz im Zeitverlauf ändert.

Eine zweite wichtige Eigenschaft der Wavelet-Transformation besteht darin, dass für die verschiedenen Frequenzbereiche eine unterschiedliche Auflösung verwendet wird, d. h., nichtstationäre höherfrequente Signalanteile können mit hoher zeitlicher Genauigkeit lokalisiert werden.

3.13.2.4 Zeitreihenanalyse

Zeitreihenanalysen [R] müssen herangezogen werden, wenn zeitlich aufeinander folgende Beobachtungsergebnisse voneinander abhängen oder unter variablen äußeren Bedingungen gewonnen wurden. Man kann eine Zeitreihe in verschiedene Anteile zerlegen: den Trend (langfristige Entwicklung), einen periodischen Anteil (zum Beispiel Tag-Nacht-Rhythmus) und einen auf zufällige Einflüsse zurückführbaren Rest.

Zuerst sollte geprüft werden, ob überhaupt ein Trend vorliegt. Dies kann mit dem Vorzeichen-Trendtest von Cox und Stuart erfolgen. Als Funktionen zur Beschreibung eines Trends können Polynome und Exponentialfunktionen eingesetzt werden; der einfachste Fall ist der lineare Trend. Durch Einsatz von Glättungsverfahren (z. B. gleitende Mittelwertbildung) kann man bei langen, kompliziert verlaufenden Zeitreihen einen Trend leichter identifizieren.

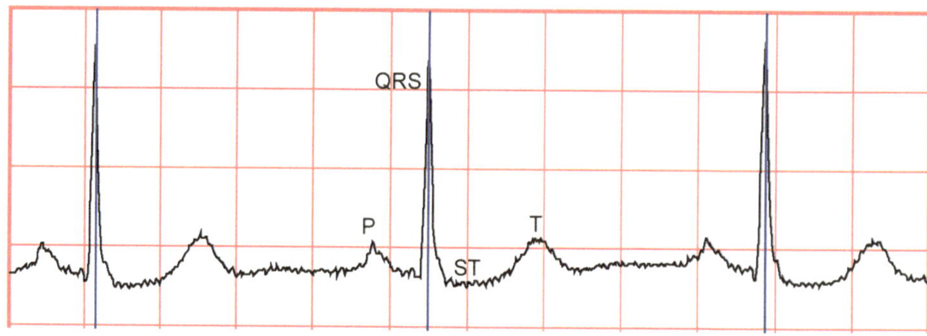

Abb. 3.58 Normales EKG mit P-Welle, QRS-Komplex, ST-Strecke und T-Welle

3.13.2.5 Elektrokardiogramm (EKG)

Die Aufzeichnung der elektrischen Aktivität des Herzens wird als EKG bezeichnet. Im normalen EKG (Abb. 3.58) sind folgende Bestandteile zu erkennen:

- **P-Welle**: wird im Vorhofbereich des Herzens erzeugt
- **QRS-Komplex**: wird durch die Herzkammern generiert
- **ST-Strecke** und **T-Welle**: entstehen bei der Rückbildung der Erregung in den Herzkammern

Es gibt verschiedene Möglichkeiten, ein EKG aufzuzeichnen. Beim **12-Kanal-EKG** erfolgen an der Brustwand 6 Ableitungen (V1–V6; sog. Brustwandableitungen) sowie an Armen und Beinen 6 Ableitungen (I, II, III, aVR, aVL, aVF; sog. Extremitätenableitungen).

Der **Lagetyp** im EKG bezeichnet die Richtung des Hauptvektors der Erregungsausbreitung, die mit dem 12-Kanal-EKG ermittelt werden kann, zum Beispiel Indifferenztyp, Linkstyp, Steiltyp, Rechtstyp.

Eine Verlangsamung der Herzfrequenz nennt man **Bradykardie**, die Beschleunigung **Tachykardie**. **Arrhythmie** bedeutet unregelmäßiger Herzschlag. **Extrasystolen** sind zusätzliche Herzschläge außerhalb des normalen Rhythmus. Rhythmusstörungen des Herzens sind z. B. das **Vorhofflimmern** oder **Kammerflimmern**. Normalerweise wird die Herzaktion vom Sinusknoten gesteuert, man spricht von einem **Sinusrhythmus**. Wenn die Überleitung der Erregung von den Vorhöfen auf die Herzkammer gestört ist, liegt ein atrioventrikulärer Block (AV-Block, Grad I–III) vor. Eine verzögerte Ausbreitung der Erregung in der linken bzw. rechten Herzkammer wird als **Links**- bzw. **Rechtsschenkelblock** bezeichnet (**LSB/RSB**).

Im Gegensatz zum **Ruhe-EKG** werden beim **Belastungs-EKG** die Veränderungen des EKG unter körperlicher Belastung aufgezeichnet. Bei einer gestörten Durchblutung des Herzens treten Veränderungen im EKG auf, z. B. Hebungen oder Senkungen der ST-Strecke. Mit dem EKG kann auch der Ort und das Stadium eines Herzinfarktes bestimmt

Tab. 3.6 Wellentypen im EEG

Wellentyp	Frequenz [Hz]	Amplitude [µV]
beta	14–30	5–50
Alpha	8–13	20–120
Theta	4–7	20–100
delta	0,5–3	5–250

werden. Beim **Langzeit-EKG** wird das EKG über einen längeren Zeitraum (z. B. 24 h) registriert. Mit speziellen Kathetern ist auch eine Ableitung des EKG im Inneren des Herzens möglich (intrakardial).

3.13.2.6 Elektroenzephalogramm (EEG)

Das Elektroencephalogramm (EEG) dient der Aufzeichnung der von der Kopfhaut abgeleiteten elektrischen Aktivität der Nervenzellen des Gehirns, der so genannten Hirnströme. Die Spannungsschwankungen werden mit einer Vielzahl nach einem bestimmten Schema über den Kopf verteilten Elektroden aufgenommen. Diese Elektroden sind erforderlich, um Veränderungen der Hirnströme, wie sie beispielsweise bei Epilepsiepatienten auftreten (spike waves, sharp waves), räumlich zu lokalisieren. Tabelle 3.6 zeigt wichtige Wellentypen, die im EEG unterschieden werden können.

3.14 Medizinische Bildverarbeitung

Die medizinische Bildverarbeitung beschäftigt sich mit Algorithmen, die aus bildlichem Material oder Messwerten neue Bilder erzeugen, welche die diagnostisch relevanten Aspekte verdeutlichen. Dies ermöglicht eine optimierte, individuelle Planung der weiteren Diagnostik und Therapie.

3.14.1 Bilderzeugung

In der Medizin werden, zum Beispiel in der Radiologie und Inneren Medizin, eine Fülle von **bildgebenden Verfahren** eingesetzt, von denen einige wichtige Beispiele kurz erläutert werden. Die Datenmenge steigt kontinuierlich, weil die Bildauflösung zunimmt und zugleich immer größere Serien von zusammengehörigen Bildern erstellt werden, sei es als Zeitreihenbilder, Volumendatensätze (**3-D**) oder die so genannte **4-D**-Darstellung (3-D im Zeitverlauf).

3.14.1.1 Röntgen

Bei der **digitalen Radiographie** (Abb. 3.59) wird auf einer Röntgenspeicherfolie oder einem Flachbilddetektor ein „Schattenbild" der untersuchten Körperregion mit

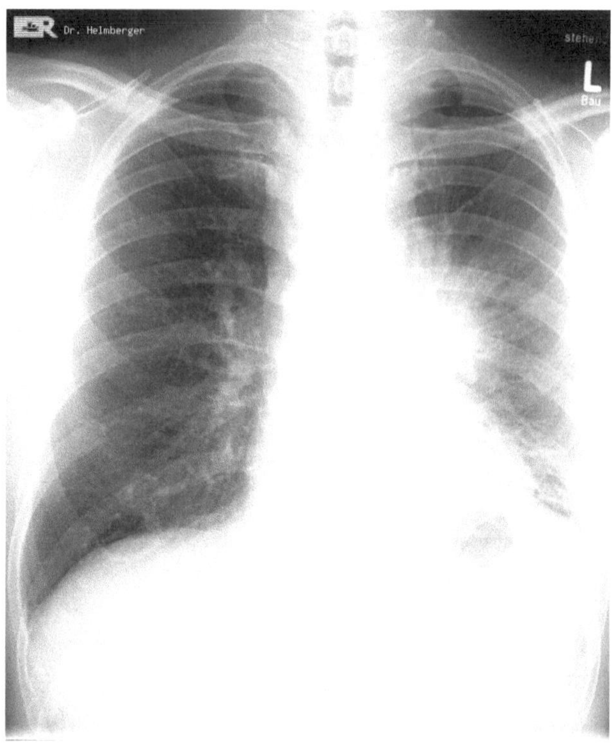

Abb. 3.59 Röntgen-Thorax-Aufnahme. Quelle: Universitätsklinikum München

Röntgenstrahlen erzeugt. Man unterscheidet dabei die **Weichstrahltechnik** mit Röhrenspannungen von 20–40 kV, die vor allem für die Darstellung von Weichteilen geeignet ist, und die **Hartstrahltechnik** mit Spannungen von 100–150 kV.

3.14.1.2 Computertomographie (CT)

Beim **CT** (Abb. 3.60) wird die zu untersuchende Körperregion mit einer um den Patienten kreisenden Röntgenröhre durchstrahlt. Der Röhre gegenüberliegende Detektoren messen die durchdringende Strahlung. Aus den Absorptionsprofilen der verschiedenen Winkelpositionen wird ein zweidimensionales Schnittbild errechnet, das als Graustufenbild dargestellt wird.

Die Dichteinformation in CT-Bildern wird in **Hounsfield**-Einheiten (**HE** bzw. englisch hounsfield units = **HU**) gemessen; Wasser entspricht 0 HE (Luft –1000 HE, Lungengewebe ca. −500 HE, Fettgewebe −100 bis −50 HE, Muskelgewebe 10 bis 40 HE, Weichteile 100 bis 300 HE, Knochen 700 bis 3000 HE). Das menschliche Auge ist mit mehreren Tausend Graustufen überfordert, daher werden je nach Fragestellung bestimmte Graustufenbereiche dargestellt (**Fensterung**). Die Parameter der Fensterung werden üblicherweise angegeben als Weite und Mittelpunkt des Graustufenbereichs. Ein **Weichteilfenster** 350/50 bedeutet beispielsweise, dass der Graustufenbereich von – 125 bis 225 HE angezeigt wird, analog ein **Knochenfenster** 2000/500.

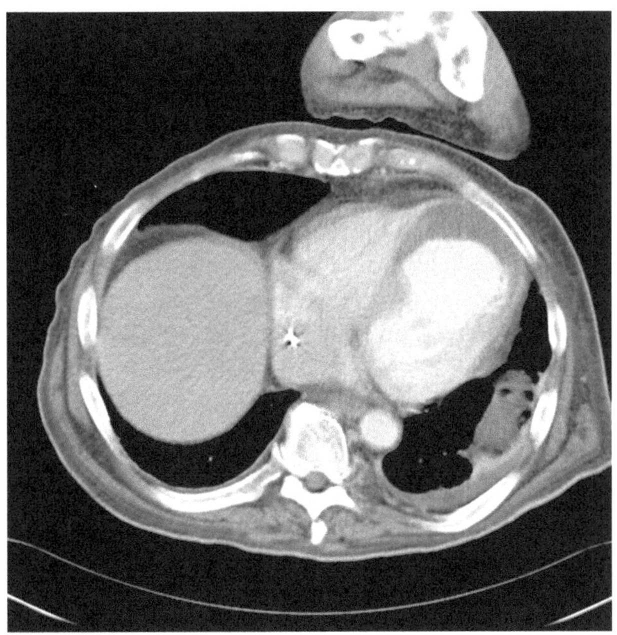

Abb. 3.60 CT-Aufnahme. Quelle: Universitätsklinikum München

Hyperdens bedeutet eine Erhöhung der Dichte im Vergleich zur Umgebung, analog **hypodens** eine Verminderung. Im Gegensatz zur **Nativaufnahme** ohne **Kontrastmittel** (**KM**) können durch Gabe von KM bestimmte Strukturen wie Blutgefäße oder spezielle Organe selektiv dargestellt werden. Eine pathologische Anreicherung von KM wird als **Enhancement** bezeichnet.

Bei der **Einzelschichttechnik** wird jeweils ein **axiales Schnittbild** erstellt, dann wird der Patient eine Schichtdicke weiterbewegt usw. Beim **Spiral-CT** wird der Patient kontinuierlich bei kreisender Abtastung bewegt. Dadurch wird ein Volumendatensatz ermittelt und es können ganze Körperabschnitte innerhalb einer Atempause untersucht werden. Aus diesem Datensatz können weitere Schnittebenen errechnet werden (**sagittal, koronar**) und 3-D-Rekonstruktionen erstellt werden.

3.14.1.3 Magnetresonanztomographie (MRT)

Die **Magnetresonanztomographie** (= **Kernspintomographie**) beruht auf folgendem physikalischen Prinzip: Bestimmte Atomkerne (vor allem Wasserstoffatome) weisen aufgrund von Ladungsungleichgewichten eine sog. Kernspinbewegung auf. Wenn man ein äußeres Magnetfeld anlegt, richten sich die Kernspins gemäß den Feldlinien dieses Feldes aus. Durch Einstrahlung eines Hochfrequenzsignals werden die Kernspins kurzzeitig verändert und kehren dann wieder in die Ausgangsposition zurück (= **Relaxation**), wobei ein Hochfrequenzsignal abgestrahlt wird, das von der Magnetfeldstärke abhängt und gemessen werden kann. Wenn der Verlauf des äußeren Magnetfeldes bekannt ist, kann man aus der Frequenz des Antwortsignals den Ort der Signalentstehung ermitteln. Wichtige

Messparameter der MRT sind die **Protonendichte** und die **Relaxationszeiten T1** und **T2**, die das zeitliche Abklingen des Hochfrequenzsignals beschreiben. Da bei der MRT primär ein 3-D-Datensatz entsteht, sind – im Gegensatz zum Einzelschicht-CT – beliebige Schnittebenen möglich. Durch Unterschiede der Wasserstoffkonzentrationen ist mittels MRT eine gute Differenzierung von verschiedenen Weichteilgeweben möglich.

3.14.1.4 Angiographie

Bei der **Angiographie** (Abb. 3.61) werden Gefäße durch Injektion eines Röntgenkontrastmittels röntgenologisch dargestellt. Auf diese Weise kann zum Beispiel die genaue Stelle lokalisiert werden, an der ein Blutgefäß verschlossen ist. Bei der **Digitalen Subtraktions-Angiographie (DSA)** wird ein Referenzbild ohne Kontrastmittel aufgenommen, das von den Bildern mit Kontrastmittel subtrahiert wird. Dadurch können die Gefäßstrukturen hervorgehoben werden, weil die Überlagerung durch den Hintergrund stark reduziert wird.

3.14.1.5 Szintigraphie, SPECT und PET

Bei der **Szintigraphie** wird dem Patienten eine radioaktive Substanz (Gamma-Strahler, z. B. Technetium 99mTc) verabreicht und mittels einer Gammakamera ein Bild der örtlichen Verteilung dieser Substanz bzw. deren Abbauprodukte im Körper erstellt. Durch Messungen zu verschiedenen Zeitpunkten kann nicht nur Information über die Lokalisation, sondern auch über die biologische Funktion (zum Beispiel der Niere) gewonnen werden.

Bei der **Single-Photon-Emissionscomputertomographie (SPECT)** werden ebenfalls Gammastrahler eingesetzt; die Bildgebung erfolgt jedoch durch rotierende Gammakameraköpfe nach ähnlichem Prinzip wie beim CT.

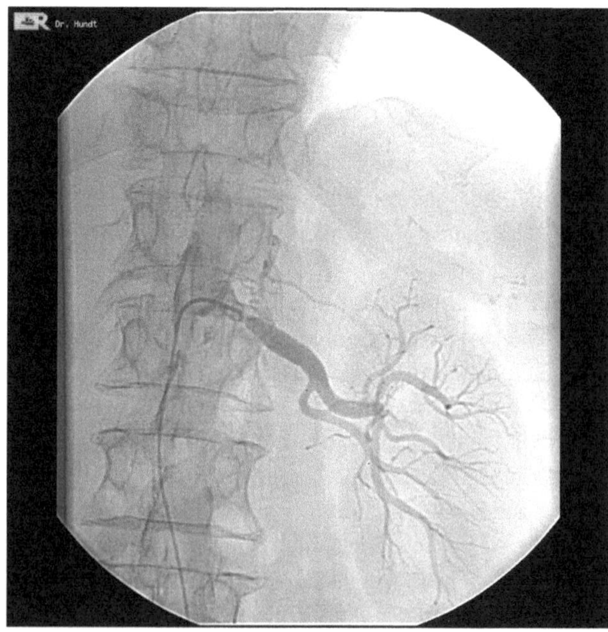

Abb. 3.61 Angiographie der Niere. Quelle: Universitätsklinikum München

Die **Positronen-Emissions-Computer-Tomographie** (**PET**) beruht auf Radionukleotiden von biologischen Elementen, die bei ihrem Zerfall Positronen erzeugen (zum Beispiel ^{11}C, ^{13}N, ^{15}O, ^{18}F). Diese radioaktiven Substanzen haben eine kurze Halbwertszeit und müssen daher mit erheblichem apparativen Aufwand vor Ort bereitgestellt werden. Aus diesen Positronen entstehen je zwei Photonen, die sich in entgegengesetzte Richtung bewegen. Die verschiedenen Detektoren sind über eine Koinzidenzschaltung miteinander verbunden, wodurch nur solche Ereignisse registriert werden, die in einem Zeitintervall von wenigen Nanosekunden in einander entgegengesetzten Winkelpositionen zur Absorption von Photonen geführt haben. Analog zur SPECT werden aus diesen Registrierungen Schnittbilder errechnet. PET und CT können in einem **PET/CT-Gerät** kombiniert werden, bei dem sich die hohe Sensitivität von PET und die hohe Ortsauflösung des CT-Geräts vorteilhaft ergänzen. Auch eine Kombination von PET und MR als **PET/MR** ist möglich.

3.14.1.6 Sonographie

Bei der **Sonographie** werden in einem **Schallkopf** kurze Ultraschall-Impulse erzeugt, die in das Gewebe übertragen und dort teilweise zum Schallkopf zurückreflektiert werden. Aus der Laufzeit der Impulse kann die Entfernung vom Schallkopf bestimmt werden. Die Erzeugung und Messung der Ultraschall-Impulse erfolgt durch Piezokristalle, die elektrische Signale in Schwingungen umwandeln und umgekehrt.

Beim **A-Scan** (Amplituden-Scan) wird die Entfernung der reflektierenden Grenzzonen vom Schallkopf im zeitlichen Verlauf dargestellt.

Der **B-Scan** (Brightness Scan) liefert eine zweidimensionale Darstellung der Echos durch eine schichtweise Abtastung. Dies kann zum Beispiel durch eine Reihe von nebeneinander liegenden piezoelektrischen Elementen erreicht werden. Die Echointensität wird durch Graustufen angezeigt. Typisches Einsatzgebiet des B-Scans ist die **Abdomensonographie** (Ultraschall-Untersuchung des Bauchraums, Abb. 3.62). Bei der **Endosonographie** wird der Magen-Darm-Trakt durch Ultraschall-Sonden von innen her untersucht.

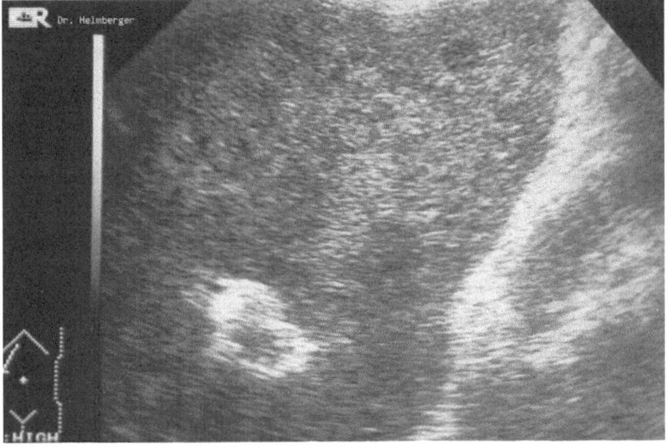

Abb. 3.62 Sonographie der Leber. Quelle: Universitätsklinikum München

Mit der **Doppler-Sonographie** erhält man zusätzlich Informationen über Richtung und Geschwindigkeit des Blutflusses. Wenn Schallwellen auf eine sich bewegende Fläche treffen, wird ein Teil der Wellen mit veränderter Frequenz reflektiert (Doppler-Effekt). Das Ausmaß dieser Frequenzänderung ist von der Geschwindigkeit und Richtung der sich bewegenden Reflektionsfläche abhängig und kann hörbar gemacht oder farbig (**Farb-Doppler**) dargestellt werden. Einsatzgebiete der Doppler-Sonographie sind die Gefäßuntersuchung wie zum Beispiel die Untersuchung der Carotis (Halsschlagader) oder die Messung von Strömungsgeschwindigkeiten im Rahmen der **Echokardiographie** (Ultraschalluntersuchung des Herzens).

Beim **Time-Motion**-Verfahren können unterschiedliche Phasen des Schlagvorganges des Herzens durch mit dem Herzrhythmus zeitlich synchronisierte Abtastung dargestellt werden. Der **3-D-Scan** ermöglicht durch einen Rotationsscanner eine dreidimensionale Messung des Echomusters.

3.14.1.7 Weitere bildgebende Verfahren

Digitale Kameras für Standbilder und bewegte Bilder werden in praktisch allen medizinischen Disziplinen eingesetzt. Typische Beispiele hierfür sind die Endoskopie, Dermatoskopie und die digitale Mikroskopie, die insbesondere in der Pathologie eingesetzt wird.

3.14.2 Repräsentation von Bildinformation

Bilder werden im Computer meist repräsentiert als **Matrix** von Bildpunkten mit n Zeilen und m Spalten. Die Bildpunkte werden als **Pixel** bezeichnet (Picture element, abgekürzt px) und bestimmen die **Auflösung** des Bildes (angegeben als Pixel/cm bzw. dots per inch, abgekürzt **dpi**). Je höher die Auflösung eines Bildes, desto besser ist die **Detailerkennbarkeit** (Abb. 3.63). Häufig sind n und m Zweierpotenzen (z. B. 1024 × 1024 Punkte).

Jedes Pixel kann durch seine Koordinaten im Bild und seine Intensität (**Grauwert** bzw. **Farbwert**) definiert werden. Der Grauwertumfang bzw. Farbwertumfang wird in Bit angegeben (256 Graustufen = 8 Bit, 16,7 Mio. Farben = 24 Bit). Die Farbinformation wird häufig im **RGB**-Format dargestellt, d. h. in drei Kanälen für die Farben rot, grün und blau. Die **Schärfe** des Bildes wird von der Pixelgröße bestimmt, der **Kontrast** von der Anzahl der Grau- oder Farbwerte. Bei einem primär analogen Bild wird durch **Rasterung** eine Matrix von Bildpunkten erzeugt, d. h., es erfolgt eine Diskretisierung der Ortsinformation und der Intensitätsinformation. Zwei Pixel werden als **benachbart** bezeichnet, wenn sich ihre x- und/oder y-Koordinaten um eins unterscheiden. Ein Pixel hat somit zwei horizontale, zwei vertikale und vier diagonale Nachbarn. Zwei Pixel sind **zusammenhängend**, wenn sie benachbart sind und ihre Intensität einem gegebenen Ähnlichkeitskriterium genügt.

Je höher die Auflösung und die Anzahl der Bits pro Pixel, desto größer ist der **Speicherbedarf** eines Bildes. Der Speicherbedarf von Bilderserien wächst mit der Anzahl der Bilder, bei Videos mit der Länge des Videos und der Anzahl der Bilder pro Sekunde. Das zunehmende Datenvolumen bei medizinischen Bildern – sowohl durch zunehmende

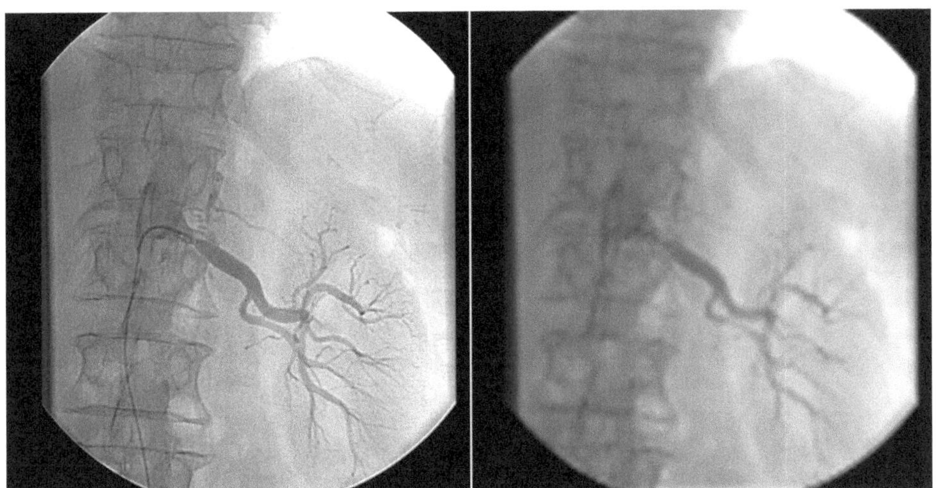

Abb. 3.63 Nierenangiographie in hoher Auflösung (links) und reduzierter Auflösung (rechts). Bei hoher Auflösung sind mehr Details erkennbar. Quelle: Universitätsklinikum München

Bildauflösung als auch Anzahl der Bilder je Untersuchung – ist trotz erheblicher Leistungssteigerung der Speichersysteme eine große Herausforderung und mit signifikanten Kosten verbunden. Hierbei ist zu beachten, dass medizinische Bilder aus rechtlichen Gründen für viele Jahre archiviert werden müssen. Durch Algorithmen zur **Bildkompression** kann man den Speicherbedarf reduzieren. Man unterscheidet verlustfreie Bildkompression (Lossless Compression) und Kompression mit Datenreduktion (Lossy Compression). Bei der verlustbehafteten Kompression behalten nicht alle Pixel exakt die Intensitätswerte des Ausgangsbildes, aber der Speicherbedarf kann stärker reduziert werden kann als bei verlustfreien Verfahren. Es muss hierbei darauf geachtet werden, dass medizinische Bilder **diagnostische Qualität** behalten. Häufig eingesetzte Bildformate sind **JPEG** (Joint Photographic Experts Group; variable Kompression möglich, siehe Abb. 3.64), **TIFF** (Tagged Image File Format, ebenfalls verschiedene Kompressionsverfahren), **PNG** (Portable Network Graphic, verbreitet bei Internet-Anwendungen) sowie verschiedene **MPEG**-Formate (Moving Picture Expert Group, zum Beispiel **MP4**-Format) für Videos. Für medizinische Bilder wird häufig der **DICOM**-Standard eingesetzt.

3.14.3 Bildverbesserung und Bildrekonstruktion

Bildverbesserung dient dazu, relevante Bildinformation hervorzuheben, also eine scharfe, kontraststarke und unverzerrte Darstellung der interessierenden Körperregion. Durch **Bildrekonstruktion** sollen Störungen abgeschwächt oder möglichst beseitigt werden. **Deterministische Störungen**, zum Beispiel eine Verzerrung durch das abbildende System, können durch eine geeignete Abbildungsfunktion beseitigt werden. **Nichtdeterministische Störungen** wie beispielsweise Rauschen können durch Methoden der Signaltheorie

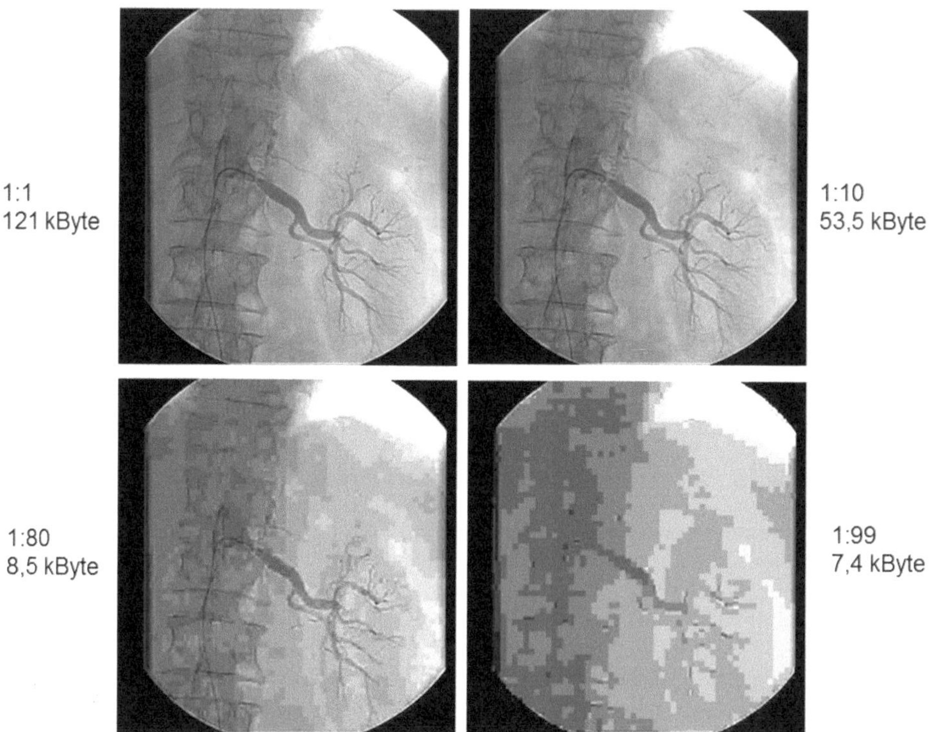

Abb. 3.64 Nierenangiographie in verschiedenen JPEG-Kompressionsstufen. Bei den höheren Kompressionsstufen (1:80, 1:99) ist diagnostische Qualität nicht mehr gegeben.
Quelle: Universitätsklinikum München

reduziert werden. Bei einer Bildbearbeitung im **Ortsraum** werden die Intensitätswerte der räumlich lokalisierten Pixel modifiziert.

Punktoperatoren passen die Intensität eines Pixels an, ohne die Nachbarpixel zu berücksichtigen, beispielsweise **Helligkeit** (Abb. 3.65) und **Kontrast** (Abb. 3.66). Kontrastarme Bilder zeigen einen geringen **Dynamikbereich** der Grau- bzw. Farbintensitäten. Eine **Kontrasterhöhung** kann erreicht werden, indem die Pixel mit der niedrigsten vorkommenden Intensität auf den niedrigstmöglichen Wert gesetzt werden, die Pixel mit der höchsten vorkommenden Intensität auf den höchstmöglichen Wert und die dazwischenliegenden Intensitätswerte linear interpoliert werden. Die **Histogrammäqualisation** (Abb. 3.67) ist ein Verfahren zur Kontrastverbesserung, bei dem die Grauwerte so transformiert werden, dass jeder Grauwert gleich häufig vorkommt und der ganze Wertebereich der Grauwerte genutzt wird. Durch Invertierung der Intensitätswerte wird ein **Negativbild** erzeugt.

Bei der **Fensterung** (Abb. 3.68) wird nur ein bestimmter Ausschnitt aus dem Intensitätsbereich dargestellt (zum Beispiel **Weichteil-** oder **Knochenfenster**) und Pixel, die außerhalb dieses Bereichs liegen, erhalten den maximalen bzw. minimalen Intensitätswert. Das Fenster kann definiert werden durch Angabe des mittleren Intensitätswerts

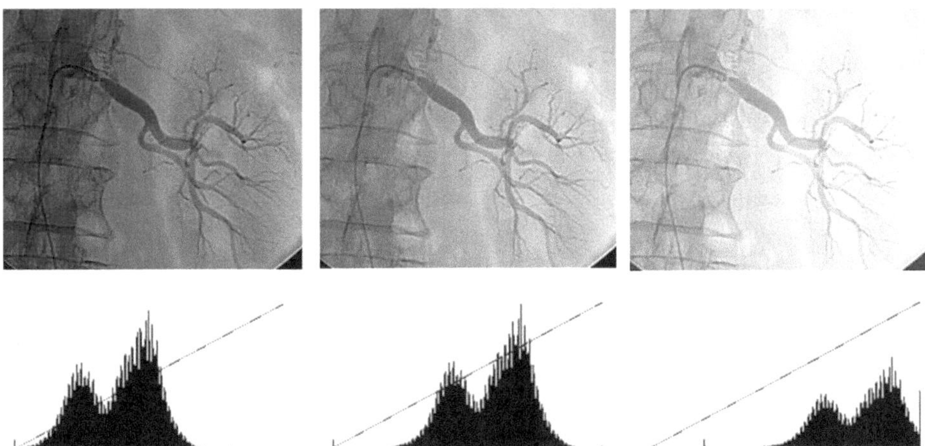

Abb. 3.65 Bild in drei verschiedenen Einstellungen zur Helligkeit. In der zweiten Zeile sind die zugehörigen Histogramme der Grauintensitäten dargestellt. Quelle: Universitätsklinikum München

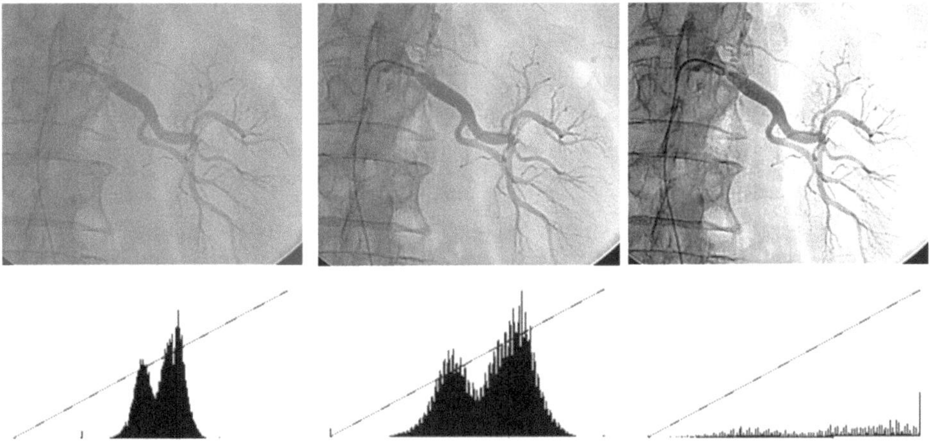

Abb. 3.66 Bild in drei verschiedenen Einstellungen zum Kontrast. In der zweiten Zeile sind die zugehörigen Histogramme der Grauintensitäten dargestellt. Quelle: Universitätsklinikum München

(**Level**, **Center**) und die Breite des Intensitätsbereichs (**Width**), alternativ durch Festlegung des minimalen und maximalen Intensitätswerts. Durch ein Histogramm zur Häufigkeit der Intensitätswerte kann man sich einen Überblick verschaffen und eine angepasste Fensterung festlegen.

Durch Bildung der Mittelwerte (**Averaging**) aus den Intensitäten von mehreren Bildern desselben Objekts kann man den Signal-Rauschabstand vergrößern.

Lokale Operatoren beziehen benachbarte Pixel bei der Neuberechnung eines Bildes ein. Bei den verschiedenen Filterverfahren unterscheidet man lineare und nichtlineare sowie lokale, regionale und globale Filter.

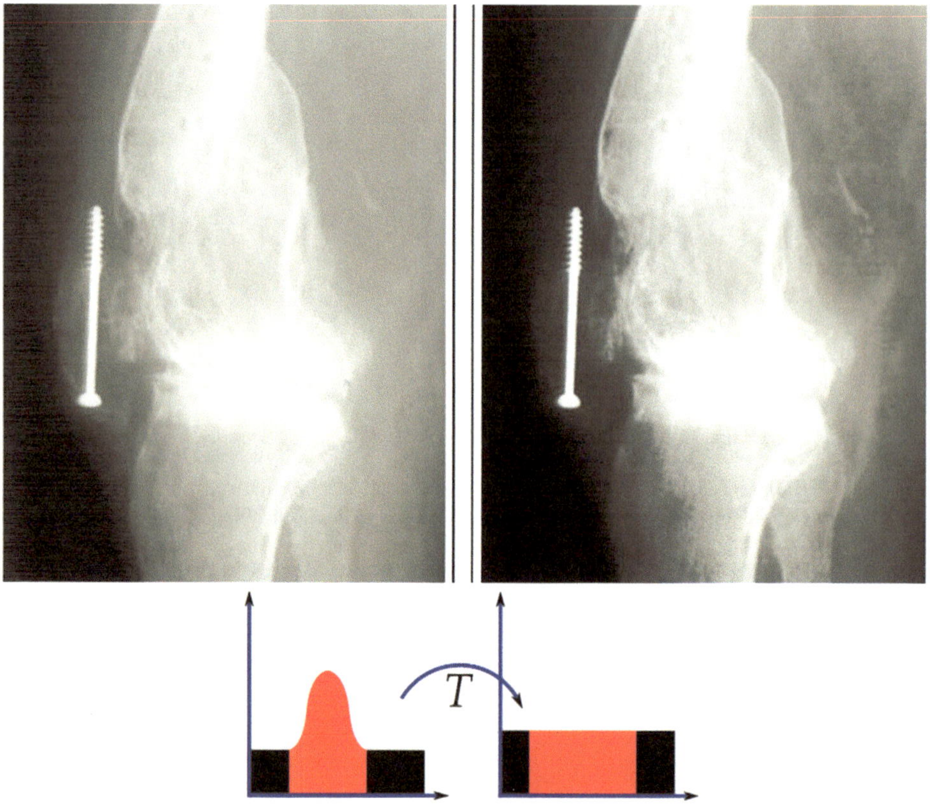

Abb. 3.67 Histogrammäqualisation. Die Knochenstruktur ist damit besser beurteilbar. Quellen: Universitätsklinikum Münster und https://de.wikipedia.org/wiki/Punktoperator_(Bildverarbeitung)

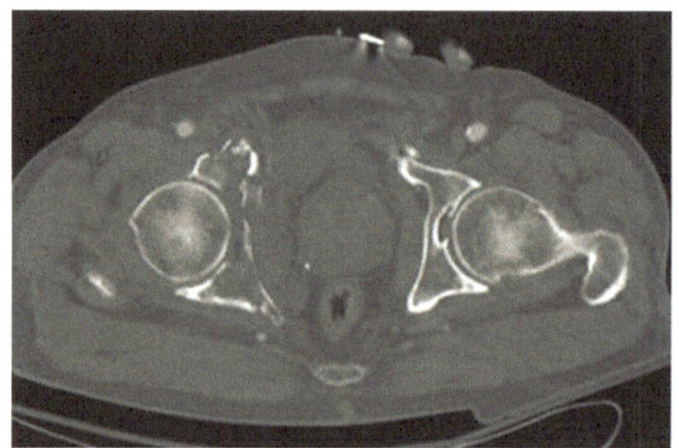

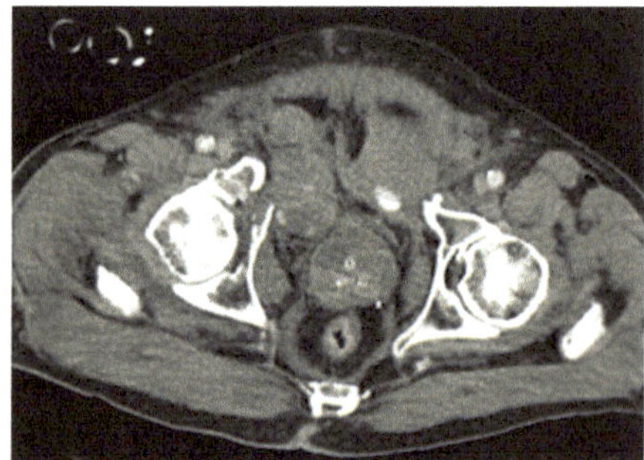

Abb. 3.68 Fensterung mit Beispiel für Knochen- und Weichteilfenster. Quelle: Universitätsklinikum München

Gradientenfilter (Abb. 3.69), z. B. **Sobel-, Prewitt-** oder **Laplace-Filter**, können eingesetzt werden, um Kanten im Bild anzuheben. Eine Abschwächung von Störungen wird durch **Mittelwertfilter** und **Gaußfilter** erreicht; **Medianfilter** (Abb. 3.70) reduzieren das Rauschen, wobei Kanten erhalten werden können.

Globale Operatoren verwenden das ganze Bild als Eingangsdaten und erzeugen ein transformiertes Bild. Zu diesen Operatoren gehören die **geometrischen Bildoperationen** (Abb. 3.71), insbesondere **Rotation**, **Skalierung** (Verkleinerung, Vergrößerung, Stauchung oder Streckung) sowie **Translation** (Verschiebung, zum Beispiel um gleiche anatomische Strukturen bei Verlaufsbildern zuzuordnen).

Bei einer Bearbeitung im **Frequenzraum** wird das Bild zunächst in eine Darstellung der Bildfrequenzen umgewandelt (z. B. durch **Fouriertransformation**), dann wird diese Transformation bearbeitet (z. B. Löschen einer Störfrequenz) und wieder zurück in ein Bild umgewandelt (Abb. 3.72).

Bei CT und SPECT werden Messungen von Detektoren verwendet, die in verschiedenen Winkelpositionen um den Patienten rotieren. Dies entspricht mathematisch einer **Radon-Transformation** des Schnittbildes. Aus diesen Daten kann das Schnittbild durch eine **gefilterte Rücktransformation** rekonstruiert werden. Die **multiplanare Rekonstruktion (MPR)** wird eingesetzt, um aus einer Serie von Schnittbildern beliebige Schnittebenen zu errechnen. Dadurch ist es beispielsweise möglich, aus einem Spiral-CT des Abdomens, das eine Serie von Querschnitten des Bauchraumes liefert, eine frontale Schnittebene zu errechnen.

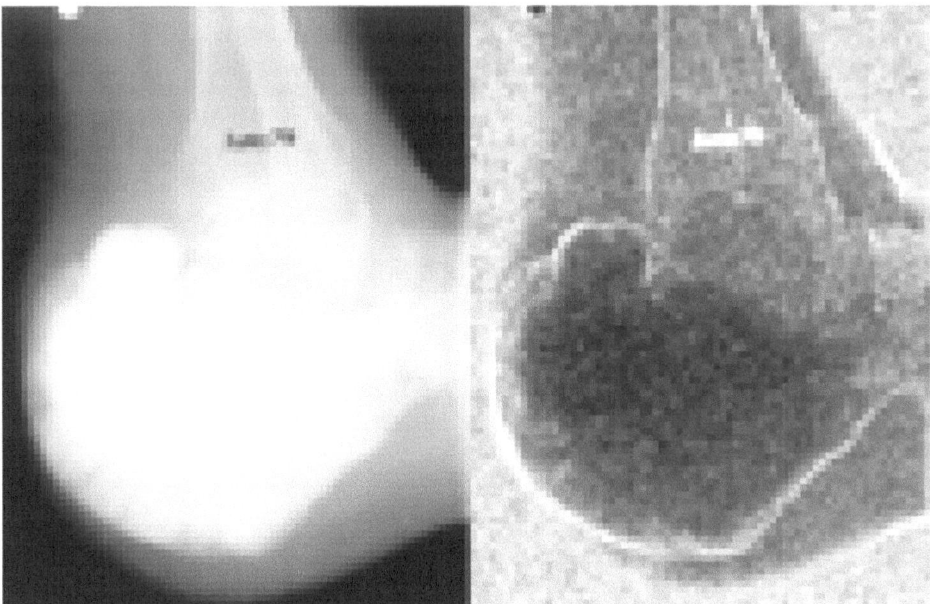

Abb. 3.69 Gradientenfilter zur Anhebung der Kanten. Kalkaneus-Frakturen können dadurch besser beurteilt werden. Quelle: Universitätsklinikum Münster

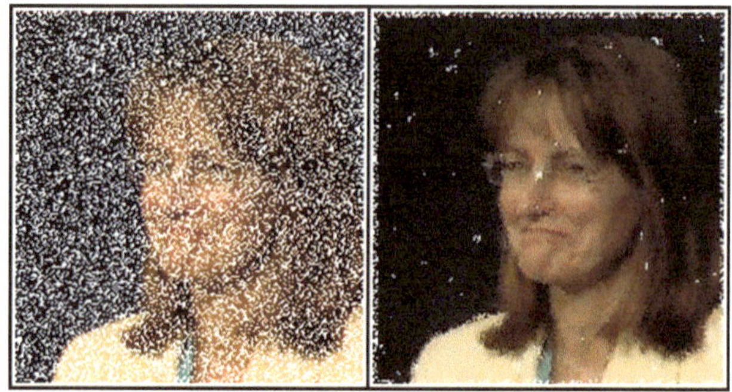

Abb. 3.70 Medianfilter. Ausreißerpixel werden reduziert, ohne eine Kantenglättung zu bewirken. Quelle: https://de.wikipedia.org/wiki/Rangordnungsfilter#Medianfilter

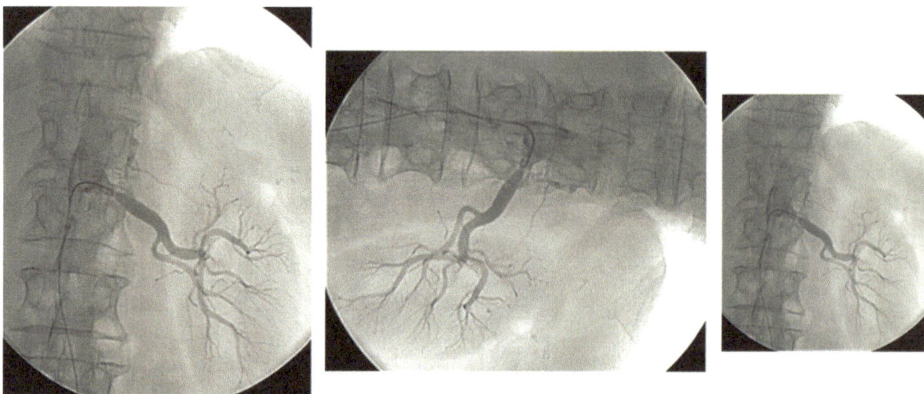

Abb. 3.71 Geometrische Bildoperationen: Rotation um 90° sowie Skalierung. Quelle: Universitätsklinikum München

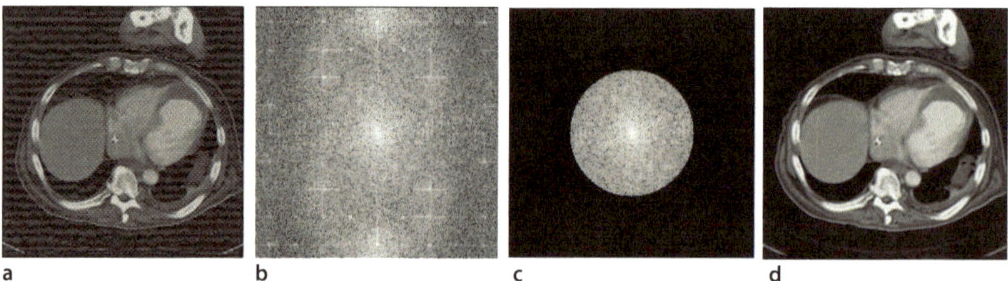

Abb. 3.72 Bildrekonstruktion durch Fouriertransformation (von links nach rechts). Das verrauschte Bild (**a**) wird fouriertransformiert (**b**), in der Transformation werden die Störfrequenzen gelöscht (**c**) und durch inverse Fouriertransformation erhält man ein verbessertes Bild (**d**)

3.14.4 Bildanalyse

Die Bildanalyse wendet Verfahren der Mustererkennung an, um relevante Objekte in Bildern zu identifizieren und klassifizieren.

Bildanalyseverfahren können in der Klinik eingesetzt werden für die Diagnostik, beispielsweise zur automatischen Klassifikation von Bildern in „verdächtig" und „ohne pathologischen Befund". Auch für therapeutische Zwecke sind diese Methoden anwendbar, vor allem in der Chirurgie zur Planung und Unterstützung von chirurgischen Eingriffen und in der Strahlentherapie zur Erstellung von Bestrahlungsplänen und Durchführung von Bestrahlungen.

In diesem Kontext ist der **Bildvergleich** von Bedeutung, um Bilder, die vom selben Patienten mit verschiedenen Untersuchungstechniken (Beispiel: MRT und CT) oder zu verschiedenen Zeitpunkten gewonnen wurden, miteinander in Beziehung zu setzen. Als **Registrierung** bezeichnet man die Überlagerung von Bilddatensätzen mit dem Ziel, korrespondierende Bildinhalte aufeinander abzubilden. Mithilfe von Markerpositionen in Form von speziell angebrachten Markierungen oder definierten anatomischen Punkten können die erforderlichen Skalierungsfaktoren, Rotationswinkel und Translationen berechnet werden, um die Bilder direkt vergleichen zu können. Unter **unimodaler Registrierung** versteht man den Angleich von Bildern derselben Modalität, zum Beispiel die Darstellung von mehreren Röntgenaufnahmen derselben Fraktur im Zeitverlauf. Bei **multimodaler Registrierung** (Abb. 3.73) werden Datensätze von verschiedenen Modalitäten (z. B. CT

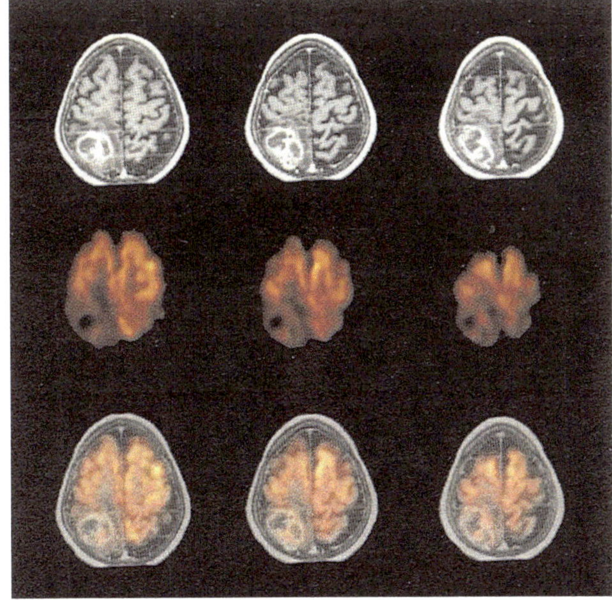

Abb. 3.73 Multimodale Registrierung und Fusion: In der ersten Zeile sind MR-Bilder eines Hirntumors dargestellt, in der zweiten Zeile die dazugehörigen PET-Aufnahmen. Die dritte Zeile zeigt die fusionierten Bilder. Quelle: Universitätsklinikum Münster

und PET desselben Patienten) in Beziehung gesetzt. **Fusion** bedeutet, dass Daten aus verschiedenen Bildern in ein neues Bild integriert werden.

3.14.5 Segmentierung und Klassifikation

Durch **Segmentierung** (Abb. 3.74) sollen verschiedene diagnostisch oder therapeutisch relevanter Bildbereiche abgegrenzt werden, zum Beispiel bei einem Schädel-CT Gehirn, Augen, Knochen und Luft. Relevante Objekte sollen erkannt und vom Hintergrund getrennt werden,

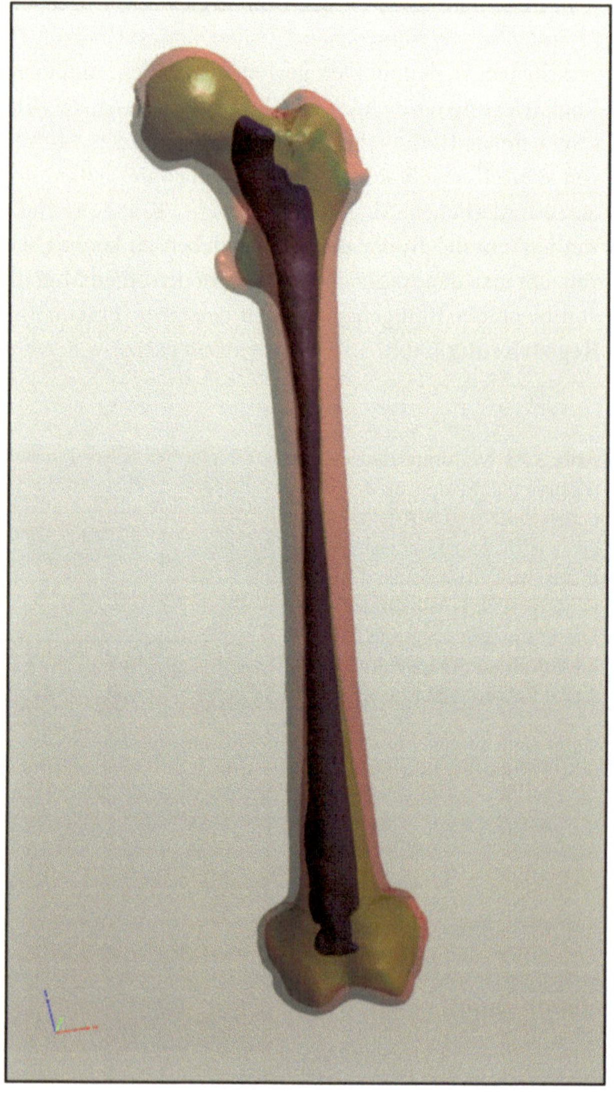

Abb. 3.74 Segmentierung eines Oberschenkelknochens. Die Oberfläche ist rot dargestellt, die Grenzfläche Kompakta-Spongiosa grün und die Grenzfläche Spongiosa-Knochenmark blau. Quelle: https://de.wikipedia.org/wiki/Segmentierung_(Bildverarbeitung)

es soll z. B. eine möglichst automatisierte Definition von wichtigen Bildbereichen (Regions of Interest, abgekürzt **ROI**) erfolgen, die vermessen werden können (**Morphometrie**).

Hierbei können die Intensitäten der jeweiligen Pixel und Eigenschaften der Umgebung einbezogen werden (punktorientierte bzw. regionenorientierte Verfahren). Die einfachste Möglichkeit der Segmentierung besteht in der Festlegung eines **Schwellwertes**: Ein Pixel gehört zu einem Objekt, wenn seine Intensität über bzw. unter einem festgelegten Schwellwert liegt. Dies setzt voraus, dass Objekte und Hintergrund bezüglich der Intensität relativ homogen sind.

Beim **Konturfolgeverfahren** wird versucht, dem Rand eines Objektes zu folgen. Das **Bereichswachstumsverfahren** (englisch **Region Growing**) geht von einem Startpunkt aus und entscheidet jeweils für die lokale Umgebung von Pixeln, ob sie zum Objekt gehören. Weitere Verfahren beruhen auf einer statistischen Analyse der Pixelintensitäten und Berücksichtigung von **Texturen** (sich wiederholende kleinere Muster). Sobald die Bildobjekte definiert sind, können **morphologische Filter** auf sie angewendet werden. Ein **Erosionsfilter** beispielsweise entfernt vereinzelte Störpixel auf einem Objekt. Bei der **interaktiven Segmentierung** wird vom Computer ein Vorschlag für die relevanten Objekte erstellt, der manuell korrigiert werden kann.

Nach der Segmentierung folgt die **Klassifikation** von Bildern, das heißt die Erkennung von diagnostisch oder therapeutisch relevanten Segmenten, beispielsweise die Klassifkation als benigne Läsion oder Tumor. Mit Algorithmen der Bildverarbeitung können verdächtige Läsionen gekennzeichnet werden. Durch die stetig zunehmende Menge von medizinischen Bildern gewinnen diese Verfahren an Bedeutung, um ärztliche Entscheidungen zu unterstützen.

3.14.6 3-D-Visualisierung

Als **Voxel** wird ein Pixel im dreidimensionalen Raum bezeichnet. Durch Verfahren der Computergrafik können pseudo-realistische 3D-Darstellungen aus Schnittbildern errechnet werden. 3D-Darstellungen können eingesetzt werden in der Anatomie, der medizinischen Diagnostik, bei der Operations- und Bestrahlungsplanung sowie in der computergestützten Chirurgie. Eines der ersten Programmsysteme für die Erzeugung und Visualisierung dreidimensionaler digitaler Modelle des menschlichen Körpers war **VOXEL-MAN** (Abb. 3.75).

Zur Darstellung auf dem Bildschirm wird aus der 3-D-Information mittels **Rendering**-Verfahren ein 2-D-Bild errechnet. Als **Volume Rendering** bezeichnet man die semitransparente Darstellung von Objekten aus Volumendaten, wobei die Auswahl der darzustellenden Objektoberflächen über eine Grauwertwichtung sowie eine Gradientenwichtung erfolgt. Beim **3D Texture Mapping** wird eine Textur, also ein Bildmuster, auf ein 3-D-Objekt projiziert. Die **Maximale Intensitätsprojektion** (**MIP**) ist ein Volume-Rendering-Verfahren, um Strukturen mit hoher Signalintensität aus 3-D-Datensätzen zu extrahieren, zum Beispiel um Gefäßstrukturen in MRT-Angiographien darzustellen. Um

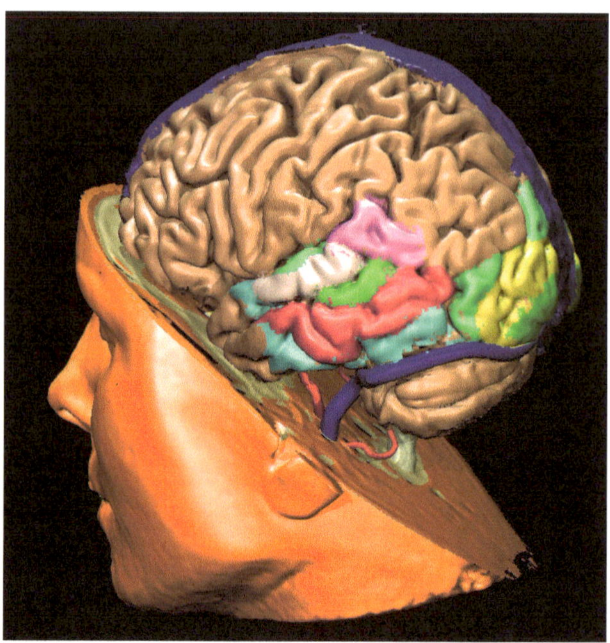

Abb. 3.75 VOXEL-MAN. Quelle: https://de.wikipedia.org/wiki/Voxel-Man

den Verlust an Ortsauflösung auszugleichen, können diese Strukturen aus verschiedenen Blickwinkeln betrachtet werden.

3.15 Medizinische Bioinformatik

Bioinformatik beschäftigt sich mit dem Einsatz von Methoden aus der Informatik in den Biowissenschaften. Wichtige Themengebiete der Bioinformatik sind beispielsweise die Analyse von DNA- und Proteinsequenzen, Strukturvorhersage von Proteinen und Genexpressionsanalyse. Eine besondere Bedeutung kommt der Bioinformatik in der **Personalisierten Medizin** (**Präzisionsmedizin**, englisch **Precision Medicine)** zu. Hierbei werden molekulare Daten analysiert, um Krankheitsdispositionen zu erkennen, Krankheitstypen zu identifizieren, Krankheitsverläufe vorherzusagen, Arzneimittel gezielt auszuwählen und zu dosieren, sowie Therapie- und Nachsorgemonitoring durchzuführen. Das Ziel besteht darin, eine auf den einzelnen Patienten optimal angepasste Diagnostik und Therapie zu erreichen. Personalisierte Medizin ist eine **datenintensive Medizin**, daher spielen Verfahren der medizinischen Bioinformatik eine besondere Rolle, zum Beispiel bei der Analyse von Mutationsprofilen bei Tumoren.

Es gibt eine große Fülle von Datentypen, die hier eine Rolle spielen, insbesondere **genomische Daten** (Punktmutationen und Small Indels, strukturelle Varianten), **epigenetische Daten** (DNA-Methylierung, Histonmodifikationen) und **Transkriptionsdaten**

(Genexpression). Durch neue Meßverfahren hat die Datenmenge pro untersuchter Probe gewaltig zugenommen (**Big Data**, **„Datenexplosion“**): Microarrays zur Messung der Genexpression liefern in der Größenordnung von 20.000 Werten; SNP-Microarrays, die später entwickelt wurden, produzieren etwa 1 Mio. Meßpunkte; Whole-Exome-Sequenzierung (**WES**) liefert Daten zu ca. 30 Mio. Basenpaaren; Whole-Genome-Sequenzierung (**WGS**) beim Menschen ergibt Messungen zu etwa 3 Milliarden Basenpaaren, für die je nach Sequenzierungstiefe mehrere 100 Millionen Reads gemessen werden; mit Verfahren der Single-Cell-Sequenzierung können je Patient mehrere Genome gemessen werden, um verschiedene Klone beispielsweise von Tumoren zu charakterisieren. Ein Ende dieser Entwicklung zu immer größeren Datenmengen ist nicht in Sicht, insbesondere weil Hochdurchsatzverfahren mehr und mehr Einzug in die Routinediagnostik halten. Dies bedeutet, dass effiziente IT-Systeme und Algorithmen weiter an Bedeutung gewinnen werden.

3.15.1 Gen- und Proteindatenbanken

Um zu einer vorgegebenen DNA- oder Proteinsequenz alle ähnlichen (homologen) Sequenzen zu bestimmen, ist eine Recherche in einer Sequenzdatenbank zweckmäßig. Besonders große Datenbanken, die frei über das Internet verfügbar sind, werden vom European Bioinformatics Institute (**EBI** [EBI]) und vom National Center for Biotechnology Information (**NCBI** [NCBI], USA) betrieben.

Die internationale Sequenzierungsforschung erfolgte vor allem durch die International Nucleotide Sequence Database Collaboration. Die Sequenzdaten, die zwischen den internationalen Partnern regelmäßig abgeglichen werden, sind zugänglich in **GenBank** am NCBI, über das European Bioinformatics Institute (**EBI**) und die DNA Database of Japan (**DDBJ**). Auch von kommerzieller Seite erfolgten umfangreiche Sequenzierungsaktivitäten.

In der Regel können bei den Suchverfahren sowohl Nukleinsäuresequenzen als auch Aminosäuresequenzen angefragt werden. Wenn möglich, dann sollte zuerst in Proteindatenbanken und dann in DNA-Datenbanken gesucht werden, weil die Suchergebnisse im Allgemeinen spezifischer sind und zudem Homologien zwischen Proteinen in der Regel besser evolutionär zurückverfolgt werden können. Die Recherche liefert eine Liste von Sequenzen, die nach der statistischen Signifikanz der Ähnlichkeit geordnet ist. Die Signifikanz eines Suchergebnisses hängt auch von der Größe des Suchraums ab, denn je größer die durchsuchte Datenbank ist, desto wahrscheinlicher ist es, zufällige Treffer zu erhalten.

Aufgrund der Fülle der Sequenzen ist es wichtig, eindeutige Bezeichner zu wählen. Hierbei tritt das Problem auf, dass Sequenzierungstechniken nicht fehlerfrei sind und daher teilweise Sequenzen nachträglich korrigiert werden müssen. Die Geninfo ID (**gi**) bezeichnet jeweils nur eine konkrete Sequenz, während die **Accession Number** mit Versionsnummern ergänzt wird, um nachträgliche Veränderungen einer Sequenz zu kennzeichnen.

Zusätzlich zu den Datenbanken mit der Sequenzinformation gibt es eine Fülle von Datenbanken mit Informationen zur medizinischen Bedeutung von bestimmten Sequenzen bzw. deren Veränderungen. Ein Beispiel hierfür ist **OMIM** (Online Mendelian Inheritance in Man) [OMIM]. Darin sind umfangreiche Informationen zu Erbkrankheiten in Kombination mit den zugeordneten molekulargenetischen Daten verfügbar. Abbildung 3.76 zeigt ein Beispiel für das Gen BRCA1, das bei familiär gehäuftem Auftreten von Brustkrebs von Bedeutung ist.

Informationen zu einzelnen Genen finden sich beispielsweise in der **GeneCards** [GeneCards] Datenbank, wobei viele Querverweise zu anderen Datenbanken verfügbar sind (Abb. 3.77).

Proteindatenbanken enthalten eine Fülle von Proteinsequenzen und Annotationen, beispielsweise zur Funktion des Proteins, Domänenstruktur, posttranslationalen Veränderungen, Varianten etc. Abbildung 3.78 zeigt einen Ausschnitt aus den Informationen in **UniProt** [UniProt] zu einem Protein: Accession Number (P63104), Funktionen des Proteins, Interaktionen mit anderen Proteinen sowie Querverweise auf Einträge in

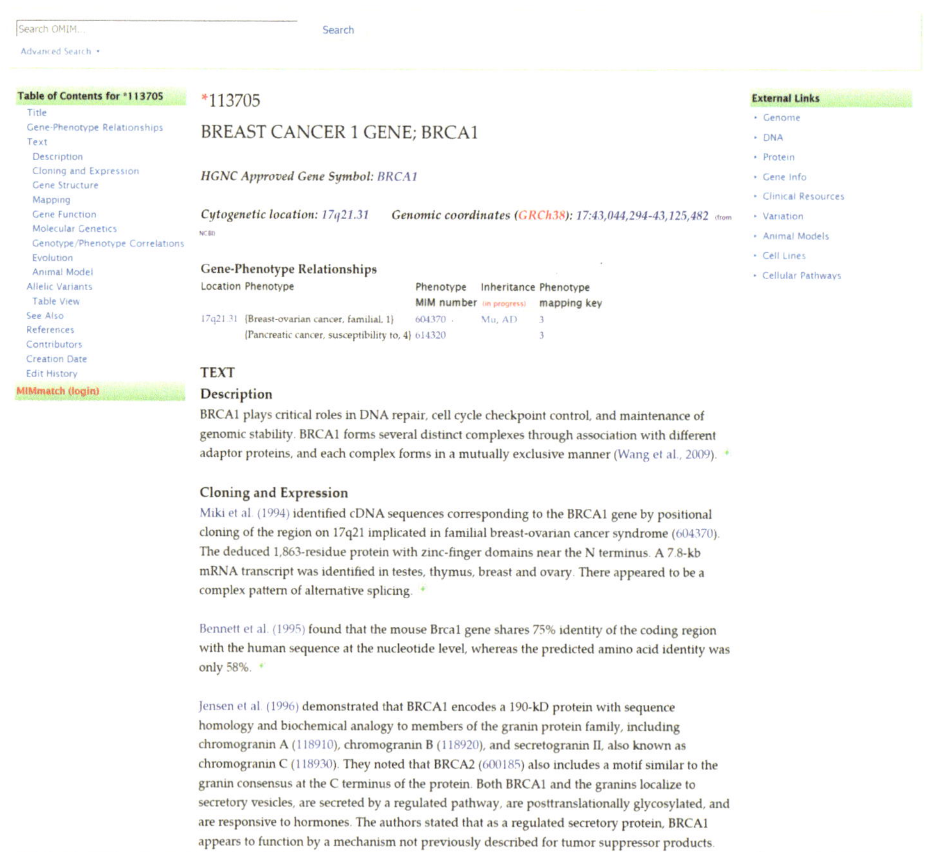

Abb. 3.76 Kleiner Ausschnitt des OMIM-Eintrags zu BRCA1. In der linken Spalte sind die Kapitelüberschriften angegeben, zu denen Informationen abrufbar sind.
Quelle: http://omim.org/entry/113705

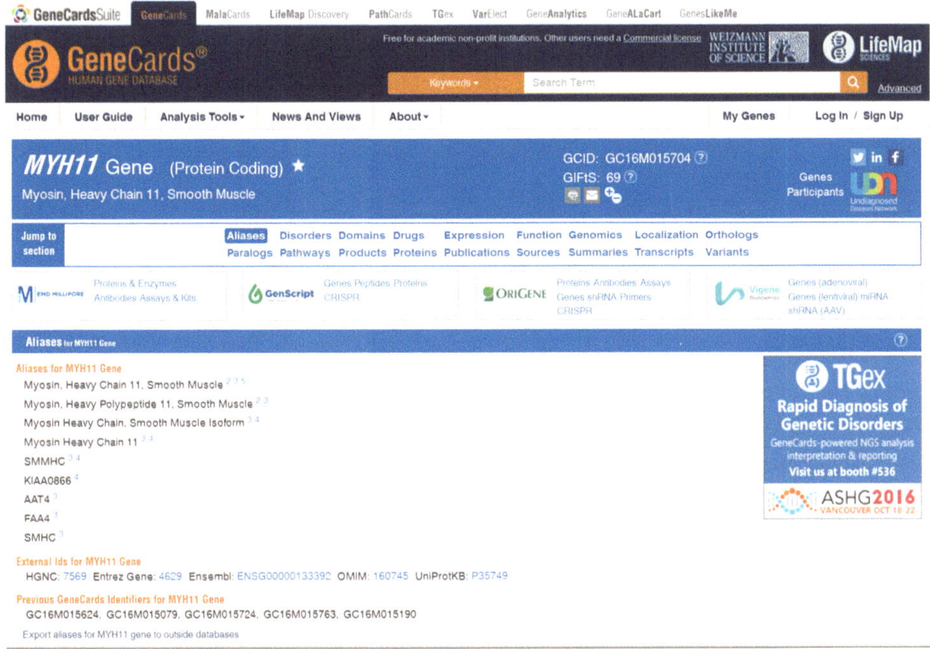

Abb. 3.77 Ausschnitt des Eintrags zum Gen MYH11 in GeneCards. Quelle: http://www.genecards.org/

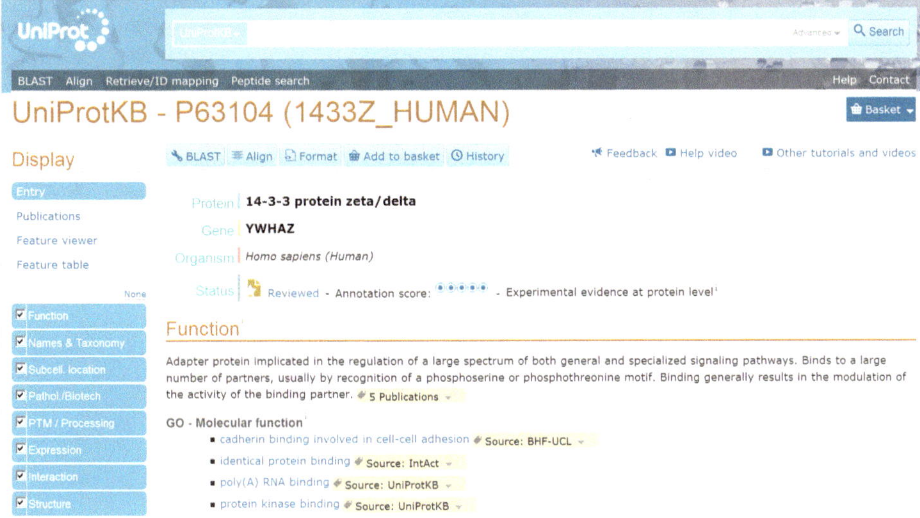

Abb. 3.78 Ausschnitt eines UniProt-Eintrags am Beispiel des Proteins P63104. Die molekulare Funktion dieses Proteins wird beschrieben. Weitere Informationen wie bekannte Modifikationen oder Interaktionen mit anderen Proteinen sind abrufbar. Quelle: http://www.uniprot.org/

anderen Datenbanken (zum Beispiel Proteinstruktur in der Protein Data Bank, abgekürzt **PDB** [wwPDB], Abb. 3.79). Leider sind gesicherte Daten zur Proteinstruktur und -funktion unvollständig, weil in der Regel ein erheblicher experimenteller Aufwand erforderlich ist, um diese Informationen zu gewinnen. Es gibt jedoch computerbasierte Vorhersagen zu Proteinstruktur und -funktion, die ebenfalls verfügbar sind (zum Beispiel UniProt-**TrEMBL**).

Die Aufklärung der Funktion des Genoms (**Functional Genomics**) ist mit der DNA-Sequenzierung und der Bestimmung der dadurch codierten Proteine noch keineswegs abgeschlossen. Metabolische Netzwerke (**Metabolomics**) beschreiben, wie Proteine bei den Stoffwechselvorgängen der Zelle zusammenwirken. Regulatorische Netzwerke zeigen auf, wie Signale in der Zelle übertragen werden (**Signaltransduktion**) und wie dadurch die Zellfunktionen gesteuert werden. Die Kyoto Encyclopedia of Genes and Genomes (**KEGG**) [KEGG] stellt Informationen zu metabolischen und regulatorischen Stoffwechselvorgängen bereit und besteht aus mehreren, miteinander vernetzten Systemen. Die PATHWAY-Datenbank enthält Grafiken von biochemischen Stoffwechselpfaden, sowohl rein metabolische als auch regulatorische Pfade (Abb. 3.80).

Die Teildatenbanken von KEGG sind vernetzt: Man kann in einem Stoffwechselpfad Informationen zu einem bestimmten Enzym und dem dazugehörigen Gen abrufen.

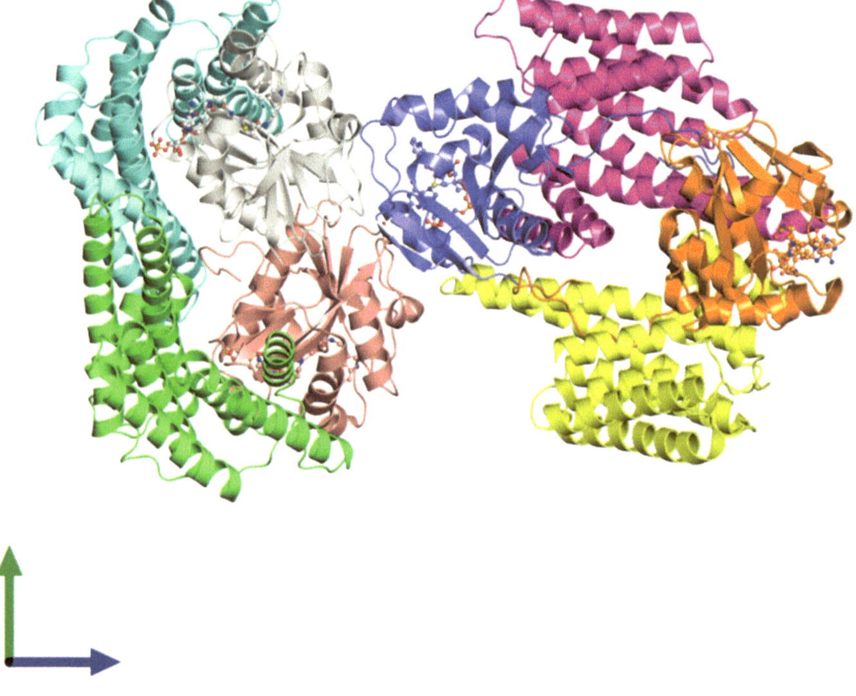

Abb. 3.79 Struktur des Proteins P63104 (1ib1). Quelle: Protein Data Bank in Europe (PDBe)

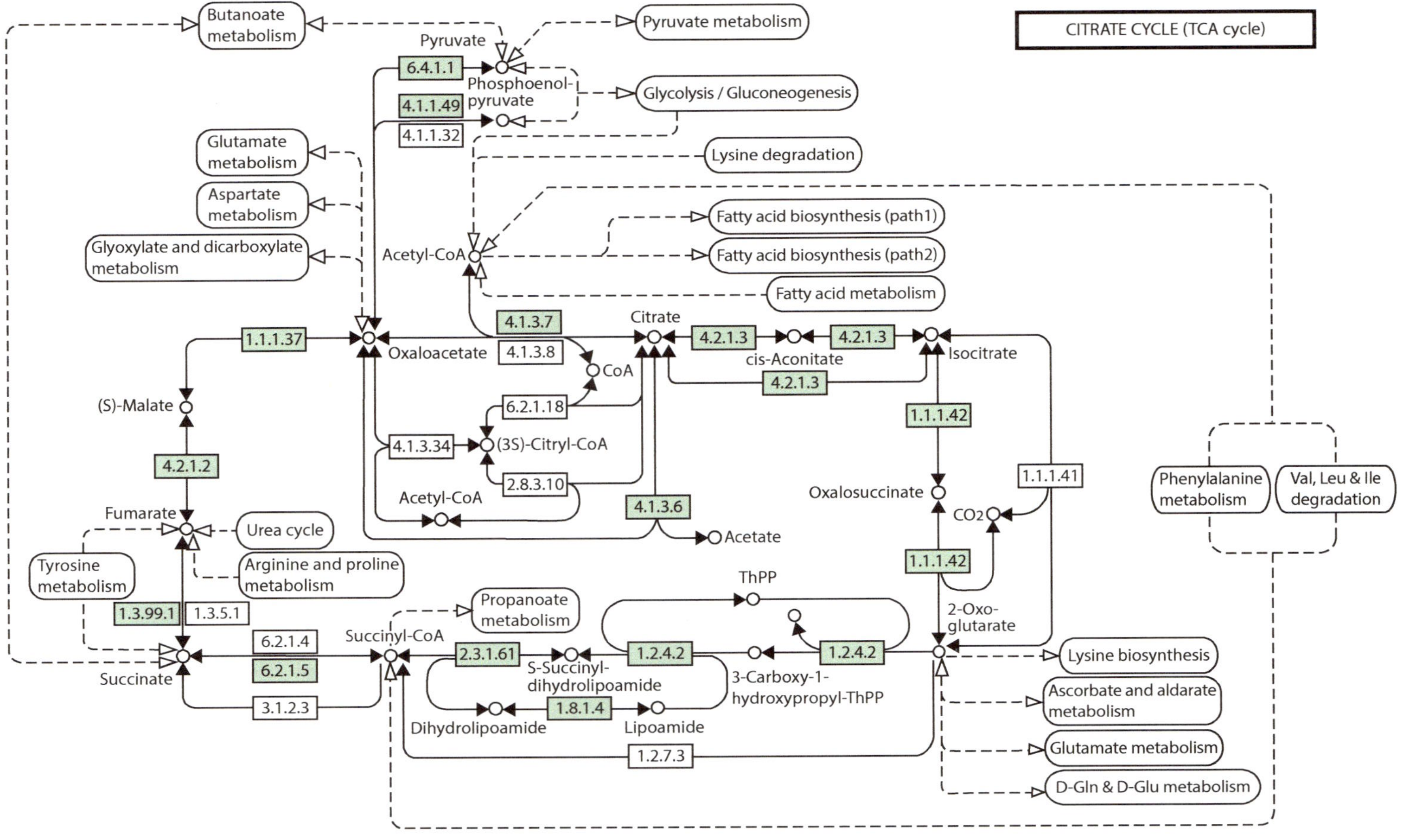

Abb. 3.80 Grafik des Zitratzyklus von Pseudomonas aeruginosa in KEGG. Durch Klicken auf die jeweiligen Enzyme erhält man Detailinformationen wie z. B. die Aminosäuresequenz sowie Querverweise. Quelle: http://www.genome.jp/kegg/

Zusätzlich werden eine Reihe von Tools angeboten, die den Vergleich von Stoffwechselpfaden zwischen verschiedenen Spezies ermöglichen oder eine Rekonstruktion von unbekannten Stoffwechselpfaden unterstützen. Beispielsweise können alle Gene aus zwei Genomen gesucht werden, die einen vorgegebenen Abstand voneinander haben.

3.15.2 Paarweiser Sequenzvergleich

Der paarweise Sequenzvergleich (englisch Pairwise Sequence **Alignment**) ermittelt die Ähnlichkeit von zwei gegebenen Sequenzen. Es kann sich hierbei sowohl um DNA-Sequenzen als auch Aminosäuresequenzen handeln. Eine typische Fragestellung bei DNA-Sequenzen ist beispielsweise, wo ein kurzer DNA-**Read** in einem **Referenzgenom** lokalisiert ist. Diese Aufgabenstellung hat folgende Eigenschaften:

- Das Referenzgenom ist sehr lang (etwa 3 Milliarden Basenpaare beim Menschen);
- Ein DNA-Read ist relativ kurz (50–1000 Basenpaare);
- Es müssen sehr viele Reads aligniert werden (>>1 Million);
- Sequenzierungsfehler und Mutationen trefen auf;
- Es gibt repetitive Regionen im Referenzgenom, wo die Lokalisation eines DNA-Reads teilweise nicht eindeutig festgelegt werden kann.

Bei Aminosäuresequenzen ist es zum Beispiel von Interesse, wie wahrscheinlich die evolutionäre Verwandtschaft von zwei Proteinen ist. Die Aufgabe besteht hierbei darin, die beiden Sequenzen so anzuordnen, dass die Übereinstimmung möglichst groß wird. Hierzu ist teilweise das Einfügen von leeren Positionen (Lücken), so genannte **Gaps**, erforderlich. Durch **Gap Penalties** wird festgelegt, wie das Einfügen von leeren Positionen bei der Bewertung der Ähnlichkeit berücksichtigt wird. Man unterscheidet hierbei zwei Parameter: G legt fest, wie das Einfügen eines Gaps zu bewerten ist, L gibt an, wie die Verlängerung eines Gaps zu berechnen ist. Das Einführen eines Gaps der Länge n führt somit zu einer Gap Penalty von G + Ln. Formal versteht man unter einem **Sequenz-Alignment** (Abb. 3.81) die Zuordnung von Sequenzen, sodass die Reihenfolge der Basen (bzw. Aminosäuren) erhalten bleibt und jede Base einer anderen Base oder einem Gap (Leerstelle) in jeder Sequenz zugeordnet ist. Fehlpaarungen im Alignment können durch Mutation oder Sequenzierungsfehler auftreten. Beispiele für Programme zum Sequenz-Alignment sind BWA, Bowtie und BLAST.

```
ATGAGACAT
ATG-GACCT
```

Abb. 3.81 Beispiel für Sequenz-Alignment mit einem Gap (A/-) und einer Punktmutation (A/C)

Man unterscheidet globales Alignment, bei dem vollständige Sequenzen betrachtet werden, und lokales Alignment, bei dem Teilsequenzen analysiert werden. Das optimale **globale Alignment** von zwei Sequenzen kann durch den **Needleman-Wunsch-Algorithmus** gesucht werden. Hierbei werden optimale Alignments von Teilsequenzen gesucht und durch dynamische Programmierung (siehe Kapitel Informatik) schrittweise zu einem optimalen globalen Alignment zusammengesetzt.

Das optimale **lokale Alignment** von zwei Sequenzen wird durch den **Smith-Waterman-Algorithmus** gesucht. Im Unterschied zum Needleman-Wunsch-Algorithmus wird hier auch nach Teilsequenzen gesucht, d. h. es werden lokale Übereinstimmungen in Sequenzen gesucht, die in anderen Bereichen sehr unterschiedlich sein können; Gaps sind möglich. Mit diesem Algorithmus ist es beispielsweise möglich, ein Alignment von DNA-Reads im Bereich von genomischen Bruchstellen durchzuführen, wo nur ein Teil des Reads zur jeweiligen Referenzsequenz ähnlich ist (zum Beispiel bei Translokationen). Der Smith-Waterman-Algorithmus arbeitet rekursiv, wobei das optimale Alignment einer Sequenz X aus optimalen Alignments kürzerer Präfixe von X ermittelt wird. Der Ähnlichkeitsscore eines Alignments kann mit Hilfe einer **Substitutionsmatrix** (**Scoring-Matrix**, Abb. 3.82) und einer Gap Penalty ermittelt werden. Wählt man zum Beispiel eine Gap Penalty G = 2 und wendet die Substitutionsmatrix (Abb. 3.82) auf das Alignment aus dem vorigen Beispiel (Abb. 3.81) an, dann errechnet sich folgender Ähnlichkeitsscore:

$$\text{Score} = 1 + 1 + 1 - 2 + 1 + 1 + 1 - 1 + 1 = 4$$

(7 Übereinstimmungen, 1 Gap, 1 Abweichung).

Es gibt verschiedene Möglichkeiten, wie man die Ähnlichkeit von zwei Sequenzen zahlenmäßig festlegt und dadurch bestimmt, welches Alignment am besten ist. Auch für Aminosäuresequenzen kann man entsprechende Substitutionsmatrizen definieren. Dadurch kann man nicht nur identische, sondern auch ähnliche Aminosäuren – in Bezug auf physikalische und chemische Eigenschaften – bei der Bewertung der Sequenzähnlichkeit berücksichtigen. Häufig verwendete Matrizen sind **PAM250** (Point Accepted Mutation Matrix) und **BLOSUM62** (BLOcks SUbstitution Matrix, Abb. 3.83).

Analog zum Alignment von DNA-Sequenzen kann man ein paarweises Alignment von zwei Proteinsequenzen erstellen (Abb. 3.84).

$$s = \begin{array}{cccc|c} A & T & C & G & \\ \hline 1 & -1 & -1 & -1 & A \\ -1 & 1 & -1 & -1 & T \\ -1 & -1 & 1 & -1 & C \\ -1 & -1 & -1 & 1 & G \end{array}$$

Abb. 3.82 Beispiel für Substitutionsmatrix. Bei Übereinstimmung der Basen an einer bestimmten Position in den beiden Sequenzen wird ein Wert von +1 vergeben, bei Abweichungen −1

	A	R	N	D	C	Q	E	G	H	I	L	K	M	F	P	S	T	W	Y	V
A	4	-1	-2	-2	0	-1	-1	0	-2	-1	-1	-1	-1	-2	-1	1	0	-3	-2	0
R		5	0	-2	-3	1	0	-2	0	-3	-2	2	-1	-3	-2	-1	-1	-3	-2	-3
N			6	1	-3	0	0	0	1	-3	-3	0	-2	-3	-2	1	0	-4	-2	-3
D				6	-3	0	2	-1	-1	-3	-4	-1	-3	-3	-1	0	-1	-4	-3	-3
C					9	-3	-4	-3	-3	-1	-1	-3	-1	-2	-3	-1	-1	-2	-2	-1
Q						5	2	-2	0	-3	-2	1	0	-3	-1	0	-1	-2	-1	-2
E							5	-2	0	-3	-3	1	-2	-3	-1	0	-1	-3	-2	-2
G								6	-2	-4	-4	-2	-3	-3	-2	0	-2	-2	-3	-3
H									8	-3	-3	-1	-2	-1	-2	-1	-2	-2	2	-3
I										4	2	-3	1	0	-3	-2	-1	-3	-1	3
L											4	-2	2	0	-3	-2	-1	-2	-1	1
K												5	-1	-3	-1	0	-1	-3	-2	-2
M													5	0	-2	-1	-1	-1	-1	1
F														6	-4	-2	-2	1	3	-1
P															7	-1	-1	-4	-3	-2
S																4	1	-3	-2	-2
T																	5	-2	-2	0
W																		11	2	-3
Y																			7	-1
V																				4

Abb. 3.83 BLOSUM62-Matrix, eine Substitutionsmatrix für Aminosäuren, die auf Austauschhäufigkeiten basiert. Aminosäuren sind im 1-Buchstaben-Code angegeben

```
P01922  -VLSPADKTNVKAAWGKVGAHAGEYGAEALERMFLSFPTTKTYFPHF-DLSH-----GSA
P02023  VHLTPEEKSAVTALWGKV--NVDEVGGEALGRLLVVYPWTQRFFESFGDLSTPDAVMGNP
          *:* :*: *.* ****.::..* *.*** *::: :* *: :*  * ***       *..

P01922  QVKGHGKKVADALTNAVAHVDDMPNALSALSDLHAHKLRVDPVNFKLLSHCLLVTLAAHL
P02023  KVKAHGKKVLGAFSDGLAHLDNLKGTFATLSELHCDKLHVDPENFRLLGNVLVCVLAHHF
        :**.***** .*:::.:**:*:: .::::**:**..**:*** **:**.: *: .** *:

P01922  PAEFTPAVHASLDKFLASVSTVLTSKYR
P02023  GKEFTPPVQAAYQKVVAGVANALAHKYH
          ****.*:*: :*.:*.*:..*: **:
```

Abb. 3.84 Alignment der Proteinsequenzen P01922 (humanes Hämoglobin, alpha-Kette) und P02023 (humanes Hämoglobin, beta-Kette). * bezeichnet übereinstimmende Aminosäuren, . bzw. : ähnliche Aminosäuren, – steht für Gaps

3.15.3 Multipler Sequenzvergleich

Beim multiplen Sequenzvergleich (Multiple Sequence Alignment, **MSA** [MSA]) werden mehrere Sequenzen nach Ähnlichkeit geordnet. Hierbei kann man für alle Paare von Sequenzen einen zahlenmäßigen Ähnlichkeitswert berechnen (siehe paarweiser Sequenzvergleich). Es gibt hierfür eine Reihe von Algorithmen. Die folgende Abbildung (Abb. 3.85) zeigt das Prinzip anhand eines Beispiels mit CLUSTAL W, einem der ersten Programme für diese Aufgabenstellung.

```
Anfrage:
>Defensin
ATCDLLSGFGVGDSACAAHCIARGNRGGYCNSQKVCVCRN
>Holotricin
VTCDLLSLQIKGIAINDSACAAHCLAMRRKGGSCKQGVCVCRN
>DefensinB  Aedes aegypti (Yellowfever mosquito)
FTCDVLGFEIAGTKLNSAACGAHCLALGRRGGYCNSKSVCVCR
>DefensinC
FTCDVLGFEIAGTKLNSAACGAHCLALGRTGGYCNSKSVCVCR

Ergebnis:
Defensin        ATCDLLS----GFGVGDSACAAHCIARGNRGGYCNSQKVCVCRN
Holotricin      VTCDLLSLQIKGIAINDSACAAHCLAMRRKGGSCK-QGVCVCRN
DefensinB       FTCDVLGFEIAGTKLNSAACGAHCLALGRRGGYCNSKSVCVCR-
DefensinC       FTCDVLGFEIAGTKLNSAACGAHCLALGRTGGYCNSKSVCVCR-
                 ***.*.    *  ....**.***.*  .  ** *. . *****
```

Abb. 3.85 Alignment von mehreren Sequenzen mit CLUSTAL W. * bezeichnet übereinstimmende Aminosäuren, . ähnliche Aminosäuren, – steht für Gaps. Die Sequenzen sind im FASTA-Format angegeben, d. h., die erste Zeile enthält hinter dem „>“-Symbol die Sequenz-ID, in der Folgezeile findet sich die Sequenz

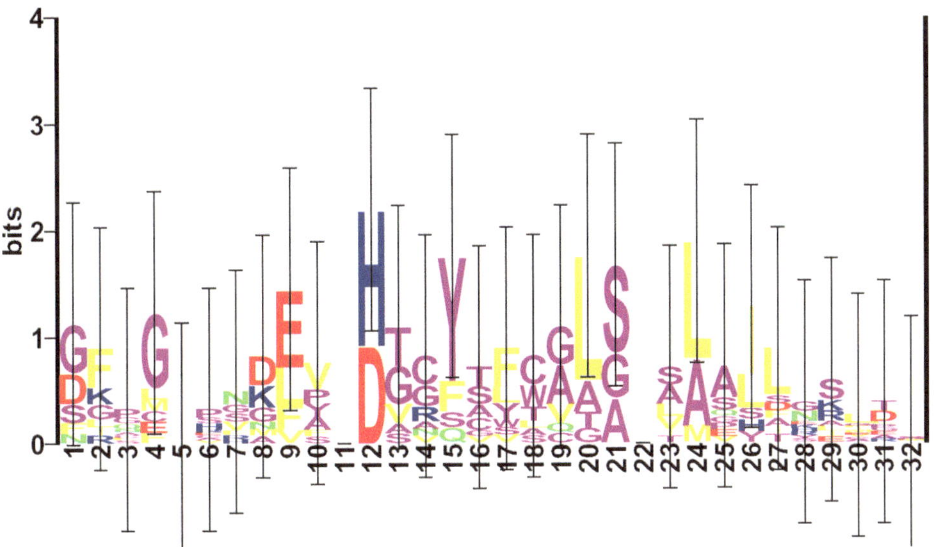

Abb. 3.86 Beispiel für Sequenzlogo

Die **Konsensussequenzen** von multiplen Alignments, die sich aus den übereinstimmenden Sequenzanteilen zusammensetzen, können grafisch dargestellt werden als **Sequenzlogo** (Abb. 3.86). Dabei wird die Häufigkeit, mit der eine Sequenzkomponente an einer bestimmten Position auftritt, durch die Höhe des jeweils zugeordneten Buchstabens dargestellt. Auf diese Weise kann man beispielsweise Sequenzeigenschaften von Bindungsstellen visualisieren.

```
                                                                        Score    E
                                                                        (bits) Value
gi|6970588|gb|AAD40114.2|AF156090_1  (AF156090) defensin iso...          74   4e-13
gi|6970590|gb|AAD40115.2|AF156091_1  (AF156091) defensin iso...          73   6e-13
gi|1835983|gb|AAB46807.1|  (S82860) defensin A isoform 1; Aa...          72   1e-12
gi|5107401|gb|AAD40113.1|AF156089_1  (AF156089) defensin iso...          72   1e-12
gi|3747087|gb|AAC64181.1|  (AF095259) defensin A protein iso...          72   1e-12
gi|5107399|gb|AAD40112.1|  (AF156088) defensin isoform A1 [A...          72   2e-12
gi|3641324|gb|AAC36346.1|  (AF087815) defensin D [Aedes albo...          69   1e-11
gi|6970592|gb|AAD40116.2|AF156092_1  (AF156092) defensin iso...          68   2e-11
gi|6970594|gb|AAD40117.2|AF156093_1  (AF156093) defensin iso...          68   2e-11
gi|1174329|emb|CAA63775.1|  (X93562) defensin [Anopheles gam...          60   6e-09
gi|118432|sp|P10891|DEFI_PROTE  PHORMICIN PRECURSOR (INSECT ...          57   3e-08
gi|134214|sp|P18313|SAPE_SARPE  SAPECIN PRECURSOR >gi|85285|...          57   3e-08
gi|2493575|sp|Q17027|DEFI_ANOGA  DEFENSIN PRECURSOR                      57   5e-08
gi|9800542|gb|AAF97983.1|  (AY005473) defensin [Aedes albopi...          56   6e-08
gi|3139135|gb|AAC18575.1|  (AF063402) defensin [Anopheles ga...          56   7e-08
gi|544149|sp|P36192|DEFI_DROME  DEFENSIN PRECURSOR >gi|63085...          54   5e-07
gi|6225250|sp|P81602|DEFB_AEDAE  DEFENSIN B >gi|1042183|gb|A...          52   9e-07
gi|6225252|sp|P81603|DEFC_AEDAE  DEFENSIN C >gi|1042182|gb|A...          52   2e-06
gi|1042184|gb|AAB35031.1|  defensin isoform C [Aedes aegypti...          50   5e-06
gi|5924287|gb|AAD56536.1|AF182164_1  (AF182164) defensin 2a ...          48   2e-05
gi|3913442|sp|O16137|DEF2_STOCA  DEFENSIN 2 PRECURSOR >gi|23...          48   3e-05
gi|5924283|gb|AAD56534.1|AF182162_1  (AF182162) defensin 1a ...          44   3e-04
gi|2493576|sp|Q27023|DEFI_TENMO  TENECIN 1 PRECURSOR >gi|627...          44   3e-04
gi|103544|pir||B32219  phormicin B - nestling-sucking blowfly            44   5e-04
gi|5924289|gb|AAD56537.1|AF182165_1  (AF182165) defensin 1 [...          44   5e-04
gi|3913441|sp|O16136|DEF1_STOCA  DEFENSIN 1 PRECURSOR >gi|23...          43   6e-04
```

Abb. 3.87 BLAST-Recherche zur Anfragesequenz Defensin (P81602)

3.15.4 BLAST

Das Acronym **BLAST** [BLAST] steht für „Basic Local Alignment Search Tool“. Der Abruf ähnlicher Sequenzen zu einer vorgegebenen Sequenz ist über das Internet möglich, wobei eine Reihe von Suchparametern angegeben werden können. Die gefundenen Sequenzen werden geordnet nach statistischer Signifikanz. BLAST (Abb. 3.87) verwendet ein heuristisches Verfahren, das auf der Suche von Paaren von Teilsequenzen beruht, die einen maximalen Alignment-Score erzielen. Es gibt eine Reihe von Varianten des BLAST-Suchverfahrens, zum Beispiel für Proteinsequenzen oder für homologe DNA-Sequenzen.

3.15.5 Mutationscalling

Nach dem Alignment können durch bestimmte Algorithmen Mutationen in den untersuchten Sequenzen im Vergleich zu einem Referenzgenom ermittelt werden. Für die verschiedenen Arten von Mutationen (SNVs, small Indels, CNVs, strukturelle Varianten; siehe Kapitel DNA und RNA) gibt es unterschiedliche Informatik-Verfahren. Mutationen können somatische Zellen und Germline-Zellen betreffen. Da sich die Individuen auf genetischer Ebene etwas unterscheiden, werden beim Vergleich mit dem Referenzgenom nicht nur krankheitsrelevante Mutationen, sondern auch vielfältige Polymorphismen detektiert. Beispiele für Programme zum Mutationscalling sind: VarDict, GATK, Platypus, VarScan,

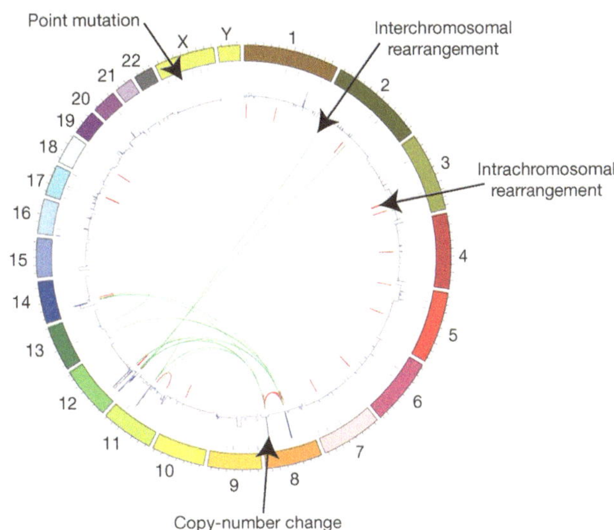

Abb. 3.88 Circos-Plot. Es können Punktmutationen (Point mutations), Copy-Number-Varianten und Translokationen (chromosomal rearrangements) visualisiert werden. Quelle: https://www.ncbi.nlm.nih.gov/pubmed/19360079

LoFreq, SAMtools, ONCOCNV, Pindel, SoftSV und BreaKmer. Einige der Algorithmen zum Mutationscalling analysieren gepaarte Proben, zum Beispiel Messungen einer Tumorprobe und normalen Gewebes vom selben Patienten. Damit können diejenigen Mutationen identifiziert werden, die nur im jeweiligen Tumorgewebe auftreten. Die verschiedenen Mutationsarten können grafisch als **Circos-Plot** (Abb. 3.88) dargestellt werden.

Gütekriterien für Mutationscalling sind hohe Sensitivität (möglichst alle Mutationen werden gefunden) und hoher positiv prädiktiver Wert (möglichst hohe Rate von richtig positiven Mutationen), kombiniert mit Effizienz (schnelle Laufzeit und geringer Speicherplatzbedarf). Für die klinische Diagnostik werden sehr hohe Anforderungen an die Präzision der molekularen Befunde gestellt, daher ist eine **Validierung** der Verfahren – sowohl für die Laborverfahren als auch die Bioinformatik-Methoden – von großer Bedeutung.

Nach dem Mutationscalling ist es wichtig, eine intelligente **Filterung** der resultierenden Listen von Mutationen durchzuführen, um **Artefakte** und **Polymorphismen** zu entfernen. Sowohl im Rahmen der vielfältigen Laborschritte vor der Sequenzierung als auch bei der Sequenzierung selbst können Artefakte entstehen, die nicht realen Mutationen entsprechen.

Zur klinischen Interpretation von Mutationsprofilen müssen die Mutationen, die insbesondere bei Tumoren sehr vielfältig sind, mit **Annotation** ergänzt werden. Hierzu stehen eine Reihe von Datenbanken zur Verfügung, zum Beispiel **COSMIC** [COSMIC] (Mutationskatalog, englisch Catalogue Of Somatic Mutations In Cancer) oder **ClinVar** [ClinVar] (klinische Bedeutung von Mutationen und Genvarianten), die für klinische Entscheidungsunterstützung (englisch Clinical Decision Support, **CDS**) genutzt werden können. Die klinische Bedeutung ist für einen Großteil der Varianten noch nicht geklärt (Stand 2016). Für Polymorphismen sind mehrere Datenbanken wie zum Beispiel **dbSNP** [dbSNP] verfügbar (siehe Kapitel Gen- und Proteindatenbanken). Die Mutationsprofile bei Tumoren sind komplex und ändern sich über die Zeit (**klonale Evolution**, Abb. 3.89), insbesondere wenn nur bestimmte Tumorklone auf die Therapie ansprechen.

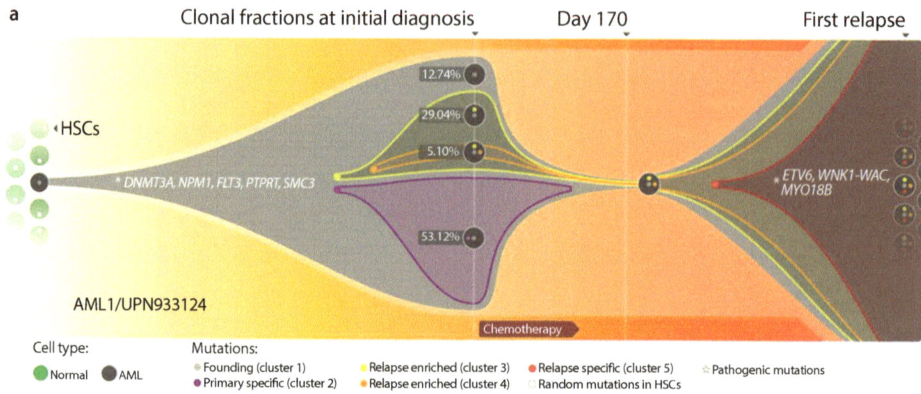

Abb. 3.89 Klonale Evolution am Beispiel der akuten myeloischen Leukämie. Quelle: https://www.ncbi.nlm.nih.gov/pubmed/22237025

3.15.6 Phylogenetische Analyse

Phylogenie ist die Theorie der Abstammung der heutigen Lebensformen von fossilen Vorläufern im Rahmen der Evolution. Verwandtschaftsbeziehungen und Evolutionsschritte werden häufig durch Bäume dargestellt (**Stammbaum**, Phylogramm, Dendrogramm, Kladogramm). Man unterscheidet Bäume mit bzw. ohne Wurzelknoten sowie solche mit konstanter bzw. variabler Kantenlänge (entsprichend der evolutionären Distanz). Die Knoten in phylogenetischen Bäumen werden oft als Taxa bezeichnet (**Taxon** = Gruppe von Lebewesen, die als Einheit der systematischen Ordnung dient). **Taxonomie** [Taxonomy] ist in der Biologie das Teilgebiet der Systematik, das sich mit der Definition der Taxa und deren Benennung befasst. Eine umfangreiche Zusammenstellung biologischer Taxa und deren hierarchische Ordnung ist am Taxonomie-Server des NCBI verfügbar.

Für die phylogenetische Analyse spielt der Sequenzvergleich von DNA- und Proteinsequenzen eine wichtige Rolle, weil dadurch Verwandtschaftsbeziehungen aufgeklärt werden können. Eines der ersten und am weitesten verbreiteten Programme zur Erstellung und Analyse von phylogenetischen Bäumen ist **PHYLIP** [PHYLIP]. Abbildung 3.90 zeigt einen Baum zur Sequenzähnlichkeit am Beispiel von Defensin-Proteinen.

Die Struktur von Stammbäumen kann in standardisierter Form im sog. **Newick-Format** dargestellt werden (Abb. 3.91). Für jeden Blattknoten werden die Distanzen zum benachbarten inneren Baumknoten angegeben. Blattknoten, die zum selben inneren Baumknoten gehören, werden durch Kommata getrennt und in Klammern gesetzt. Die geklammerten

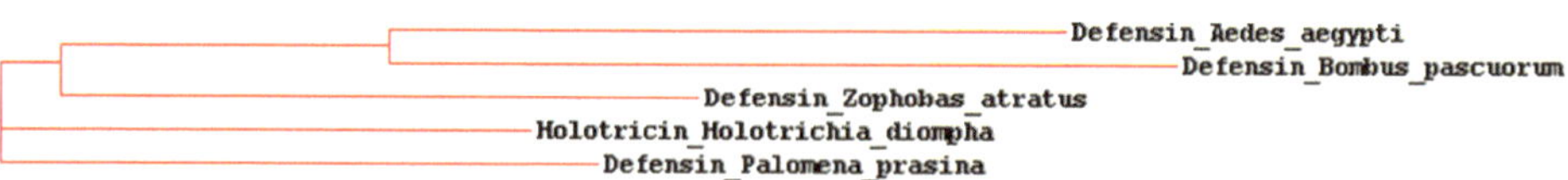

Abb. 3.90 Baum zur Sequenzähnlichkeit am Beispiel von Defensin-Proteinen

```
(((Defensin_Aedes_aegypti:0.31250,
  Defensin_Bombus_pascuorum:0.36250):0.15313,
  Defensin_Zophobas_atratus:0.29688):0.02812,
  Holotricin_Holotrichia_diompha:0.24688,
  Defensin_Palomena_prasina:0.27813);
```

Abb. 3.91 Newick-Format des Baums der vorherigen Abbildung

Einträge werden wie neue Blattknoten behandelt und das Verfahren wird fortgesetzt, bis alle Knoten des Baums erfasst sind.

3.15.7 Genetische Kartierung und Kopplungsanalyse

Die genetische Kartierung, das sog. **Mapping**, verfolgt das Ziel, einen topologischen Überblick über ein Genom herzustellen, indem mit verschiedenen Verfahren die Lokalisation bestimmter Teile des Genoms bestimmt wird. Eine genetische Karte (**Genetic Map**) ist somit eine Anordnung von Markern (identifizierbaren DNA-Sequenzen), deren Reihenfolge im Genom bekannt ist. Im Rahmen der **Kopplungsanalyse** (**Linkage Analysis** [Genetic Linkage]) wird versucht, mit statistischen Methoden die Lokalisation und Reihenfolge von Markern auf Chromosomen anhand ihrer Vererbungsmuster zu bestimmen und dadurch genetische Kopplungskarten (**Genetic Linkage Maps**) zu erstellen.

Marker, die gehäuft gemeinsam vererbt werden, bezeichnet man als gekoppelt. Eine bestimmte Konfiguration von Markern eines Chromosoms nennt man **Haplotyp**. Besitzen beispielsweise zwei homologe Chromosomen die Konfigurationen A1B1 und A2B2, so können bei den Nachkommen die Konfigurationen A1B1, A2B2, aber auch A1B2 und A2B1 auftreten. Der Anteil der rekombinanten Konfigurationen A1B2 und A2B1 wird als **Rekombinationsfraktion** (RF) bezeichnet. Bei Markern, die räumlich nahe auf demselben Chromosom liegen, ist die Wahrscheinlichkeit niedrig, dass sie bei Rekombination getrennt werden und damit die RF erniedrigt.

Der **LOD-Score** (Logarithm of Odds) ist der Logarithmus des Verhältnisses der Wahrscheinlichkeiten, dass zwei Marker gekoppelt bzw. nicht gekoppelt sind. Ein LOD-Score von 3 bedeutet, dass es 1000fach wahrscheinlicher ist, dass die Marker gekoppelt sind als nicht gekoppelt. LOD-Scores sind wichtig zur Identifizierung von Chromosomenabschnitten, welche die Ausprägung eines bestimmten quantitativen Merkmals beeinflussen. Diese Chromosomenabschnitte werden als **Quantitative Trait Loci** (**QTL**) bezeichnet.

Unter **Linkage Disequilibrium** (**LD**) versteht man eine Assoziation bestimmter Varianten benachbarter Genorte oder genetischer Marker. Dies bezeichnet die Tendenz der Allele von zwei unterschiedlichen, aber gekoppelten Loci, gemeinsam häufiger vorzukommen, als man zufällig erwarten würde. Auf dieser Grundlage kann man die Distanz von Genen festlegen:

1 **centiMorgan [cM]** bedeutet eine Wahrscheinlichkeit von 1 %, dass eine Rekombination zwischen zwei Markern auf einem einzelnen Chromosom stattgefunden hat.

Rekombinationsereignisse treten jedoch nicht rein zufällig auf, daher entsprechen diese Distanzen nicht direkt den physikalischen Abständen.

Im Rahmen von **genomweiten Assoziationsstudien** (**GWAS**, englisch Genome Wide Association Study) wird die genetische Variation des Genoms untersucht, um genetische Marker zu identifizieren, die mit einem bestimmten Phänotyp (beispielsweise einer Krankheit) assoziiert sind. Beim **Linkage Disequilibrium Mapping** (**LD-Mapping**) kann man die Assoziation zwischen einem bekannten genetischen Marker und einem potenziellen Marker für eine Krankheit schätzen. Auf diese Weise erhält man eine Information, wo der potenzielle Marker auf dem Genom lokalisiert sein könnte. Durch Analyse von großen Familienstammbäumen kann man versuchen, die Lokalisation von Krankheitsgenen relativ zu bekannten genetischen Loci zu bestimmen. Weitere Verfahren für diese Fragestellung sind die Auswertung einer größeren Anzahl von sog. **Trios** oder **Quartetten** (Stammbaum mit 3 oder 4 Personen bestehend aus Eltern und 1–2 Kindern) sowie die Analyse von größeren Kollektiven mit Indexpatienten.

3.16 Medizinisches Wissen

3.16.1 Allgemeines zur Recherche

Bei einer **Recherche** sollten die Informationsquellen nach der Art der Fragestellung ausgewählt werden. Grundsätzlich ist eine **Suchstrategie** sinnvoll, vom Kollegen/Experten, über Lehr- und Fachbücher (Abb. 3.92, 3.93) bis hin zu Reviews und Originalliteratur.

Abb. 3.92 Elektronischer Katalog einer Universitätsbibliothek zur Suche nach Büchern. Quelle: Universität Münster

Abb. 3.93 Beispiel für E-Book. Quelle: http://link.springer.com

Eine allgemeine Suche im Internet ist zwar schnell und flexibel, aber bei Internet-Quellen muss bewertet werden, ob die jeweilige **Information vertrauenswürdig** ist.

Literaturdatenbanken ermöglichen den elektronischen Zugriff auf Kurz- oder Langfassungen von Publikationen, also Inhalte mit **Peer-Review**. Sie bieten eine **systematische Suche** über kontrollierte Vokabulare. Dies ist aufgrund der großen Anzahl von medizinischen Veröffentlichungen sinnvoll, damit die gesuchten Dokumente möglichst vollständig und präzise gefunden werden.

Tabelle 3.7 zeigt Qualitätskriterien und allgemeine Gesichtspunkte der Literaturrecherche, insbesondere **Recall** und **Präzision**. Hierzu ein Beispiel: Für eine Suchanfrage gibt es 100 relevante Dokumente in der Datenbank. Von diesen 100 relevanten Dokumenten werden 50 gefunden. Der Recall beträgt dann 50/100 = 0,5. Die Trefferliste enthält 200 Einträge. Die Präzision beträgt dann 50/200 = 0,25. Das harmonische Mittel aus Recall und Präzision wird als **F-Score** (F-Maß) bezeichnet:

$$\mathrm{F-Score} = \frac{2}{\dfrac{1}{\mathrm{Recall}} + \dfrac{1}{\mathrm{Präzision}}}$$

Der F-Score ist somit ein einheitliches Gütekriterium für eine Literaturrecherche und beträgt im vorigen Beispiel 2/((1/0,5) + (1/0,25)) = 0,333. Der Recall einer medizinischen Literaturrecherche ist analog zur Sensitivität eines diagnostischen Tests definiert, die Präzision der Recherche entspricht dem positiv prädiktiven Wert (PPV).

Tab. 3.7 Allgemeines zur Literaturrecherche

Auswahl der richtigen Datenbank		z. B. Beachtung des Zeitschriftenspektrums, Aktualität
Qualitätskriterien	**Recall** (= Vollständigkeit)	gefundene relevante Dokumente / Gesamtzahl relevante Dokumente
	Präzision (= Relevanz)	gefundene relevante Dokumente / Gesamtzahl gefundene Dokumente
Suchkriterium	sehr allgemein	*hoher* Recall, *geringe* Präzision
	sehr speziell	*geringer* Recall, *hohe* Präzision

Die Literatursuche sollte die Verarbeitung von **Synonymen** unterstützen, zum Beispiel sollten bei einer Suche nach „Herzinfarkt“ auch Dokumente zum „Myokardinfarkt“ gefunden werden. Der Einsatz von kontrollierten Vokabularen (zum Beispiel MeSH) kann die Suche nach Synonymen unterstützen.

Eine Herausforderung bei der Suche sind **Homonyme**, weil sie je nach Kontext eine andere Bedeutung haben können. Der Begriff „Angina“ bezieht sich im Bereich der Kardiologie typischerweise auf Angina pectoris, in der Hals-Nasen-Ohrenheilkunde hingegen auf Angina tonsillaris.

Bei einer großen Liste von gefundenen Dokumenten bezeichnet man als **Ranking-Problem**, dass die Relevanz der Treffer bewertet wird und die „besten“ Suchergebnisse zuerst ausgegeben werden. Im medizinischen Bereich ist die Literaturdatenbank PubMed von großer Bedeutung; darüberhinaus gibt es eine Reihe von öffentlichen sowie kommerziellen Literaturdatenbanken.

3.16.2 PubMed

PubMed (Abb. 3.94) bietet einen umfassenden bibliographischen Zugriff auf Zeitschriftenartikel aus allen Gebieten der Medizin (>26 Mio. Zitatstellen) und ist die derzeit wichtigste medizinische Literaturdatenbank. Für die Erstellung von PubMed werden etwas 5600 Zeitschriften von der **National Library of Medicine** (**NLM**) in Bethesda/Maryland (USA) ausgewertet. Jeder PubMed-Eintrag erhält eine eindeutige PubMed-ID (**PMID**, zum Beispiel 26868052). Der weit überwiegende Teil der Literaturnachweise verfügt über **Abstracts**, sodass eine schnelle inhaltliche Orientierung möglich ist. Die **Volltexte** sind für einen Großteil der Publikationen über einen Weblink (bei Open-Access-Publikationen direkt, ansonsten kostenpflichtig beim jeweiligen Verlag, Abb. 3.95) oder in PubMed Central verfügbar.

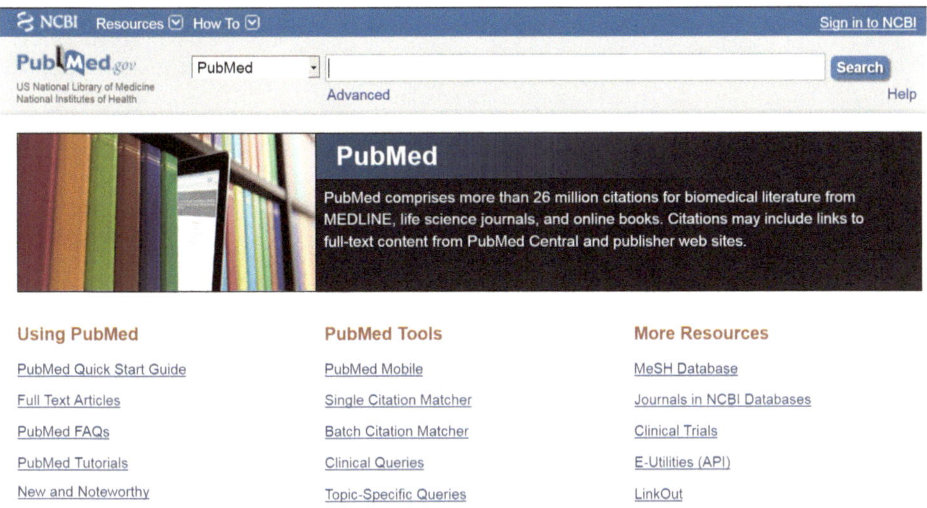

Abb. 3.94 PubMed-Literaturdatenbank. Quelle: http://pubmed.org

Im Gegensatz zu allgemeinen **Internet-Suchmaschinen** (z. B. Google) bietet die PubMed-Datenbank einen Zugriff auf medizinische Fachliteratur mit **Peer-Review**, d. h. mit unabhängiger externer Begutachtung der Artikel durch Fachexperten. PubMed-Einträge sind verschlagwortet mit **MeSH**-Termen, wodurch Recall und Präzision der Suche erhöht werden kann: Beispielsweise kann bei einer Suche nach „Herzinfarkt“ automatisch auch nach dem Synonym „Myokardinfarkt“ gesucht werden, was den Recall erhöht. MeSH ist ein hierarchisches Vokabular, d. h. bei einer Suche nach „Arrhythmie“ kann automatisch auch nach „Vorhofflimmern“ gesucht werden, weil dies ein Unterbegriff von Arrhythmie ist. Die Präzision der Suche kann erhöht werden, wenn man sie auf Dokumente mit dem entsprechenden MeSH-Term einschränkt.

Die Suche in PubMed wird unterstützt durch eine spezielle **Suchsyntax**, die den Einsatz **Boolescher Operatoren** vorsieht. Mit den Operatoren **AND**, **OR** und **NOT** kann die PubMed-Suche festgelegt werden. PubMed wertet die Suchkommandos von links nach rechts aus; es besteht kein Vorrang für den NOT bzw. AND-Operator, wie dies bei anderen Datenbanken oft der Fall ist (Stand 2016). Die Reihenfolge der Suchoperationen kann durch **Klammern** festgelegt werden (Abb. 3.96).

Mit **Suchfeldnamen** (Search Field Description Tags) kann die Suche präzisiert werden, zum Beispiel bedeutet „Crick[AU]“, dass nach Artikeln mit dem Autor „Crick“ gesucht werden soll ([**AU**] = Author, Abb. 3.97). Mit „Title“ [**TI**] kann festgelegt werden, dass der Suchbegriff im Titel der Arbeit vorkommt. Das Publikationsdatum kann auf diese Weise festgelegt werden, beispielsweise steht „1993[DP]“ für Artikel aus dem Jahr 1993 ([**DP**] = Date of Publish). Mit dem Suchfeldnamen „Publication Type“ [**PT**] kann die Suche auf bestimmte Publikationsarten eingegrenzt werden, zum Beispiel **Review**

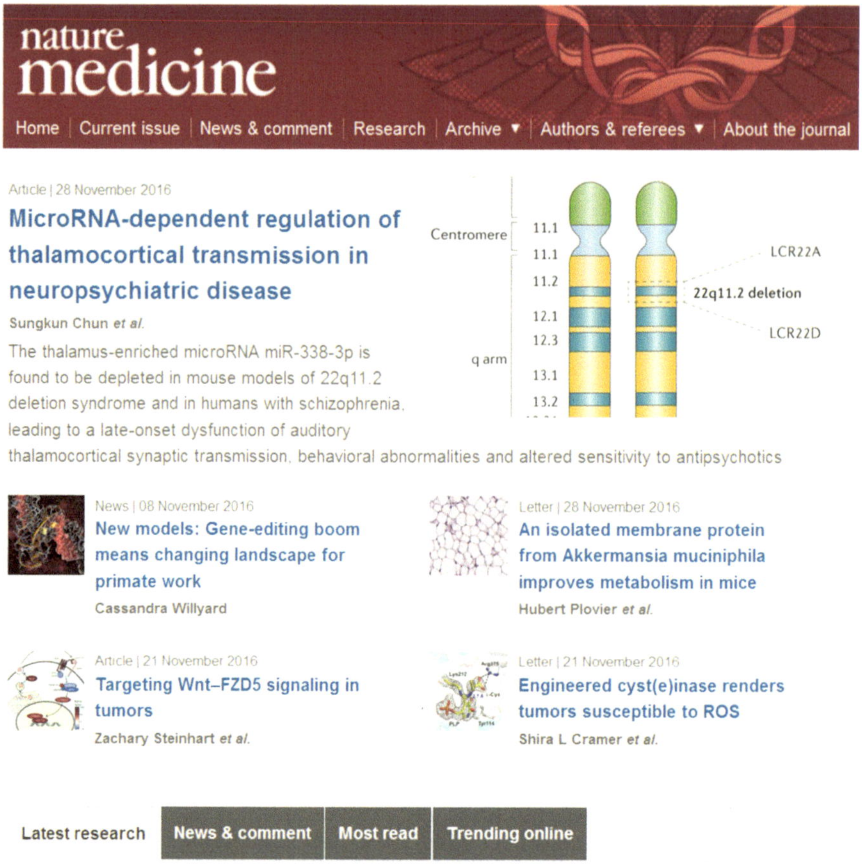

nature medicine
Home | Current issue | News & comment | Research | Archive ▼ | Authors & referees ▼ | About the journal
Article | 28 November 2016
MicroRNA-dependent regulation of thalamocortical transmission in neuropsychiatric disease
Sungkun Chun et al.
The thalamus-enriched microRNA miR-338-3p is found to be depleted in mouse models of 22q11.2 deletion syndrome and in humans with schizophrenia, leading to a late-onset dysfunction of auditory thalamocortical synaptic transmission, behavioral abnormalities and altered sensitivity to antipsychotics
Centromere
q arm
11.1
11.1
11.2
12.1
12.3
13.1
13.2
LCR22A
22q11.2 deletion
LCR22D
News | 08 November 2016
New models: Gene-editing boom means changing landscape for primate work
Cassandra Willyard
Letter | 28 November 2016
An isolated membrane protein from Akkermansia muciniphila improves metabolism in mice
Hubert Plovier et al.
Article | 21 November 2016
Targeting Wnt–FZD5 signaling in tumors
Zachary Steinhart et al.
Letter | 21 November 2016
Engineered cyst(e)inase renders tumors susceptible to ROS
Shira L Cramer et al.
Latest research
News & comment
Most read
Trending online

Abb. 3.95 Elektronische Zeitschrift, deren Artikel über PubMed verlinkt sind. Quelle: http://www.nature.com/nm/

bacterial
arthritis
rheumatoid
bacterial OR arthritis AND rheumatoid
bacterial
arthritis
rheumatoid
bacterial OR (arthritis AND rheumatoid)

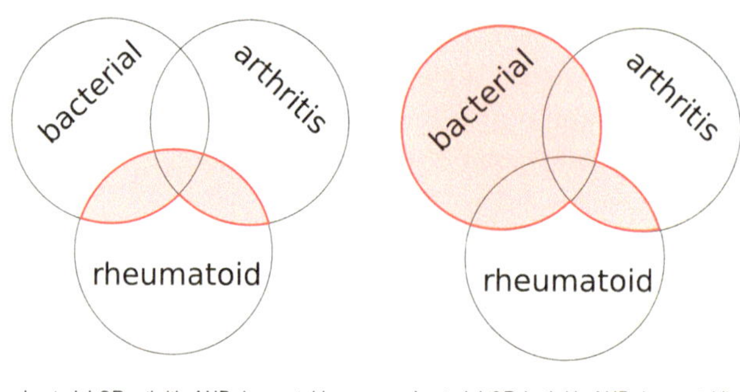

Abb. 3.96 Boolesche Operatoren bei PubMed: Standardmäßig erfolgt eine Auswertung der Suchanfragen von links nach rechts; die Reihenfolge der Suchoperationen kann durch Klammern festgelegt werden

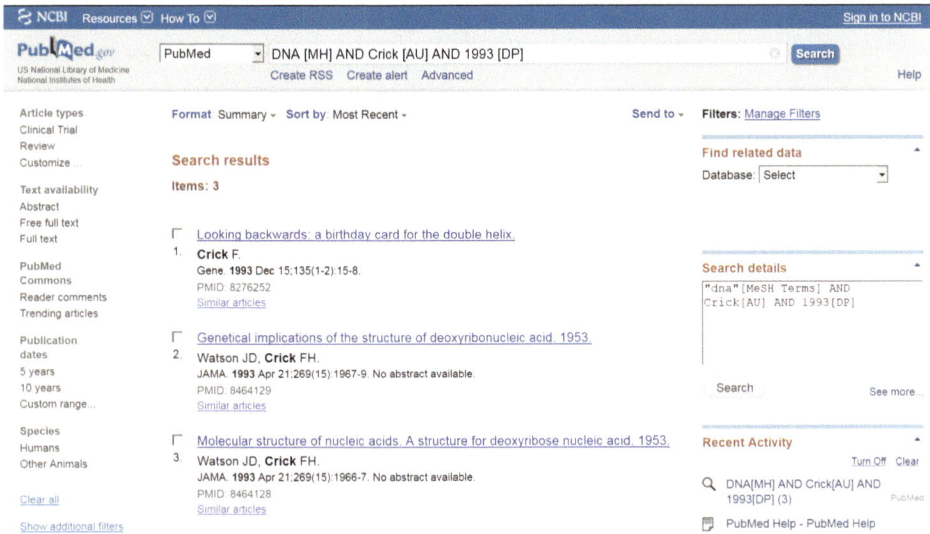

Abb. 3.97 PubMed-Suche mit Booleschen Operatoren: Publikationen zum Thema DNA vom Autor Crick aus dem Jahr 1993 werden gesucht. Quelle: http://pubmed.org

(Übersichtsarbeit), **Journal Article** (Zeitschriftenartikel, **Originalarbeit**) oder **Letter** (Kurzartikel). Mit dem Suchfeldnamen „Journal Title" [**TA**] kann die Suche auf eine bestimmte Zeitschrift eingegrenzt werden, mit „MeSH Terms" [**MH**] können die Keywords der zu suchenden Dokumente festgelegt werden und mit „Language" [**LA**] die Sprache der Dokumente. Mit Suchfeldnamen und MeSH-Terms ist es möglich, die Anzahl der gefundenen Dokumente deutlich einzugrenzen (Abb. 3.98).

Durch Einsatz von Platzhaltern (**Wildcard**, z. B. Suchbegriff „infection*") kann auch nach Wortbestandteilen gesucht werden und dadurch der Recall erhöht werden. Mit

MeSH bei der PubMed-Recherche

cancer of the pelvis:	36.949 Treffer
pelvic neoplasms:	32.409 Treffer
pelvic neoplasms[mh]:	6.561 Treffer
pelvic neoplasms[mesh major topic]:	4.840 Treffer
filter: review[PT] + German[LA]:	26 Treffer

Abb. 3.98 Einsatz von MeSH bei der PubMed-Recherche: Durch Einschränkung der Suche auf MeSH-Term, Publikationsart Review und Sprache Deutsch erhält man ein übersichtliches Suchergebnis

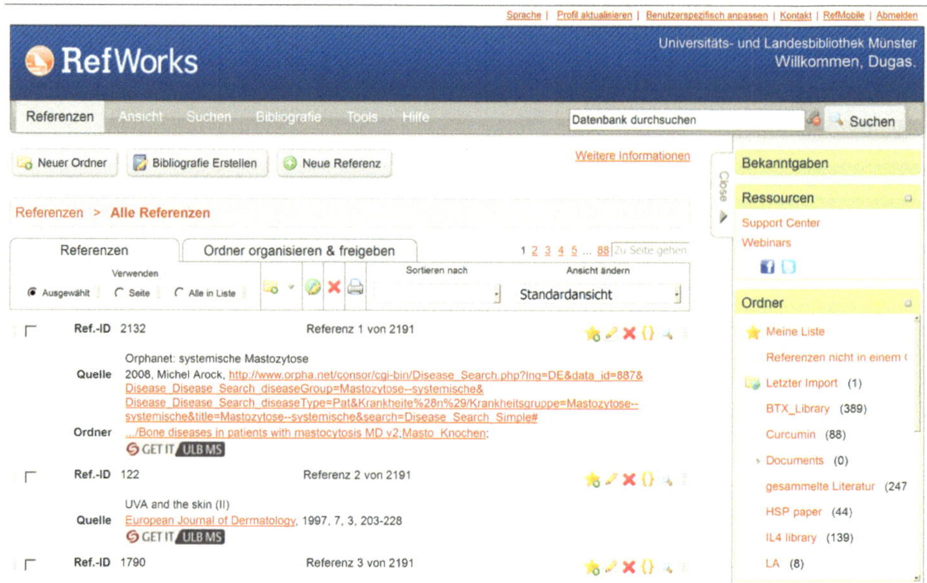

Abb. 3.99 Beispiel für Literaturverwaltungsprogramm mit Schnittstelle zu PubMed. Quelle: Universität Münster

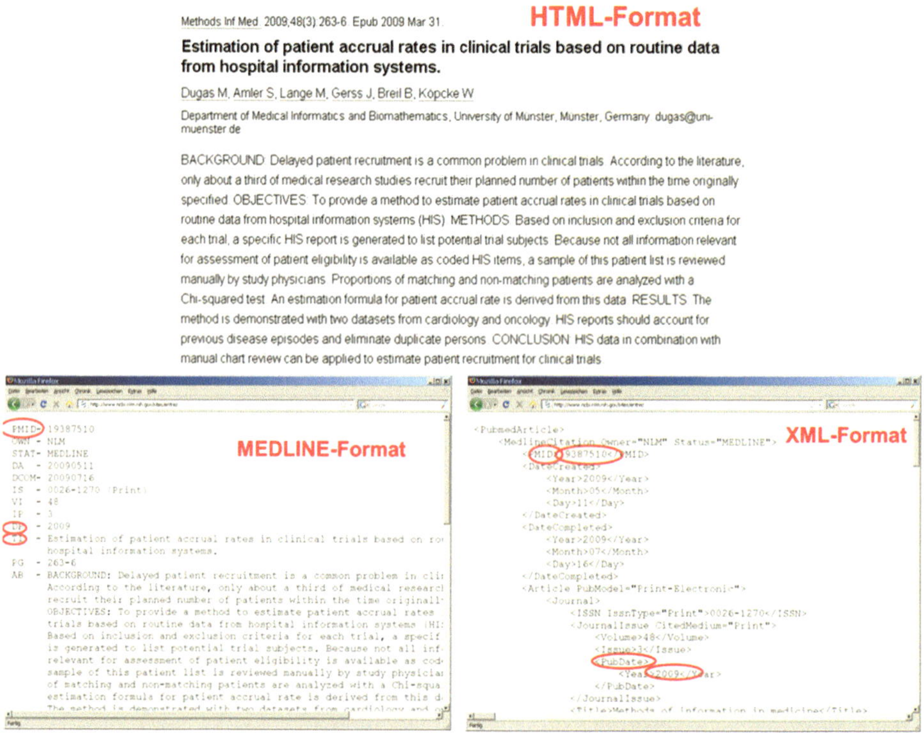

HTML-Format

Methods Inf Med. 2009;48(3):263-6. Epub 2009 Mar 31.

Estimation of patient accrual rates in clinical trials based on routine data from hospital information systems.

Dugas M, Amler S, Lange M, Gerss J, Breil B, Köpcke W.

Department of Medical Informatics and Biomathematics, University of Münster, Münster, Germany. dugas@uni-muenster.de

BACKGROUND: Delayed patient recruitment is a common problem in clinical trials. According to the literature, only about a third of medical research studies recruit their planned number of patients within the time originally specified. OBJECTIVES: To provide a method to estimate patient accrual rates in clinical trials based on routine data from hospital information systems (HIS). METHODS: Based on inclusion and exclusion criteria for each trial, a specific HIS report is generated to list potential trial subjects. Because not all information relevant for assessment of patient eligibility is available as coded HIS items, a sample of this patient list is reviewed manually by study physicians. Proportions of matching and non-matching patients are analyzed with a Chi-squared test. An estimation formula for patient accrual rate is derived from this data. RESULTS: The method is demonstrated with two datasets from cardiology and oncology. HIS reports should account for previous disease episodes and eliminate duplicate persons. CONCLUSION: HIS data in combination with manual chart review can be applied to estimate patient recruitment for clinical trials.

MEDLINE-Format

```
PMID- 19387510
OWN - NLM
STAT- MEDLINE
DA  - 20090511
DCOM- 20090716
IS  - 0026-1270 (Print)
VI  - 48
IP  - 3
DP  - 2009
TI  - Estimation of patient accrual rates in clinical trials based on ro
      hospital information systems.
PG  - 263-6
AB  - BACKGROUND: Delayed patient recruitment is a common problem in cli
      According to the literature, only about a third of medical researc
      recruit their planned number of patients within the time originall
      OBJECTIVES: To provide a method to estimate patient accrual rates
      trials based on routine data from hospital information systems (HI
      Based on inclusion and exclusion criteria for each trial, a specif
      is generated to list potential trial subjects. Because not all inf
      relevant for assessment of patient eligibility is available as cod
      sample of this patient list is reviewed manually by study physicia
      of matching and non-matching patients are analyzed with a Chi-squa
      estimation formula for patient accrual rate is derived from this d
```

XML-Format

```
<PubmedArticle>
    <MedlineCitation Owner="NLM" Status="MEDLINE">
        <PMID>19387510</PMID>
        <DateCreated>
            <Year>2009</Year>
            <Month>05</Month>
            <Day>11</Day>
        </DateCreated>
        <DateCompleted>
            <Year>2009</Year>
            <Month>07</Month>
            <Day>16</Day>
        </DateCompleted>
        <Article PubModel="Print-Electronic">
            <Journal>
                <ISSN IssnType="Print">0026-1270</ISSN>
                <JournalIssue CitedMedium="Print">
                    <Volume>48</Volume>
                    <Issue>3</Issue>
                    <PubDate>
                        <Year>2009</Year>
                    </PubDate>
                </JournalIssue>
```

Abb. 3.100 PubMed-Artikel in verschiedenen technischen Formaten: HTML, MEDLINE und XML-Format. Quelle: http://pubmed.org

Anführungszeichen kann die Suche auf bestimmte **Wortkombinationen** eingeschränkt werden, zum Beispiel „single cell“. Die Suchergebnisse von PubMed können in verschiedenen technischen Formaten zur Weiterverarbeitung in anderen Programmen (z. B. Literaturverwaltungsprogramme, Abb. 3.99) exportiert werden, insbesondere als Textformat (MEDLINE, CSV) und im XML-Format (Abb. 3.100). Auch automatisierte Recherchen sind in PubMed möglich. Man kann zum Beispiel eine Benachrichtigung per E-Mail für neue Literatur zu einem bestimmten Thema einrichten (PubMed personalisieren: „My NCBI“).

3.16.3 Evidenzklassen und Leitlinien

Die **Evidenz** (lat. evidentia: Ersichtlichkeit) von medizinischem Wissen ist unterschiedlich groß, weil verschiedene Sachverhalte von wissenschaftlicher Seite unterschiedlich genau untersucht wurden, sowohl in qualitativer wie quantitativer Hinsicht. Die **systematische Literaturrecherche** spielt eine zentrale Rolle zur Bewertung der Evidenz von medizinischem Wissen. Evidenz kann nach Art und Umfang der publizierten Studien in **Evidenzklassen** eingeteilt werden. Besonders hochwertige Evidenz kann aus randomisierten, kontrollierten Studien (Randomized Controlled Trial, **RCT**) abgeleitet werden. Durch die **Randomisierung**, d. h. die zufällige Zuteilung der Patienten auf Experimental- und Kontrollgruppe, sollen systematische Verzerrungen der erhobenen Daten vermieden werden. Bei **quasi-experimentellen** Studien werden natürliche Gruppen verglichen ohne randomisierte Zuordnung von Versuchspersonen. Bei **nicht-experimentellen** Studien findet keine Intervention statt (**Beobachtungsstudien**). Eine Übersicht zu Evidenzklassen bietet Tab. 3.8.

Aus den Evidenzklassen kann ein **Empfehlungsgrad** für medizinische Maßnahmen abgeleitet werden: Grad A bezeichnet eine „Soll“-Empfehlung (entsprechend Evidenzklassen Ia und Ib), Grad B eine „Sollte“-Empfehlung (Evidenzklassen II oder III bzw. Extrapolation von I, wenn Studien nicht direkt anwendbar) und Grad C eine „Kann“-Empfehlung (Evidenzklasse IV oder Extrapolation von Evidenzklasse II oder III, wenn Studien nicht direkt anwendbar).

Tab. 3.8 Übersicht zu Evidenzklassen

Evidenzklasse	Art der Evidenz
Ia	Metaanalyse hochwertiger randomisierter, kontrollierter Studien
Ib	ausreichend große, hochwertige randomisierte, kontrollierte Studie
IIa	hochwertige Studie ohne Randomisierung
IIb	hochwertige quasi-experimentelle Studie
III	hochwertige nicht- experimentelle Studien
IV	Expertenmeinungen

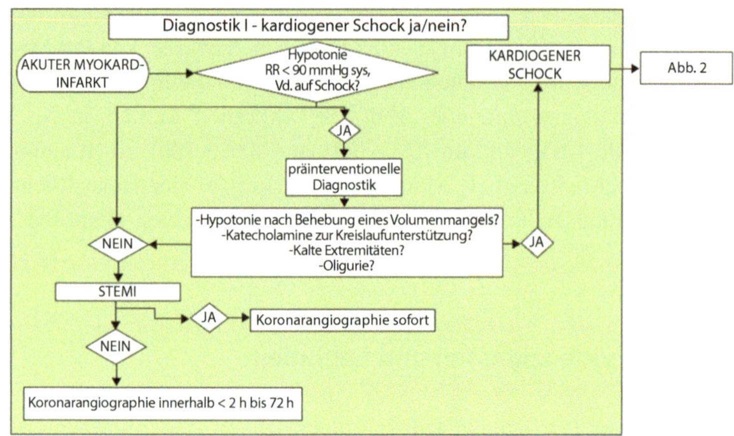

Abb. 1 ▸ (eLV Abb. 3a) Algorithmus A. Diagnostik I – Kardiogener Schock ja/nein? *Vd.* Verdacht

Abb. 3.101 Beispiel für klinischen Algorithmus aus einer S3-Leitlinie. Quelle: Werdan K, Ruß M, Buerke M et al. (2011) Deutsch-österreichische S3-Leitlinie „Infarktbedingter kardiogener Schock – Diagnose, Monitoring und Therapie". Der Kardiologe 5(3):166–224

Medizinische **Leitlinien** sind Handlungsempfehlungen, die allerdings nicht bindend sind; es handelt sich also nicht um Richtlinien. Man unterscheidet verschiedene Entwicklungsstufen von Leitlinien: Eine **S1-Leitlinie** ist lediglich ein informeller Konsens einer Expertengruppe. Bei einer **S2k-Leitlinie** hat eine formale Konsensfindung in einer Expertengruppe stattgefunden. Liegt der Leitlinie eine systematische Evidenz-Recherche zugrunde, spricht man von einer **S2e-Leitlinie**. Die höchste Entwicklungsstufe bezeichnet eine **S3-Leitlinie** (Abb. 3.101), die regelmäßig überprüft wird und bei der die zugrundeliegenden wissenschaftlichen Studien nach ihrer klinischen Relevanz bewertet werden.

3.16.4 Bibliometrie

Bibliometrie bezeichnet die Messung (Metrik) von wissenschaftlichen Publikationen. Bibliometrische Verfahren können eingesetzt werden, um quantitative Kennzahlen für Publikationen zu ermitteln. Ein typisches Beispiel ist der **Journal Impact Factor** (**JIF**), der die durchschnittliche Zitierungsrate der Artikel einer Zeitschrift in einem bestimmten Jahr angibt. Er wird wie folgt errechnet:

$$\text{JIF} = \frac{\text{Anzahl der Zitate im aktuellen Jahr auf die Artikel der vorigen zwei Jahre}}{\text{Zahl der Artikel in den vorigen zwei Jahren}}$$

Der Impact Factor einer Zeitschrift für ein bestimmtes Jahr kann also erst nach Ende des jeweiligen Jahres ermittelt werden. Je höher der Impact Factor, desto angesehener ist eine Fachzeitschrift. Ein Impact Factor von 10 bedeutet, dass es im aktuellen Jahr durchschnittlich (!) 10 Zitate pro Artikel aus den beiden Vorjahren gibt. Der Impact Factor bezieht sich also nicht auf einen einzelnen Artikel, sondern die Zeitschrift als Ganzes. Er eignet sich nicht, um Publikationen aus großen und kleinen Fachdisziplinen zu vergleichen, weil die Zitierfrequenz von der Gesamtzahl der Publikationen in einem Fachgebiet abhängig ist.

3.16.5 Elektronische Fachinformationen und Arzneimittelinformationen

Das Deutsche Institut für Medizinische Dokumentation und Information (**DIMDI**) – eine Behörde des Bundesministeriums für Gesundheit (BMG) – stellt ausgewählte elektronische Fachinformationen bereit. Es gibt eine Fülle von Datenbanken mit Fachinformationen, die über das Internet abfragbar sind (Stand 2016: 30 Datenbanken mit über 100 Millionen Dokumenten). Insbesondere stellt das DIMDI die Informationssysteme für Arzneimittel, Medizinprodukte, Versorgungsdaten und Health Technology Assessment (HTA) zur Verfügung. Unter **HTA** versteht man die systematische Bewertung medizinischer Technologien, Prozeduren und Organisationsstrukturen der Leistungserbringer. HTA analysiert dabei Wirksamkeit, Sicherheit und Kosten, unter Berücksichtigung sozialer, rechtlicher und ethischer Aspekte. Über das DIMDI sind **HTA-Berichte** verfügbar.

Das **Arzneimittel-Informationssystem AMIS** [AMIS] enthält Daten der Arzneimittelzulassungsbehörden Bundesinstitut für Arzneimittel und Medizinprodukte (BfArM), Paul-Ehrlich-Institut und Bundesamt für Verbraucherschutz und Lebensmittelsicherheit. Es enthält einen öffentlichen Teil, AMIS für die Bundesländer sowie AMIS für den Medizinischen Dienst der Gesetzlichen Krankenkassen. In Deutschland gibt es ca. 100.000 verkehrsfähige Arzneimittel (Stand 2016; jede Packungsgröße wird als Arzneimittel gezählt). Die Anzahl der Wirkstoffe ist deutlich geringer, weil **Wirkstoffe** (**Generischer Name**, International Nonproprietary Name = **INN**, z. B. Acetylsalicylsäure) unter verschiedenen **Handelsnamen** (z. B. Aspirin), in unterschiedlichen **Dosierungen** (z. B. 500 mg), anderen **Darreichungsformen** (z. B. Tablette, Injektionslösung) und **Packungsgrößen** (z. B. N1) angeboten werden. Von der WHO wurden über 8000 INNs publiziert. Arzneimittel werden häufig nach der **ATC-Klassifikation** eingeteilt. Wichtige Informationen zu Arzneimitteln sind insbesondere **Kontraindikationen**, **Neben-** und **Wechselwirkungen**.

In Deutschland ist bei der Bereitstellung von Arzneimittelinformationen das **Heilmittelwerbegesetz** zu beachten. Es besagt unter anderem, dass Informationen über verschreibungspflichtige Arzneimittel nur den Fachkreisen (Ärzte, Zahnärzte und Apotheker) zugänglich gemacht werden dürfen. Aus diesem Grund ist für den Zugriff auf Arzneimittelinformationen in der **Roten Liste** [Rote Liste] und beim **Fachinfo-Service** [Fachinfo] (Abb. 3.102) eine sog. **DocCheck-Kennung** erforderlich, die man durch Nachweis der Approbation erhält. Informationen zu Arzneimitteln sind zudem verfügbar beispielsweise in der **Gelben Liste** und der **ABDA-Datenbank**. In der pharmazeutischen Forschung wird häufig das **WHO Drug Dictionary** eingesetzt, das über 2,6 Mio. Handelsnamen von Arzneimitteln aus über 140 Ländern enthält.

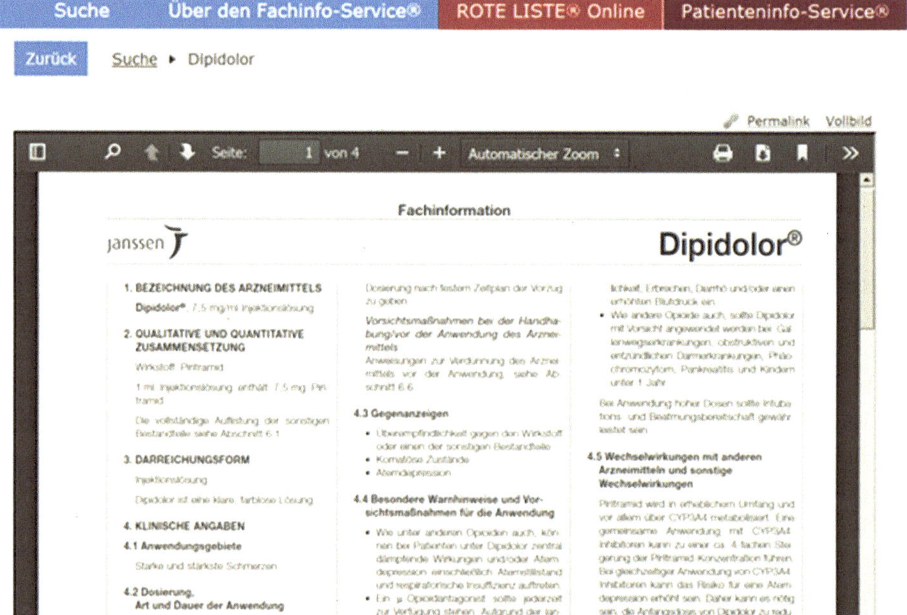

Abb. 3.102 Rote Liste und Fachinfo-Eintrag zu Piritramid. Quellen: http://rote-liste.de, http://www.fachinfo.de

3.16.6 Klinische Entscheidungsunterstützung und wissensbasierte Systeme

Moderne IT-Systeme in der Patientenversorgung dienen nicht nur Dokumentationsaufgaben, sondern können auch eingesetzt werden, um klinische Entscheidungen zu unterstützen. Diese Funktionalität wird als **Clinical Decision Support** (**CDS**) bezeichnet. Basierend auf den aktuellen Patientendaten können Benachrichtigungen, Warnungen (**Alerts**) oder Alarme für das Behandlungsteam erzeugt werden. Typische Beispiele für CDS sind Hinweise bei auffälligen Laborwerten oder potenziell gefährlicher Medikation. Abbildung 3.103 zeigt ein typisches Beispiel für einen derartigen Alert, der durch die Anordnung einer Medikation ausgelöst („getriggert") wird.

Eine große Herausforderung ist es, elektronische Benachrichtigungen mit hoher Qualität zu erzeugen: Viele **falsch positive Alarme** können dazu führen, dass diese generell ignoriert werden („**Alert fatigue**"). Umgekehrt kann eine geringe Sensitivität des CDS dazu führen, dass gefährliche klinische Situationen übersehen werden, weil sich das Behandlungsteam auf das elektronische System verlässt. Bei Implementation und Betrieb von CDS sind daher geeignete Maßnahmen des **Risikomanagements** vorzusehen. Für bestimmte klinische Situationen (beispielsweise Prävention von Lungenembolien durch Thromboseprophylaxe) konnte in kontrollierten randomisierten Studien gezeigt werden, dass durch CDS das Outcome der Patienten (z. B. Komplikationsrate) signifikant verbessert werden kann.

Voraussetzung für effektives CDS ist, dass die benötigten Datenelemente (zum Beispiel Medikation des Patienten) möglichst korrekt, vollständig und aktuell in elektronischer Form vorliegen. Für die Übertragbarkeit von CDS-Systemen zwischen verschiedenen Kliniken ist es wichtig, dass die benötigten Daten in den verschiedenen IT-Systemen in einheitlicher Form zur Verfügung stehen, was bei mangelnder Standardisierung klinischer Daten eine hohe Hürde darstellt. Ein CDS-System ist grundsätzlich in das lokale IT-System (typischerweise Klinisches Arbeitsplatzsystem) integriert, damit es im Behandlungskontext direkt verfügbar ist. Die **Wissenskomponente** (welche Benachrichtigung an das

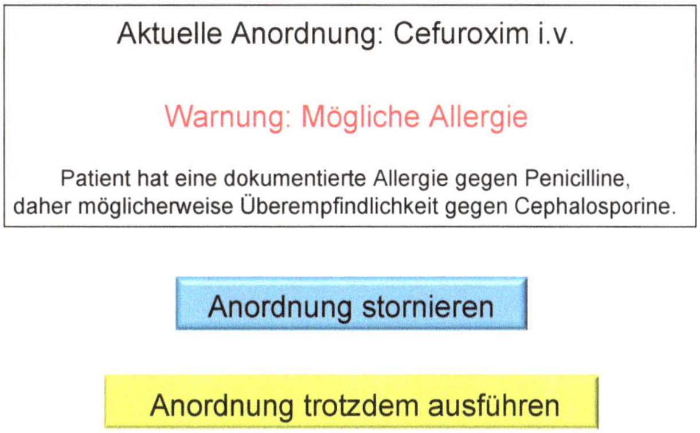

Abb. 3.103 Alert bei der Anordnung eines Medikaments, gegen das der Patient möglicherweise allergisch ist

Aktuelle Anordnung: Cefuroxim i.v.

Warnung: Mögliche Allergie

Patient hat eine dokumentierte Allergie gegen Penicilline, daher möglicherweise Überempfindlichkeit gegen Cephalosporine.

Anordnung stornieren

Anordnung trotzdem ausführen

Behandlungsteam ist bei einer bestimmten Datenlage angezeigt?) kann jedoch auch als externer **CDS-Service** eingebunden werden. Hierbei werden pseudonymisierte Patiententendaten nach extern übermittelt und die Benachrichtigungen in einem externen System generiert.

Vorstufen von automatischen CDS-Systemen sind systematisch aufbereitete Faktendatenbanken, die von medizinischen Experten im Hinblick auf klinische Relevanz zusammengestellt und regelmäßig aktualisiert werden. Diese Datenbanken können beispielsweise mit Symptomen oder Diagnosen des Patienten aufgerufen werden und zeigen konkrete Optionen für das klinische Vorgehen mit Hinweisen auf relevante Literatur (zum Beispiel **UpToDate** von Wolters Kluwer oder Elsevier **ClinicalKey**).

Wissensbasierte Systeme (Expertensysteme, Teilbereich der **künstlichen Intelligenz)** sind Computersysteme, die Informationen nicht nur verwalten, sondern selbstständig mit ihnen umgehen können. Dieser selbstständige Umgang sollte für den Betrachter intelligent erscheinen. Zu diesem Zweck wurden spezielle Programmiersprachen wie zum Beispiel **LISP**, **Prolog** und **Smalltalk** entwickelt.

In der Medizin sollten derartige Expertensysteme den Arzt bei seiner täglichen Routine aktiv unterstützen und bei seltenen Problemen mit dem Wissen und der Erfahrung eines Experten zur Seite stehen können. Zu diesem Zweck muss das langjährig erworbene, domänenspezifische Spezialwissen der Experten im Computer repräsentiert werden. Die Grundlage eines Expertensystems ist seine **Wissensbasis**, die mittels einer so genannten **Wissenserwerbskomponente** erstellt wird. Die Wissensrepräsentationssyntax eines medizinischen Expertensystems ist in der Regel sehr komplex. Der eigentliche Anwender interagiert mit dem Expertensystem über eine Benutzerschnittstelle, die wiederum auf den Schlussfolgerungsmechanismus (**Inferenzmaschine**) zurückgreift. Die Inferenzmaschine wertet das in der Wissensbasis enthaltene medizinische Wissen aus und kommt aufgrund der ihr vorliegenden Informationen zu bestimmten Schlussfolgerungen, die dem Anwender über die Benutzerschnittstelle mitgeteilt werden.

Trotz vielfältiger Forschungsarbeiten zur Entwicklung medizinischer Expertensysteme wird derzeit nur eine geringe Anzahl solcher Systeme in der klinischen Praxis genutzt. Wesentliche Probleme sind die fehlende Integration mit dem Krankenhausinformationssystem, die aufwändige Erfassung der Ausgangsfakten sowie die aufwändige Pflege der Wissensbasis. Am erfolgreichsten sind praxisnahe Entwicklungen mit relativ einfachen Regelwerken wie zum Beispiel Erinnerungsfunktionen (**Physician Reminders**), die in das KIS integriert sind.

3.16.7 Arden-Syntax

Entscheidungsunterstützende Systeme in der Medizin umfassen typischerweise mehrere Hundert bis einige Tausend Regeln. Die **Arden-Syntax** versucht, Wissen auf standardisierte Weise zu repräsentieren und dadurch einen Wissenstransfer zwischen verschiedenen Systemen zu ermöglichen. Das Wissen wird in unabhängige Module (**Medical Logic**

Modules, MLM) gegliedert, die aus **Regeln (Rules)** bestehen, um jeweils eine klinische Entscheidung zu unterstützen; es handelt sich also um einen regelbasierten Ansatz. Abbildung 3.104 zeigt ein Beispiel für eine einfache Regel zur Erkennung von niedrigem diastolischen Blutdruck

```
maintenance:
title: Prüfung des diastolischen Blutdrucks des Patienten;;
mlmname: Hypotension;;
arden: version 2.7;;
version: 1.01;;
institution: Latrobe University Bundoora;;
author: Lakshmi Devineni;;
specialist: ;;
date: 2016-09-20;;
validation: testing;;
library:
purpose: Prüfung auf Hypotension;;
explanation: Beispiel für ARDEN-Syntax;;
keywords: hypotension;;
citations: ;;
links: http://en.wikipedia.org/wiki/Hypotension;;
knowledge:
type: data_driven;;
data: /* Einlesen des diastolischen Blutdrucks */
blutdruck_diastolisch := read last {diastolischer Blutdruck};
blutdruck_grenzwert := 60;
stdout_dest := destination
{stdout};
;;
evoke: null_event;;
logic:
   if (blutdruck_diastolisch is not number) then
   conclude false;
   endif;
   if (blutdruck_diastolisch < blutdruck_grenzwert) then
   conclude true;
   else
   conclude false;
   endif;
 ;;
 action:
 write "Diastolischer Blutdruck ist zu niedrig"
 at stdout_dest;
 ;;
resources:
 default: de
 ;;
language: de
 'msg' : "Normalbereich von 60 bis 90 mmHg";
 ;;
end:
```

Abb. 3.104 Beispiel für ARDEN-Syntax: Regel zur Erkennung von niedrigem diastolischen Blutdruck (modifiziert nach https://en.wikipedia.org/wiki/Arden_syntax)

Das Einlesen des aktuellen Blutdruckwertes des Patienten erfolgt hierbei über das Statement „read last {diastolischer Blutdruck}". In verschiedenen IT-Systemen wird dieser Blutdruckwert typischerweise auf unterschiedliche Weise technisch zugänglich gemacht. Deshalb besteht – insbesondere bei einer großen Anzahl von Regeln – ein relevanter Aufwand, um das Einlesen der für MLM benötigten Daten an das jeweilige IT-System anzupassen. Dies wird als „curly bracket problem" der Arden Syntax bezeichnet.

3.16.8 Bayes-Theorem

Mithilfe des **Bayes-Theorems** kann man die Wahrscheinlichkeit von Diagnosen unter Berücksichtigung der Prävalenz dieser Diagnosen sowie bereits vorliegender Untersuchungsergebnisse zum aktuellen Patienten ermitteln. Somit wird ausgehend von der **a priori** Wahrscheinlichkeit einer Krankheit p(D) die **a posteriori** Wahrscheinlichkeit p(D|U+) bestimmt, d. h. die Wahrscheinlichkeit dafür, dass die Krankheit D vorliegt, wenn die Untersuchung U einen positiven Befund liefert.

Das Bayes-Theorem lautet:

$$p(D \mid U+) = \frac{p(U+ \mid D) \cdot p(D)}{p(U+ \mid D) \cdot p(D) + p(U+ \mid \bar{D}) \cdot p(\bar{D})}$$

Ein klinisches Beispiel: Die Häufigkeit eines akuten Herzinfarkts sei 20 von 1000: p(D) = 0,020 (= Wahrscheinlichkeit, dass die Diagnose vorliegt), somit $p(\bar{D}) = 0{,}980$ (= Wahrscheinlichkeit, dass die Diagnose nicht vorliegt).

Bei 50 % aller Patienten mit akutem Herzinfarkt werden „instabile Angina-Schmerzen" beobachtet, somit p(U + | D) = 0,5. Allerdings werden diese Schmerzen auch bei 5 % der gesunden Population beobachtet: $p(U+ \mid \bar{D}) = 0{,}05$. Durch Einsetzen in die Bayes-Formel ergibt sich die Wahrscheinlichkeit eines Herzinfarktes, wenn bei einem Patienten Schmerzen auftreten zu p(D | U +) = 0,169. Leichter verständlich wird das Bayes Theorem, wenn man es mit natürlichen Häufigkeiten darstellt (Abb. 3.105). Auch hier ergibt sich die Wahrscheinlichkeit für einen Herzinfarkt, sofern Angina-Schmerzen vorliegen, als 10/(10 + 49) = 0,169.

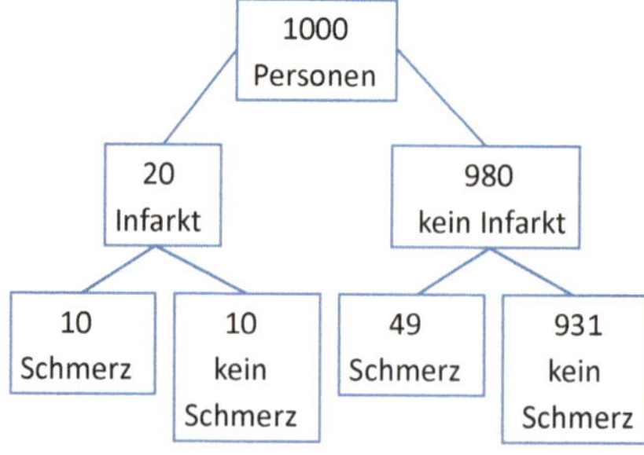

Abb. 3.105 Beispiel zum Bayes-Theorem, dargestellt mit natürlichen Häufigkeiten

3.16.9 Medizinische Lehr- und Lernsysteme

Medizinische Lehr- und Lernsysteme ist ein Oberbegriff für ein breites Spektrum von **E-Learning**-Systemen, die im Rahmen der ärztlichen Aus-, Weiter- und Fortbildung sowie zur Unterstützung von Patienten eingesetzt werden. Der Lehrstoff wird hierbei mithilfe von Computerprogrammen vermittelt. Es gibt in diesem Umfeld eine Fülle von verwandten Begriffen: Computer Based Training, (**CBT**), Web Based Training (WBT), Computer Assisted Instruction (CAI), Computer Assisted Learning (CAL), Computer Assisted Teaching (CAT), Computer Based Instruction (CBI), Computer Based Learning (CBL), Intelligent Tutoring System (ITS), Telelearning sowie Teleteaching. Der Austausch zwischen den Lernenden kann über Internet-basierte Kommunikationstools (E-Mail, Chat, Diskussionsforen etc.) gefördert werden. Die Erstellung der Inhalte von E-Learning-Systemen erfolgt über so genannte **Autorensysteme**. Man unterscheidet **expositorisches Lernen** bei dem der Inhalt linear bearbeitet wird, d. h. in der durch den Autor definierten Reihenfolge. Beim **explorativen Lernen** kann der Lernende selbst entscheiden, welche Wissenseinheit er als Nächstes bearbeiten möchte.

Mit **Blended Learning** bezeichnet man die Kombination von (traditionellen) Präsenzveranstaltungen und E-Learning. E-Learning kann komplexe Sachverhalte durch Verbindung von Text, Bild, Ton, Video und Animation gut veranschaulichen. Nach dem Grad an Interaktivität zwischen E-Learning-System und Anwender unterscheidet man:

- **Präsentations- und Browsingsysteme**, in denen Informationseinheiten (statischer Text und Multimediaelemente) in einem semantischen Netz verbunden und multimedial präsentiert werden können, zum Beispiel in Form eines elektronischen Buches.
- **Tutorielle Systeme**, die Aktionen des Lernenden beispielsweise durch Expertenkommentare unterstützen, beurteilend in Form von Leistungsprotokollen reagieren und einen dem Lernfortschritt angepassten Unterricht anstreben.
- **Simulationssysteme**, mit denen Patientenfälle simuliert werden können, damit der Studierende unter möglichst realitätsnahen Bedingungen diagnostische und therapeutische Maßnahmen üben kann (beispielsweise ein Anästhesie-Simulator).

3.17 Qualitäts-, Risiko- und Projektmanagement

3.17.1 Qualitätsmanagement und Qualitätssicherung

Mit **Qualitätsmanagement** (**QM**) bezeichnet man die Planung, Durchführung und Überwachung von Maßnahmen, um die Qualität der Patientenversorgung in einer Versorgungseinrichtung zu beurteilen, zu erhalten und bei Bedarf zu verbessern. Bei der Sicherung der Qualität unterscheidet man **Strukturqualität**, die sich auf die personelle und technische Ausstattung einer Einrichtung bezieht, **Prozessqualität**, d. h. ob die ärztlichen und pflegerischen Maßnahmen nach dem aktuell besten Stand des Wissens durchgeführt werden, und die **Ergebnisqualität**, die sich auf den Therapieerfolg bezieht (objektiv als auch subjektiv in Form der Lebensqualität).

Die medizinische Dokumentation hat wesentliche Bedeutung für das Qualitätsmanagement, weil sie eine Nachvollziehbarkeit der medizinischen Vorgänge ermöglicht. **Qualitätsindikatoren**, beispielsweise die Häufigkeit von Komplikationen, können durch eine strukturierte Dokumentation erfasst werden und ermöglichen gezielte Verbesserungsmaßnahmen.

Qualitätssicherung in der Medizin verfolgt das Ziel, Maßnahmen zu entwickeln, die die Qualität ärztlicher Leistungen sicherstellen und transparent machen. Jeder Arzt bzw. Zahnarzt ist nach der Berufsordnung zur Qualitätssicherung im weiteren Sinn verpflichtet (Einhaltung der Regeln der (zahn)ärztlichen Kunst, „lege artis"). Darüber hinaus ist die Qualitätssicherung im Sozialgesetzbuch V geregelt. Man kann **sektorenübergreifende, sektorenspezifische (ambulanter Sektor**: niedergelassene Ärzte**; stationärer Sektor**: Krankenhäuser)**, einrichtungsübergreifende** sowie Qualitätssicherung im Krankenhaus (**einrichtungsintern**) unterscheiden. Entsprechend viele Organisationen sind in der medizinischen Qualitätssicherung aktiv, unter anderem die Ärztekammern und die kassenärztlichen Vereinigungen (**Qualitätszirkel** zur Fortbildung von niedergelassenen Ärzten).

Ein häufig genutzter Prozess in der Qualitätssicherung ist der **PDCA-Zyklus**, der in Abb. 3.106 dargestellt ist. Er besteht aus den vier Schritten **Plan – Do – Check – Act** (Planen – Umsetzen – Überprüfen – Handeln), die im Sinne eines kontinuierlichen Verbesserungsprozesses durchlaufen werden. „Plan" umfasst das Erkennen von Verbesserungspotenzialen, „Do" das Testen eines Verbesserungskonzepts im kleinen Maßstab, „Check" das Überprüfen, ob die Vorgehensweise im vorherigen Schritt erfolgreich war und „Act" die breite Einführung des Konzeptes. Das PDCA-Verfahren wurde ab ca. 1930 von den US-Physikern Shewhart und Deming entwickelt (daher auch die Bezeichnungen Shewhart-Cycle und Deming-Kreis).

In Deutschland ist eine **externe Qualitätssicherung** im Gesundheitswesen gesetzlich vorgeschrieben (§ 136ff. SGB V und § 137a SGB V). Ziel ist es dabei, medizinische

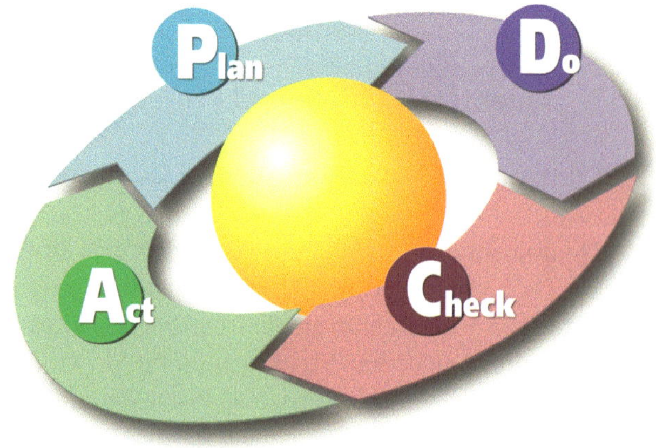

Abb. 3.106 PDCA-Zyklus in der Qualitätssicherung mit vier Schritten. Quelle: Karn G. Bulsuk (http://www.bulsuk.com)

Befunde Empfänger

9	zugrunde liegende Nierenerkrankung:	10 = Glomerulonephritis, histologically
10	Vorerkrankungen:	☐ Nein ☑ Ja
	wenn ja:	
11	Diabetes mellitus:	☐ Ja
12	arterielle Hypertonie:	☑ Ja
13	koronare Herzkrankheit (KHK):	☐ Ja
14	periphere Arterielle Verschlusskrankheit (pAVK):	☐ Ja
15	cerebraler Insult:	☐ Ja
16	chronisch obstruktive Lungenerkrankung (COLD):	☐ Ja
17	chronische Hepatitis:	☑ Ja
18	sonstige:	☐ Ja

Abb. 3.107 Externe Qualitätssicherung: Ausschnitt aus der Dokumentation bei Nierentransplantation. Quelle: Universitätsklinikum Münster

und pflegerische Leistungen der Krankenhäuser in Deutschland vergleichbar zu machen. Qualitätsdefizite (zum Beispiel erhöhte Komplikationsraten bei bestimmten Maßnahmen) sollen systematisch identifiziert und Qualitätsverbesserungsmaßnahmen sollen unterstützt werden. Die Durchführung der Qualitätssicherungsverfahren erfolgt im Auftrag des Gemeinsamen Bundesausschusses (**G-BA**), des höchsten Gremiums der gemeinsamen Selbstverwaltung im Gesundheitswesen Deutschlands. Im G-BA sind die Kostenträger (gesetzliche Krankenkassen) und Leistungserbringer (Krankenhäuser sowie niedergelassene Ärzte) vertreten. Von 2009 bis 2015 führte das **AQUA-Institut** die gesetzliche externe Qualitätssicherung durch, seit 2016 ist dafür das Institut für Qualitätssicherung und Transparenz im Gesundheitswesen (**IQTiG** [IQTiG]) zuständig. Es gibt 33 bundesweite Qualitätssicherungsverfahren (Stand 2016), zu denen regelmäßig Berichte erstellt werden, zum Beispiel zur Hüftendoprothesenversorgung oder zur Nierentransplantation (Abb. 3.107).

Einrichtungen des Gesundheitswesens – insbesondere Krankenhäuser – haben die Möglichkeit, ihre Qualitätsmanagement-Verfahren zu zertifizieren, d. h. von einer externen Organisation prüfen zu lassen. Bei einer **Zertifizierung** wird **patientenübergreifende Dokumentation** betrachtet: Struktur und Organisation der Patientenversorgung muss beschrieben werden, unter anderem mit **Verfahrens- und Arbeitsanweisungen**. Auch die **patientenbezogene Dokumentation** ist wichtig, unter anderem in Form von

Dokumentationsstandards und **Fallzahlen** für bestimmte Diagnosen und Therapien. Ein Anbieter für Zertifizierung im Gesundheitswesen ist die Kooperation für Transparenz und Qualität im Gesundheitswesen (**KTQ** [KTQ]). Gesellschafter der KTQ GmbH sind Vertreter der Selbstverwaltung im Gesundheitswesen. Die jeweiligen Einrichtungen müssen zunächst einen **Selbstbewertungsbericht** sowie einen **Qualitätsbericht** nach KTQ-Vorgaben erstellen. Diese Aussagen werden durch ein Team von zugelassenen KTQ-Visitoren im Rahmen einer Bewertung vor Ort (KTQ-Visitation) geprüft und bewertet. Das **KTQ-Zertifikat** wird erteilt, sofern die Mindestpunktzahl in 6 Bewertungskategorien erreicht wird. Es gilt zeitlich befristet für die gesamte Einrichtung, danach ist eine **Re-Zertifizierung** erforderlich.

Das Qualitätsmanagementsystem einer Einrichtung im Gesundheitswesen kann außerdem gemäß der Norm **DIN EN ISO 9001** zertifiziert werden. Hierbei wird ebenfalls der PDCA-Zyklus eingesetzt und ein zeitlich befristetes Zertifikat durch eine Zertifizierungsstelle erteilt. Die externe Bewertung erfolgt u. a. im Rahmen eines so genannten **Audit**. Die Normenreihe ISO 9000 ff. wurde für Qualitätsmanagementsysteme in beliebigen Unternehmen entwickelt, während KTQ speziell für das Gesundheitswesen eingesetzt wird. Es

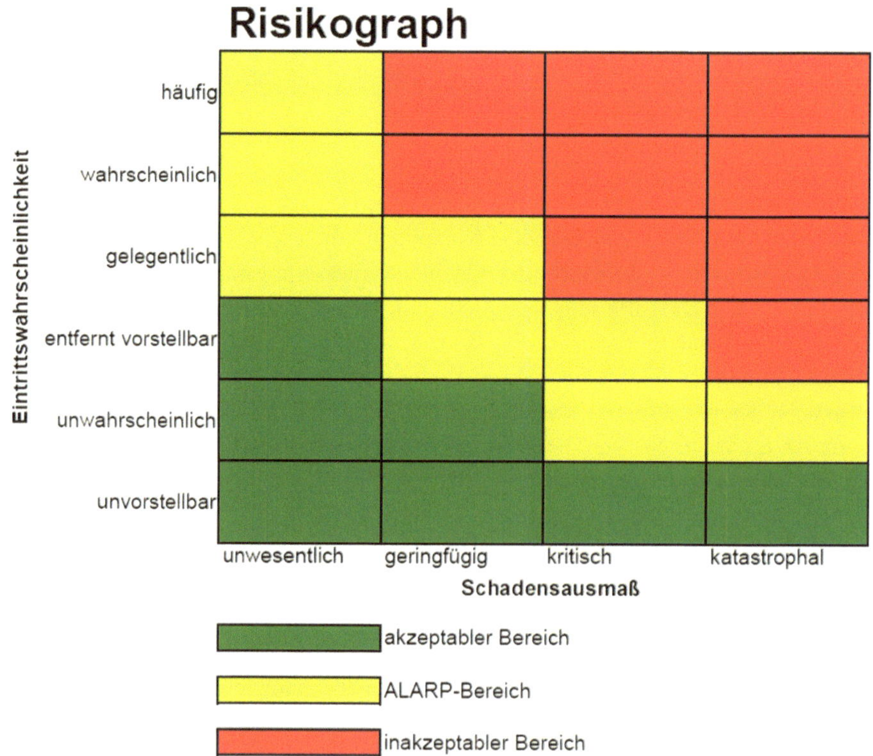

Abb. 3.108 Beispiel für eine Risikomatrix. Quelle: https://de.wikipedia.org/wiki/Datei:Risikograph.png

gibt weitere Zertifizierungsverfahren, zum Beispiel in der Onkologie: Im Auftrag der deutschen Krebsgesellschaft zertifiziert **OnkoZert** [OnkoZert] Organkrebszentren (zum Beispiel Hautkrebszentren) und Onkologische Zentren nach fachlichen Anforderungen.

3.17.2 Risikomanagement

Mit Risikomanagement bezeichnet man Maßnahmen zur Identifikation, Analyse, Bewertung, Überwachung und Kontrolle von Risiken. Es handelt sich um einen fortlaufenden Prozess, bei dem der PDCA-Zyklus eingesetzt werden kann. Risiken können analysiert werden hinsichtlich ihrer Eintrittswahrscheinlichkeiten und der möglichen Auswirkungen (Schadensausmaß). Durch Vergleich mit Normen und Standards können diese Risiken bewertet werden. Dies kann grafisch als **Risikomatrix** dargestellt werden (Abb. 3.108). Das **ALARP-Prinzip** („as low as reasonably practicable") bedeutet, dass das geringstmögliche Risiko angestrebt werden soll, das vernünftigerweise praktikabel ist.

Ein Beispiel für Risikomanagement in der Medizin sind Critical Incident Reporting Systeme (**CIRS**). Ein CIRS ist ein Berichtssystem für kritische Ereignisse. Diese Ereignisse, zu denen auch **Beinahe-Schäden** gehören, werden von den Mitarbeitern **anonymisiert** gemeldet (keine Sanktionen), typischerweise über ein Online-Formular. Experten des CIRS bewerten diese Meldungen und schlagen Lösungen vor. Die Vorfälle werden im CIRS-Portal veröffentlicht, damit aus den Fehlern gelernt werden kann. Mit CIRS soll die **Fehlerkultur** und dadurch die **Patientensicherheit** verbessert werden. Im deutschen Gesundheitswesen wurde ein Fehlermeldesystem 2014 gesetzlich festgelegt.

3.17.2.1 Medizinische IT-Systeme als Medizinprodukte

Fehlerhafte IT-Systeme oder die fehlerhafte Bedienung von medizinischen IT-Systemen kann zu Risiken für die Patienten führen, zum Beispiel die Anordnung einer falschen Medikamentendosis in einem klinischen Arbeitsplatzsystem. Unter bestimmten Voraussetzungen erfüllen medizinische IT-Systeme die Kriterien von Medizinprodukten, die im Rahmen des **Medizinproduktegesetzes** (**MPG**) geregelt sind, insbesondere durch die europäische **Richtlinie 93/42/EWG** (**Medical Device Directive**). Medizinprodukte werden **Risikoklassen** zugeordnet, die sich nach dem potenziellen Schaden richten, den ein Fehler oder Funktionsausfall des Medizinprodukts verursachen kann. Die Risikoklassen gehen von **Klasse I** (geringes Risiko) über **IIa** und **IIb** bis zu **Klasse III** (hohes Risiko).

Medizinprodukte dürfen nur in Betrieb genommen werden, wenn sie ein **CE-Kennzeichen** aufweisen. Dieses CE-Kennzeichen darf nur vergeben werden, wenn das vorgeschriebene Konformitätsbewertungsverfahren durchgeführt wurde. Die **Konformitätsbewertung** muss für die meisten Medizinprodukte unter Beteiligung einer **Benannten Stelle** (z. B. TÜV NORD CERT) durchgeführt werden. Die Zentralstelle der Länder für Gesundheitsschutz bei Arzneimitteln und Medizinprodukten (**ZLG**) benennt und überwacht diese **Zertifizierungsstellen**.

Bei der Entwicklung von Software für Medizinprodukte werden hohe Anforderungen gestellt, die in der Norm **IEC 62304** beschrieben sind (Software-Entwicklungsplan, Software-Wartung, Risiko- und Konfigurationsmanagement, Software-Tests etc.). Weitere relevante Normen sind unter anderem EN ISO/IEC 17050-1/2 (Konformitätsbewertung) und DIN EN ISO 13485 (Qualitätsmanagement, Risikomanagement, Validierung für Medizinprodukte). Zur Softwarevalidierung gehören insbesondere systematisches Testen und Releasemanagement. Im Rahmen der **Validierung** wird der dokumentierte Nachweis erbracht, dass das medizinische IT-System die vorher spezifizierten Anforderungen (Akzeptanzkriterien) reproduzierbar im praktischen Einsatz erfüllt. Bei einer **Zertifizierung** erfolgt durch eine unabhängige Zertifizierungsstelle der Nachweis, dass die Anforderungen eingehalten werden.

Die **Zweckbestimmung** eines medizinischen IT-Systems ist wesentlich für die Frage, ob es als Medizinprodukt eingestuft werden muss und damit die entsprechenden Vorschriften anzuwenden sind. Reine Dokumentation oder Wissensbereitstellung begründet in der Regel kein Medizinprodukt. Dagegen sind Funktionen wie klinische Entscheidungsunterstützung, Berechnung von Dosierungen, Monitoring eines Patienten zur Therapiesteuerung o.ä. Hinweise darauf, dass das jeweilige medizinische IT-System ein Medizinprodukt ist. Die zuständige Bundesoberbehörde entscheidet über die Klassifizierung einzelner Medizinprodukte.

3.17.3 IT-Projektmanagement im Gesundheitswesen

Einführung von neuen IT-Systemen im Gesundheitswesen ist ein komplexe Aufgabenstellung, die systematisch vorbereitet und umgesetzt werden muss. Beispiele sind die Implementation eines neuen Moduls der elektronischen Patientenakte in einem Krankenhaus oder die Ablösung eines Intensivsystems durch das Produkt eines anderen Softwareherstellers. Insbesondere die Umstellung („**Migration**“) eines älteren IT-Systems auf ein neues IT-Produkt ist ein komplexer Vorgang, weil mit möglichst geringer Beeinträchtigung des laufenden Betriebs die Anwender in das neue Verfahren eingearbeitet werden müssen und die **Altdaten** möglichst vollständig und korrekt in das neue System übernommen werden müssen.

Zusätzlich zu technischen Aspekten spielen organisatorische Aufgaben im Rahmen von IT-Projektmanagement eine große Rolle. Bei IT-Projekten im Krankenhaus sollten daher alle Stakeholder eingebunden werden: entscheidungsbefugte Vertreter der Ärzteschaft, des Pflegepersonals, der Krankenhaus-Verwaltung, der IT-Abteilung sowie beteiligter Dienstleistungsunternehmen.

Als **Projekt** bezeichnet man allgemein (nach DIN 69901) ein einmaliges Vorhaben, das eine klare Zielvorgabe hat, zeitlich/personell/finanziell begrenzt ist und eine projektspezifische Organisation aufweist. Folgende **Projektphasen** können unterschieden: **Projektinitiierung**, **Projektplanung**, **Projektdurchführung** und **Projektabschluss**. Bei der Organisation eines Projekts werden verschiedene **Rollen** unterschieden: Der

Projektauftraggeber startet das Projekt, erteilt den Auftrag, stellt die Ressourcen zur Verfügung und nimmt das Projekt nach Beendigung ab. Der **Projektleiter** ist verantwortlich für die Planung und Durchführung des Projekts sowie die Kommunikation mit dem Projektteam und dem Auftraggeber. **Projektmitarbeiter** führen die vom Projektleiter zugeordneten Arbeitsaufträge aus und unterstützen den Projektleiter, insbesondere auch bei der Projektdokumentation. Bei größeren Projekten wird häufig ein **Lenkungsausschuss** eingesetzt, der hochrangige Vertreter aller am Projekt beteiligten Gruppen enthält und das oberste Entscheidungsgremium bildet.

Ergebnis der Projektinitiierung ist ein **Projektauftrag**, der Projektziele und Rahmenbedingungen wie Laufzeit und Budget klar benennen sollte. **Projektziele** sollten spezifisch, messbar, abgestimmt, realistisch und terminiert (**SMART**) formuliert werden. Die Projektarbeit wird üblicherweise mit einem **Kick-Off-Meeting** des Projektteams gestartet. Im Rahmen der **Projektplanung** wird das Projektziel in Teilaufgaben und daraus abgeleitete **Arbeitspakete** gegliedert. Der **Ablaufplan** legt fest, in welcher Reihenfolge die Arbeitspakete bearbeitet werden und welche **Meilensteine** erreicht werden sollen. Der **Ressourcenplan** beschreibt, wer, womit und wo die Arbeitspakete bearbeitet. Es ist wichtig, dass die **Mitwirkungspflichten** der jeweiligen Projektteilnehmer klar dargestellt werden. Eine **Risikoanalyse** beschreibt, welche Risiken im Projekt auftreten können und wie man damit umgeht. Der Projektplan wird vom Auftraggeber verabschiedet und dadurch verbindlich.

Typische Aktivitäten der **Projektdurchführung** sind: Projektsteuerung, Projektüberwachung und -dokumentation sowie Führen des Projektteams. Häufig wird in dieser Projektphase eine **Systemanalyse** durchgeführt: Der **IST-Zustand** wird beschrieben; bei einem IT-Projekt im Krankenhaus beispielsweise die vorhandene Funktionalität eines Pflegedokumentationssystems. Es folgt die **Systembewertung**, d. h. der Vergleich des IST-Zustandes mit dem **SOLL-Zustand** anhand quantitativer (zum Beispiel Fehlerhäufigkeit) oder qualitativer (z. B. Benutzerfreundlichkeit) Kriterien. Der nächste Schritt ist die **Systemspezifikation**, die das Soll-Konzept beschreibt, typischerweise in Form eines **Pflichtenhefts**. In einem Pflichtenheft werden die **Anforderungen** an ein Produkt beschrieben, gegliedert nach funktionalen Anforderungen (z. B. klinische Dokumentation der Vitalzeichen ist möglich) und nicht-funktionalen Anforderungen (zum Beispiel Antwortzeit des Systems maximal 1 Sekunde). Man unterscheidet bei den Anforderungen Muss-, Soll- und Kann-Anforderungen.

Nach der Systemspezifikation folgt die **Systemauswahl**: IT-Systeme im Gesundheitswesen müssen sowohl funktionalen Anforderungen genügen als auch **gesetzliche Vorgaben** erfüllen – wie die Gewährleistung der sicheren Speicherung elektronischer Daten und Dokumente bis zu 30 Jahre lang und die Einhaltung der Datenschutz-Bestimmungen. Durch Markterkundung und **Ausschreibung** werden zunächst Anbieter für geeignete Systeme identifiziert und **Angebote** eingeholt. Diese werden verglichen und bewertet, wobei als zusätzliche Informationen auch **Produktpräsentationen**, **Testinstallationen** und **Referenzbesuche** genutzt werden können. Zusätzlich zu den Software- und Hardwarekosten des jeweiligen Produktes sollten auch die Aufwendungen für Einführung und

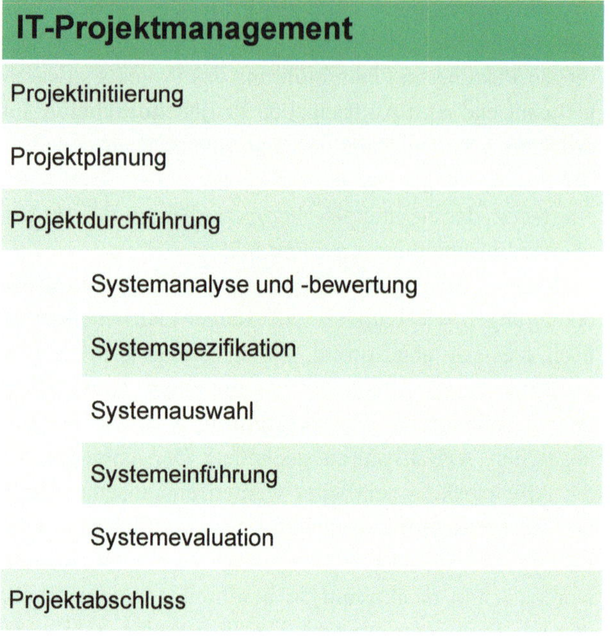

Abb. 3.109 Übersicht zu Phasen und Modulen im IT-Projektmanagement (nach Ammenwerth et al. 2014)

Betrieb des Systems (Personal, Sachmittel) berücksichtigt werden. Die Auswahlkriterien können als **Bewertungsmatrix** dargestellt werden.

Der nächste Schritt ist die **Systemeinführung**. Die Einführung von IT-Systemen im Gesundheitswesen bedingt häufig relevante Änderungen der Organisation und der Arbeitsabläufe, insbesondere auch in klinischen Bereichen: Beispielsweise lösen elektronisch gesteuerte **Workflow**-Mechanismen konventionelle Organisationsabläufe ab, manuelle Tätigkeiten werden durch Arbeit am Computer ersetzt. Im Bereich der Patientenversorgung müssen die IT-Systeme häufig rund um die Uhr verfügbar sein und entsprechend betreut und gewartet werden; eine umfassende **Schulung** der Mitarbeiter ist notwendig. Die technischen und organisatorischen Arbeitsabläufe sind hinreichend zu dokumentieren, zum Beispiel als Organisations- und Betriebshandbücher für **Systembetreuer** und **Anwender**. Die Anpassung eines Softwareprodukts an die Rahmenbedingungen einer konkreten Organisation, beispielsweise die Klinikstruktur eines Krankenhauses, bezeichnet man als **Customizing**. Es gibt verschiedene **Einführungsstrategien**: Man kann neue Systeme gleichzeitig mit allen Modulen in allen Abteilungen einführen („**Big Bang**") oder man kann schrittweise vorgehen, d. h. zunächst nur bestimmte Module einführen oder nur ausgewählte Abteilungen einbeziehen. Ein Betrieb des neuen Systems zu Testzwecken parallel zum bisherigen System wird **Testbetrieb** genannt. Eine **Inbetriebnahme** („**Go-Live**") in einem kleinen, klar abgegrenzten Bereich wird als **Pilotierung** bezeichnet. Die flächendeckende Ausbreitung eines neuen Systems wird **Roll-Out** genannt. Verteilung der Software, Entwicklung von Schnittstellen, **Altdatenübernahme** und **Schulung der Anwender** sind wichtige Aufgaben im Rahmen der Systemeinführung. Änderungswünsche zum neuen Anwendungssystem (zum Beispiel neue Bildschirmmasken) werden als **Change Requests** bezeichnet. Nach erfolgreichem **Produktivbetrieb** für einen bestimmten Zeitraum erfolgt die **Systemabnahme**, die protokolliert wird und bei der ggf. erforderliche Nachbesserungen festgelegt werden.

Mit einer **Systemevaluation** können Stärken und Schwächen eines IT-Systems quantitativ ausgewertet sowie Ursachen und Lösungsmöglichkeiten festgestellt werden. Im Rahmen des **Projektabschlusses** werden **Abschlussbericht** und **Abschlusspräsentation** erstellt. Das Projekt muss vom Auftraggeber abgenommen werden (**Projektabnahme**). Bei einem **Projektreview** kann das abgeschlossene Projekt nochmals inhaltlich und organisatorisch im Projektteam diskutiert werden, um für künftige Projekte daraus zu lernen. Abbildung 3.109 fasst Phasen und Module des IT-Projektmanagements zusammen.

Nach dem Projektabschluss geht das IT-System in den **Routinebetrieb** über. Es erfolgt eine regelmäßige **Wartung** des Systems, die rechtzeitig angekündigt werden sollte (so genanntes **Wartungsfenster**; es sollte ein Zeitraum gewählt werden, der den klinischen Betrieb möglichst wenig beeinträchtigt). **IT-Störungen** werden von den Anwendern an das **Helpdesk** gemeldet und entsprechend des vereinbarten Service Levels (**Service Level Agreement**, abgekürzt **SLA**, zum Beispiel zu den Reaktionszeiten bei Störungen) bearbeitet, damit die erforderliche **Verfügbarkeit** des IT-Systems erreicht wird.

Literatur

[Ammenwerth] Ammenwerth E, Spötl HP (2009) The time needed for clinical documentation versus direct patient care. A work-sampling analysis of physicians' activities. Methods Inf Med. 48(1):84-91

[AMIS] Arzneimittel-Informationssystem AMIS. https://www.dimdi.de/static/de/amg/arzneimittel/amis/index.htmZugegriffen am 16.12.2016

[ATC] Fricke U, Günther J, Niepraschk-von Dollen K, Zawinell A (2016) Anatomisch-therapeutisch-chemische Klassifikation mit Tagesdosen für den deutschen Arzneimittelmarkt. Methodik der ATC-Klassifikation und DDD-Festlegung. http://www.wido.de/amtl_atc-code.html. Zugegriffen am 16.12.2016

[BLAST] NCBI-BLAST. https://blast.ncbi.nlm.nih.gov/. Zugegriffen am 16.12.2016

[BSI] Bundesamt für Sicherheit in der Informationstechnik. http://www.bsi.de/. Zugegriffen am 16.12.2016

[CDISC] Clinical Data Interchange Standards Consortium (CDISC). http://www.cdisc.org/. Zugegriffen am 16.12.2016

[ClinVar] ClinVar, https://www.ncbi.nlm.nih.gov/clinvar/. Zugegriffen am 16.12.2016

[COSMIC] Catalogue Of Somatic Mutations In Cancer. http://cancer.sanger.ac.uk/cosmic. Zugegriffen am 16.12.2016

[dbSNP] dbSNP, https://www.ncbi.nlm.nih.gov/projects/SNP/. Zugegriffen am 16.12.2016

[DICOM] DICOM - Digital Imaging and Communications in Medicine. http://medical.nema.org/. Zugegriffen am 16.12.2016

[DIMDI] DIMDI, http://www.dimdi.de/. Zugegriffen am 16.12.2016

[EBI] European Bioinformatics Institute. http://www.ebi.ac.uk/. Zugegriffen am 16.12.2016

[EBM] Einheitlicher Bewertungsmaßstab. http://www.kbv.de/html/ebm.php. Zugegriffen am 16.12.2016

[Fachinfo] Fachinfo-Service, http://www.fachinfo.de/. Zugegriffen am 16.12.2016
[FHIR] HL7-FHIR, http://www.hl7.org/fhir/. Zugegriffen am 16.12.2016
[gematik] gematik, https://www.gematik.de/. Zugegriffen am 16.12.2016
[GCP] ICH-GCP: International Conference on Harmonisation of Technical Requirements for Registration of Pharmaceuticals for Human Use. Topic E6: Guideline for Good Clinical Practice. http://www.ich.org/. Zugegriffen am 16.12.2016
[GeneCards] GeneCards, http://www.genecards.org/. Zugegriffen am 16.12.2016
[Genetic Linkage] Lobo I, Shaw K (2008) Discovery and types of genetic linkage. Nature Education 1(1):139
[GO] Gene Ontology. http://www.geneontology.org/. Zugegriffen am 16.12.2016
[GOÄ] Gebührenordnung für Ärzte. http://www.bundesaerztekammer.de/aerzte/gebuehrenordnung/. Zugegriffen am 16.12.2016
[HL7] Health Level Seven Inc., Ann Arbor, MI, USA. http://www.hl7.org/. Zugegriffen am 16.12.2016
[HON] Health On the Net Foundation, https://www.healthonnet.org/. Zugegriffen am 16.12.2016
[ICD] World Health Organization (2016) International Classification of Diseases. http://www.who.int/classifications/icd/en/. Zugegriffen am 16.12.2016
[ICD10-GM] ICD-10-GM. http://www.dimdi.de/static/de/klassi/icd-10-gm/index.htm. Zugegriffen am 16.12.2016
[IHE] IHE International. http://www.ihe.net/. Zugegriffen am 16.12.2016
[IQTiG] Institut für Qualitätssicherung und Transparenz im Gesundheitswesen. https://iqtig.org/. Zugegriffen am 16.12.2016
[ISO11179] ISO/IEC 11179. Information Technology – Metadata registries (MDR). http://metadata-standards.org/11179/. Zugegriffen am 16.12.2016
[KEGG] Kyoto Encyclopedia of Genes and Genomes. http://www.genome.jp/kegg/. Zugegriffen am 16.12.2016
[KTQ] Kooperation für Transparenz und Qualität im Gesundheitswesen. http://www.ktq.de/. Zugegriffen am 16.12.2016
[LOINC] Regenstrief Institute (2016) LOINC. http://loinc.org. Zugegriffen am 16.12.2016
[MeSH] Medical Subject Headings, https://www.nlm.nih.gov/mesh/. Zugegriffen am 16.12.2016
[MSA] Tools des EBI für multiplen Sequenzvergleich. http://www.ebi.ac.uk/Tools/msa/. Zugegriffen am 16.12.2016
[NCBI] National Center for Biotechnology Information. http://www.ncbi.nlm.nih.gov/. Zugegriffen am 16.12.2016
[OMIM] Online Mendelian inheritance in man. https://omim.org. Zugegriffen am 16.12.2016
[OnkoZert] OnkoZert, http://www.onkozert.de. Zugegriffen am 16.12.2016
[openEHR] openEHR, http://openEHR.org. Zugegriffen am 16.12.2016
[Open Metadata] Dugas M, Jöckel KH, Friede T, Gefeller O, Kieser M, Marschollek M, Ammenwerth E, Röhrig R, Knaup-Gregori P, Prokosch HU (2015) Memorandum "Open Metadata". Open Access to Documentation Forms and Item Catalogs in Healthcare. Methods Inf Med. 54(4):376-8. PMID: 26108979
[OPS] DIMDI (2016) OPS. http://www.dimdi.de/static/de/klassi/ops/index.htm. Zugegriffen am 16.12.2016
[PHYLIP] The PHYLogeny Inference Package. http://evolution.genetics.washington.edu/phylip.html. Zugegriffen am 16.12.2016
[R] http://www.r-project.org/. Zugegriffen am 16.12.2016
[Rote Liste] Rote Liste, http://www.rote-liste.de/. Zugegriffen am 16.12.2016
[SAS] SAS, http://www.sas.com/. Zugegriffen am 16.12.2016

[SNOMED CT] IHTSDO (2016) SNOMED CT. http://www.ihtsdo.org/snomed-ct/. Zugegriffen am 16.12.2016

[SPSS] http://www.spss.com/. Zugegriffen am 16.12.2016

[Taxonomy] NCBI Taxonomy Homepage, https://www.ncbi.nlm.nih.gov/taxonomy. Zugegriffen am 16.12.2016

[TEMPiS] Audebert HJ, Schenkel J, Heuschmann PU, Bogdahn U, Haberl RL (2006) Telemedic Pilot Project for Integrative Stroke Care Group. Effects of the implementation of a telemedical stroke network: the Telemedic Pilot Project for Integrative Stroke Care (TEMPiS) in Bavaria, Germany. Lancet Neurology 5(9):742-8

[TNM] Union for International Cancer Control (UICC) (2016) TNM. http://www.uicc.org/resources/tnm. Zugegriffen am 16.12.2016

[UMLS] Unified Medical Language System. https://www.nlm.nih.gov/research/umls/. Zugegriffen am 16.12.2016

[UniProt] UniProt, http://www.uniprot.org/. Zugegriffen am 16.12.2016

[wwPDB] Worldwide Protein Data Bank. http://www.wwpdb.org/. Zugegriffen am 16.12.2016

Weiterführende Literatur

Proteine

Bairoch A (2000) The ENZYME database in 2000. Nucleic Acids Res 28:304–305

Budzikiewicz H, Schäfer M (2012) Massenspektrometrie: Eine Einführung. Wiley-VCH Verlag. ISBN 978-3527329113

Clark DP, Pazdernik NJ (2009) Molekulare Biotechnologie. Grundlagen und Anwendungen. Spektrum Akademischer Verlag, Heidelberg ISBN 3-8274-2128-4

Gavin AC, Bösche, Krause R, et al. (2002) Functional organization of the yeast proteome by systematic analysis of protein complexes. Nature 415:141–147

Gross JH (2013) Massenspektrometrie: Ein Lehrbuch. Springer Spektrum Verlag. ISBN 978-3827429803

Hames BD (1998) Gel Electrophoresis of Proteins: A Practical Approach. Oxford University Press, ISBN 9780199636402

Henzel WJ, Billeci TM, Stults JT, Wong SC (1993) Identifying proteins from two-dimensional gels by molecular mass searching of peptide fragments in protein sequence databases. Proc. Natl Acad. Sci. USA 90:5011–5015

Ito T, Chiba T, Ozawa R, Yoshida M, Hattori M, Sakaki Y (2001) A comprehensive two-hybrid analysis to explore the yeast protein interactome. PNAS 98:4569–4574

Li J, Lu Y, Akbani R, et al. (2013) TCPA: a resource for cancer functional proteomics data. Nature Methods 10(11):1046-7. PMID 24037243

O'Farrell PH (1975) High resolution two-dimensional electrophoresis of proteins. J Biol Ch 250:4007–4021

Pandey A, Mann M (2000) Proteomics to study genes and genomes. Nature 405:837–846

DNA und RNA

Knippers R, Nordheim A (2015) Molekulare Genetik. Thieme-Verlag. ISBN 978-3134770100

Löffler G (2008) Basiswissen Biochemie mit Pathobiochemie. Springer-Verlag. ISBN 978-3540765110

Stryer L (2012) Biochemie. Springer Spektrum Verlag. ISBN 978-3827429889

M. Dugas, *Medizininformatik*,
DOI 10.1007/978-3-662-53328-4

Genetik und Gentechnologie

Lottspeich F, Engels JW (2012) Bioanalytik. Spektrum Akademischer Verlag. ISBN 978-3827429421

Sanger F, Nicklen S, Coulson AR (1977) DNA sequencing with chain terminator inhibitors. PNAS 74:5463–5467

Aufbau der Zellen

Buselmaier (2015) Biologie für Mediziner. Springer-Verlag. ISBN 9783662461778

Zellteilung

Hirsch-Kauffmann M, Schweiger M, Schweiger MR (2009) Biologie und molekulare Medizin für Mediziner und Naturwissenschaftler. Thieme-Verlag. ISBN 9783137065074

Organsysteme

Menche (2012) Biologie Anatomie Physiologie. Urban & Fischer Verlag /Elsevier GmbH. ISBN 9783437268021

Pape, Kurtz, Silbernagl (2014) Physiologie. Thieme-Verlag. 9783137960072

Schmidt, Lang, Heckmann (2010) Physiologie des Menschen: mit Pathophysiologie. Springer-Verlag. ISBN 9783642016509

Datenstrukturen

Aho AV, Hopcroft JE, Ullman JD (1982) Data Structures and Algorithms. Addison-Wesley. ISBN 9780201000238

Solymosi A, Grude U (2014) Grundkurs Algorithmen und Datenstrukturen in JAVA: Eine Einführung in die praktische Informatik. Springer Vieweg. ISBN 9783658061951

Algorithmus

Knuth D (1999) The Art of Computer Programming Vol 1-3 (Boxed Set). Addison Wesley Verlag. ISBN 0201485419

Ottmann T (2012) Algorithmen und Datenstrukturen. Spektrum Akademischer Verlag Heidelberg. ISBN 9783827428035

Datenbanksystem

Meier A (2010) Relationale und postrelationale Datenbanken. Springer-Verlag. ISBN 9783642052552

Pröll S, Zangerle E, Gassler W (2015) MySQL: Das umfassende Handbuch. ISBN 9783836237536

Vossen G (2008) Datenmodelle, Datenbanksprachen und Datenbankmanagementsysteme. De Gruyter Oldenbourg Verlag. ISBN 9783486275742

Data Warehouse und Data Mining

Ester M (2013) Knowledge Discovery in Databases: Techniken und Anwendungen. Springer-Verlag. ISBN 9783540673286
Lehner W (2003) Datenbanktechnologie für Data-Warehouse-Systeme. Konzepte und Methoden. dpunkt-Verlag. ISBN 9783898641777

Compilerbau

Ullman JD, Lam MS, Sethi R, Aho AV (2008) Compiler: Prinzipien, Techniken und Werkzeuge. Pearson Studium Verlag. ISBN 9783827370976
Wirth N (2011) Grundlagen und Techniken des Compilerbaus. De Gruyter Oldenbourg Verlag. ISBN 9783486709513

Formale Sprachen

Hopcroft JE, Motwani R, Ullmann JD (2011) Einführung in Automatentheorie, Formale Sprachen und Berechenbarkeit. Pearson Studium Verlag. ISBN 978-3868940824
Schöning U (2008) Theoretische Informatik – kurzgefasst. Spektrum, Akademischer Verlag, Heidelberg. ISBN 9783827418241

Programmiersprachen

Ratz D, Scheffler J, Seese D, Wiesenberger J (2014) Grundkurs Programmieren in Java. Carl Hanser Verlag. ISBN 9783446440739
Schwartz RL, Phoenix T, Foy BD (2011) Einführung in Perl. Deutsche Übersetzung von E Nitz. O'Reilly-Verlag. ISBN 9783868991451

Software Engineering

Dräther R, Koschek H, Sahling C (2013) Scrum - kurz & gut. O'Reilly Verlag. ISBN 978-3868998337
Ludewig J, Lichter H (2013) Software Engineering: Grundlagen, Menschen, Prozesse, Techniken. dpunkt.verlag. ISBN 9783864900921
Sutherland J (2015) Scrum: The Art of Doing Twice the Work in Half the Time. Random House Business. ISBN 978-1847941107

Aufbau eines Computers und Betriebssysteme

White R, Downs ET (2014) How Computers Work. Que Verlag. ISBN 9780789749840

Mustererkennung und maschinelles Lernen

Bishop Ch (2007) Pattern Recognition and Machine Learning. Springer Verlag. ISBN 978-0387310732

Hastie T, Tibshirani R, Friedman J (2011) The Elements of Statistical Learning: Data Mining, Inference, and Prediction. Springer Verlag. ISBN 978-0387848570

Rey GD, Wender KF (2010) Neuronale Netze: Eine Einführung in die Grundlagen, Anwendungen und Datenauswertung. Hogrefe Verlag. ISBN 978-3456848815

Ripley BD (2008) Pattern Recognition and Neural Networks. Cambridge University Press. ISBN 978-0521717700

Medizinische Dokumentation und Informationsmanagement

Altman DG (1990) Practical Statistics for Medical Research. Chapman & Hall. ISBN 978-0412276309

Dugas M (2014) Missing semantic annotation in databases. The root cause for data integration and migration problems in information systems. Methods Inf Med. 53(6):516-7. PMID: 25377893

Dugas M, Neuhaus P, Meidt A, Doods J, Storck M, Bruland P, Varghese J (2016) Portal of medical data models: information infrastructure for medical research and healthcare. Database (Oxford) Feb 11; pii: bav121. PMID: 26868052

Dugas M, Röhrig R, Stausberg J (2012) Welche Kompetenzen in Medizinischer Informatik benötigen Ärztinnen und Ärzte? Vorstellung des Lernzielkatalogs Medizinische Informatik für Studierende der Humanmedizin. GMS Med Inform Biom Epidemiol 2012; 8(1):Doc04. http://www.egms.de/de/journals/mibe/2012-8/mibe000128.shtml

Hedderich J, Sachs L (2015) Angewandte Statistik: Methodensammlung mit R. Springer-Verlag, 15. Auflage. ISBN 978-3662456903

Leiner F, Gaus W, Haux R, Knaup-Gregori P, Pfeiffer KP (2011) Medizinische Dokumentation: Grundlagen einer qualitätsgesicherten integrierten Krankenversorgung. Schattauer Verlag ISBN 978-3794528745

Swoboda W (2017) Informationsmanagement im Gesundheitswesen. Utb GmbH, 1. Auflage. ISBN 978-3-8252-4671-6

Weiß C, Rzany B (2013) Basiswissen Medizinische Statistik. Springer-Verlag. ISBN 978-3642342608

Medizinische Klassifikationssysteme und Terminologien

Graubner B (2015) ICD-10-GM 2016 Systematisches Verzeichnis: Internationale statistische Klassifikationen der Krankheiten und verwandter Gesundheitsprobleme. Deutscher Ärzte-Verlag. ISBN 978-3769135732

InEK GmbH (2016) Deutsches DRG-System. http://www.g-drg.de/. Zugegriffen am 16.12.2016

Jansen L, Smith B (2008) Biomedizinische Ontologie. Wissen strukturieren für den Informatik-Einsatz. vdf Hochschulverlag ISBN 978-3728131836

Kolodzig Ch, Bartkowski R (1995) ICPM. Friedrich-Wingert-Stiftung. Blackwell-Verlag. ISBN 3-89412-251-X

Sobin LH, Gospodarowicz MK, Wittekind C (2009) TNM Classification of Malignant Tumours, 7th edition. Wiley-Blackwell Verlag. ISBN 978-1-444332414

WHO Collaborating Centre for Drug Statistics Methodology. http://www.whocc.no/atc_ddd_index/. Zugegriffen am 16.12.2016

Wingert F (1984) SNOMED – Systematisierte Nomenklatur der Medizin. Springer-Verlag, Berlin. ISBN 3540129936

Krankenhausinformationssystem

Haas P (2004) Medizinische Informationssysteme und Elektronische Krankenakten. Springer Verlag. ISBN 978-3540204251

Haux R, Lagemann A, Knaup P, Schmücker P, Winter A (1998) Management von Informationssystemen. Teubner Verlag. ISBN 3519029448

Winter A, Brigl B, Funkat G, Häber A, Heller O, Wendt T (2007) 3LGM2-modeling to support management of health information systems. Int J Med Inform 76(2-3):145–50

Winter A, Haux R, Ammenwerth E, Brigl B, Hellrung N, Jahn F (2010) Health Information Systems: Architectures and Strategies. Springer Verlag. ISBN 978-1849964401

RIS und PACS

Arbeitsgemeinschaft Informationstechnologie der Deutschen Röntgengesellschaft e.V., http://www.agit.drg.de. Zugegriffen am 16.12.2016

International Organization for Standardization (2006) ISO 12052:2006. Health informatics – Digital imaging and communication in medicine (DICOM) including workflow and data management. http://www.iso.org/iso/home/store/catalogue_tc/catalogue_detail.htm?csnumber=43218. Zugegriffen am 16.12.2016

Laborinformationssystem

Bundesärztekammer (2014) Neufassung der „Richtlinie der Bundesärztekammer zur Qualitätssicherung laboratoriumsmedizinischer Untersuchungen – Rili-BÄK" – Richtlinie der Bundesärztekammer zur Qualitätssicherung laboratoriumsmedizinischer Untersuchungen. Deutsches Ärzteblatt 111, Heft 38, 19.9. 2014,Seite A-1583

Gesundheitstelematik und Telemedizin

Deutsche Gesellschaft für Gesundheitstelematik, http://www.dgg-info.de/. Zugegriffen am 16.12.2016

Haas P (2006) Gesundheitstelematik. Springer Verlag. ISBN 9783540207405

ISfTeH - International Society for Telemedicine & eHealth, https://www.isfteh.org/. Zugegriffen am 16.12.2016

Schnittstellen und Interoperabilität

Heitmann KU (2005): Standard für elektronische Dokumente im Gesundheitswesen - die Clinical Document Architecture Release 2. Forum der Medizin-Dokumentation und Medizin-Informatik 2;49-54

HL7-Benutzergruppe Deutschland e.V., http://www.hl7.de/. Zugegriffen am 16.12.2016

IHE Deutschland, http://www.ihe-d.de/. Zugegriffen am 16.12.2016

Kassenärztliche Bundesvereinigung: IT in der Arztpraxis. ftp://ftp.kbv.de/ita-update/Abrechnung/KBV_ITA_VGEX_Datensatzbeschreibung_KVDT.pdf. Zugegriffen am 16.12.2016

QMS Qualitätsring Medizinische Software. http://www.qms-standards.de/standards/qms-standards-in-der-arztpraxis/. Zugegriffen am 16.12.2016

Medizinische Register

Landeskrebsregister NRW. http://www.krebsregister.nrw.de. Zugegriffen am 16.12.2016

Datenschutz und IT-Sicherheit

AG Datenschutz und IT-Sicherheit im Gesundheitswesen der GMDS. http://www.gesundheitsdatenschutz.org/. Zugegriffen am 16.12.2016

Bundesärztekammer: Elektronischer Arztausweis. http://www.bundesaerztekammer.de/aerzte/telematiktelemedizin/earztausweis/. Zugegriffen am 16.12.2016

Virtuelles Datenschutzbüro, Unabhängiges Landeszentrum für Datenschutz Schleswig-Holstein. http://www.datenschutz.de/. Zugegriffen am 16.12.2016

Medizinische Signalverarbeitung

Dickhaus H (1997) Biomedizinische Signalverarbeitung. in: Seelos, HJ (Hrsg.): Medizinische Informatik, Biometrie und Epidemiologie. Walter de Gruyter Verlag, Berlin. ISBN 3110143178

Hampton JR (2004) Ekg: Auf Einen Blick. Elsevier GmbH. ISBN 978-3437313622

Hedderich J, Sachs L (2015) Angewandte Statistik: Methodensammlung mit R. Springer Spektrum-Verlag. ISBN 978-3662456903

Husar P (2010) Biosignalverarbeitung. Springer Verlag. ISBN 978-3642126567

Kreiß JP, Neuhaus G (2006) Einführung in die Zeitreihenanalyse. Springer Verlag. ISBN 978-3540256281

Mallat S (2009) A Wavelet Tour of Signal Processing: The Sparse Way. Elsevier Ltd, Oxford ISBN 978-0123743701

Smith SW (2002) Digital Signal Processing. A Practical Guide for Engineers and Scientists. Elsevier Ltd, Oxford. ISBN 978-0750674447

Smith SW. The Scientist and Engineer's Guide to Digital Signal Processing. http://www.dspguide.com/. Zugegriffen am 16.12.2016

Zschocke S, Hansen HC (2011) Klinische Elektroenzephalographie. Springer Verlag. ISBN 978-3642199424

Medizinische Bildverarbeitung

Deserno T (2013) Biomedical Image Processing (Biological and Medical Physics, Biomedical Engineering). Springer-Verlag. ISBN 978-3642267307

Handels H (2009) Medizinische Bildverarbeitung: Bildanalyse, Mustererkennung und Visualisierung für die computergestützte ärztliche Diagnostik und Therapie. Vieweg+Teubner Verlag. ISBN 978-3835100770

Medizinische Bioinformatik

Altschul SF, Gish W, Miller W, Myers EW, Lipman DJ (1990) Basic local alignment search tool. J Mol Biol 215:403–410

Berman H, Henrick K, Nakamura H (2003) Announcing the worldwide Protein Data Bank. Nat Struct Biol.;10(12):980. PMID 14634627

Crooks GE, Hon G, Chandonia JM, Brenner SE (2004) WebLogo: a sequence logo generator. Genome Res. 14(6):1188-90. PMID: 15173120

Felsenstein J (1989) PHYLIP - Phylogeny Inference Package (Version 3.2). Cladistics 5:164-166

Kanehisa M, Sato Y, Kawashima M, Furumichi M, Tanabe M (2016) KEGG as a reference resource for gene and protein annotation. Nucleic Acids Res. 44, D457-D462

Needleman SB, Wunsch C (1970) A general method applicable to the search for similarities in the amino acid sequence of two proteins. J Mol Biol 48:443–453

Smith TF, Waterman MS (1981) Identification of common molecular subsequences. J Mol Biol 147:195–197

The UniProt Consortium (2015) UniProt: a hub for protein information. Nucleic Acids Res. 43: D204-D212

Thompson JD, Higgins DG, Gibson TJ (1994) CLUSTAL W: improving the sensitivity of progressive multiple sequence alignment through sequence weighting, position-specific gap penalties and weight matrix choice. Nucl Acids Res 22:4673–4680

Ye J, McGinnis S, Madden TL (2006) BLAST: improvements for better sequence analysis. Nucleic Acids Res. 34:W6-W9

Medizinisches Wissen

ABDA-Datenbank, https://www.dimdi.de/static/de/amg/arzneimittel/abda/index.htm. Zugegriffen am 16.12.2016

BfArM Orientierungshilfe Medical Apps. http://www.bfarm.de/DE/Medizinprodukte/Abgrenzung/medical_apps/_node.html. Zugegriffen am 16.12.2016

Bright TJ, Wong A, Dhurjati R, et al. (2012) Effect of clinical decision-support systems: a systematic review. Ann Intern Med. 157:29–43

Gelbe Liste, https://www.gelbe-liste.de/. Zugegriffen am 16.12.2016

Gesellschaft für Medizinische Ausbildung. https://gesellschaft-medizinische-ausbildung.org/. Zugegriffen am 16.12.2016

GMDS Arbeitsgruppe Technologiegestütztes Lehren und Lernen in der Medizin. http://www.mi.hs-heilbronn.de/gmds-cbt/index.php/Hauptseite. Zugegriffen am 16.12.2016

HL7 Arden Syntax Work Group. http://www.hl7.org/special/Committees/arden/index.cfm. Zugegriffen am 16.12.2016

Kucher N, Koo S, Quiroz R, et al. (2005) Electronic alerts to prevent venous thromboembolism among hospitalized patients. N Engl J Med. 352:969–77

McDonald CJ (1976) Protocol-based computer reminders, the quality of care and the non-perfectibility of man. N Engl J Med 295:1351–1355

MEDIMED-Server, Universität Bern. http://e-learning.studmed.unibe.ch/. Zugegriffen am 16.12.2016

Puppe F (2013) Wissensbasierte Diagnose- und Informationssysteme: Mit Anwendungen Des Expertensystem-Shell-Baukastens D3. Springer-Verlag. ISBN 978-3540613695

WHO Drug Dictionary, http://www.umc-products.com/. Zugegriffen am 16.12.2016

WHO International Nonproprietary Names. http://www.who.int/medicines/services/inn/en/. Zugegriffen am 16.12.2016

Qualitäts-, Risiko- und Projektmanagement

Ammenwerth E, Haux R, Knaup-Gregori P, Winter A (2014) IT-Projektmanagement im Gesundheitswesen. Verlag Schattauer GmbH. ISBN 978-3794530717

Hensen P (2016) Qualitätsmanagement im Gesundheitswesen: Grundlagen für Studium und Praxis. Springer Gabler Verlag. ISBN 978-3658077440

Leiner F, Gaus W, Haux R, Knaup-Gregori P, Pfeiffer KP (2011) Medizinische Dokumentation: Grundlagen einer qualitätsgesicherten integrierten Krankenversorgung. Verlag Schattauer, Stuttgart. ISBN 978-3794528745

Knon D, Goerig RM, Gietl G (2013) Qualitätsmanagement in Krankenhäusern. Carl Hanser Verlag. ISBN 978-3446434561

Kossack P, Wolf K, Pals I (2016) Qualitätsmanagement im Krankenhaus verstehen und anwenden: Die ISO 9001: 2015in Kliniken und anderen Einrichtungen des Gesundheitswesens. Symposion Publishing. ISBN 978-3863296667

Stichwortverzeichnis

M. Dugas, *Medizininformatik*,
DOI 10.1007/978-3-662-53328-4

D

F

L

M

P